读客®图书

人工智能会抢哪些工作

[英] 理查德·萨斯坎德　丹尼尔·萨斯坎德　著

李莉　译

The Future of The Professions

How Technology Will Transform The Work of Human Experts

仅以此书献给最深爱的母亲，也是最受爱戴的祖母

雪莉·萨斯坎德（1935—2015）

序　言

父亲和儿子联手写一本书这种情况并不常见。因此，在向所有帮助过我们的人道谢之前，各位读者可能有兴趣先了解一下我们父子携手写书的背景。

Richard（父亲）说

30多年来，我始终在尝试改变律师的工作方式和法庭的运作模式。为此我已经出版了8本相关书籍，书中关于法律业务发展方向的众多预判，已经和现实情况越来越接近。这么多年来，在世界各地，我还做了许多场关于律师职业发展方向的演讲。在演讲现场，各行各业的专业人士，包括医生、审计师、建筑师等都向我感叹，认为我所提到的理论也完全适用于他们所从事的专业工作。此外，我还在其他场合收到过类似反馈，比如当我向世界知名会计师事务所提供咨询服务期间，以及当我任职大学教授以及担任学校董事期间。因此，本书的出发点——法律业务的未来，在许多专业人士看来同样适用于他们的工作这一观点——是经得起推敲，也已经得到证实的。本书的主要目的之一在于测试并继续拓展相关假设，将我关于法律以及律师职业的理论推而广之，并拓展其适用范围。

最重要的是，为了撰写这本书，我得以和儿子Daniel并肩作战。很少有父亲可以得到这样的机会，这是我职业生涯的巅峰体验。

Daniel（儿子）说

父亲和我第一次谈起这本书是在5年前。他职业生涯的大部分精力都用于思考法律业务的未来前景。他偶然发现相关理论在其他方面也同样适用。那时，我正在位于唐宁街10号的政策制定部门工作。随着我们的交流越来越深入，我发现自己在政府部门的经历进一步印证了父亲的猜想，于是我们决定共同开展一个项目来探索专业工作的前景。在这五年时光里，我极其快乐，也感到莫大的荣幸。

我们

本书用第一人称复数的角度书写，这一做法反映了书中所表述的是我们共同的观点。当我们用一般现在时态写道“我们相信”“我们看到（发现）”或者“我们预测”时，意味着我们的立场和观点的确是一致的。当书中将“我们”用于过去时态来表述某件事情，则可能出现特例。比如书中写道：在20世纪80年代中期“我们曾经提出的观点”，此时Daniel尚未出生。尽管如此，在此与大家约定，当书中使用“我们”，所谈及的内容有可能是我们共同的观点和经历，也可能来自于我们其中一人。

时至今日（指1848年），已面世的机械发明是否能够减轻人类繁重的日常工作，仍旧是个疑问。这些机器使更多的人过着日复一日单调而又禁锢的生活，同时也使更多的制造商和其他人获得了财富。机器使中产阶级的生活更加舒适，但是它们并没有对人类的终极命运产生影响，尽管这应当是机器的本性，也是它们未来的使命。除了主张正义的机构以外，人类的进步也需要由智慧的远见来指引，那么利用科学研究的智慧和能量获得的自然之力，才有可能成为全人类的共同财产，成为改善提升全世界的工具。

——约翰·斯图亚特·穆勒（John Stuart Mill）

困难并不在于（创造）新的想法，而在于摒弃旧的看法，这使得大多数从类似环境中成长起来的人，在思想的角落产生了各式各样的分歧。

——约翰·梅纳德·凯恩斯（John Maynard Keynes）

目　录

第二部分 理论

第三部分　影响

引　言

本书所探讨的是专业工作和专业人士，以及将要取代它们的系统和人群。我们关注的专业包括医生、律师、教师、会计师、税务咨询师、管理咨询师、建筑设计师、记者以及神职人员（以及其他工种）。我们的研究对象还包括这些专业人士所服务的组织，以及行业的监督监管机构。本书的主要观点是：我们正面临着一场变革，人类获得这些专业服务的方式将发生根本性的、不可逆转的改变。从长远来看，我们并不需要，也不希望专业人士保留20世纪的工作模式。

表明以上变革正在发生的证据不断增加。比如，一年内注册哈佛大学网上课程的学员人数，已经超越了这所学校383年间录取学生的总数；WebMD由一系列健康网站组成，每月的独立访问量已经超过了同期全体美国医生所接待的病患数量；在法律领域，每年通过“在线争端解决机制”所解决的eBay交易纠纷，其数量达到了美国司法系统每年受理的诉讼案件的3倍；在《赫芬顿邮报》（*The Huffington Post*）诞生六周年之际，它的网站月度访客数量已经超过了拥有168年历史的《纽约时报》（*The New York Times*）的网站；英国税务机构所使用的欺诈监测系统的数据量已经超过了大英图书馆（图书馆收藏了所有曾经在英国出版过的图书）。2014年，美国税务机关收到的纳税申报表中，4800万人没有选择求助于税务咨询师，而是使用了在线税务软件。WikiHouse这个在线社区，设计了一幢可以用“打印”的材料组装起来的房子，建造成本在5万英镑以内（2014年9月这幢房子已经在伦敦建成）；建筑设计所Gramazio & Kohler通过操控一组可以飞行的机器人，使用1500块砖搭建了一个砖塔；咨询公司埃森哲的众多员工里包括750名医院护士；德勤于170年前开始从事审计业务，如今在全球雇用了超过20万名专业人士，并且在得克萨斯州拥有占地超过70万平方英尺[①]的培训校园。除此以外，1900多万人在推特上关注了教皇。

广泛的争论

我们相信变化与变化之间是相互关联的。一些变化是我们在2010年共同准备这本书时，就已经开始研究的一场变革的早期迹象。当时，我们的关注点主要围绕专业工作，然而随着研究的开展，思考逐步深入，我们发现一个更加基本且重要的问题需要得到解答——人类应当如何分享专业知识？在被我们称为印刷工业时代的年代，专业人士是人类分享经验和知识的核心枢纽，他们成了个人与组织获取某种特定知识和经验的主要渠道。随后，当人类步入技术互联网时代，我们预测随着机器的能力变得越来越强大，在许多领域它们将取代专业人士的专属地位。我们预计人类创造和分享经验的方法将发生一场“增量式转型”。这最终可能导致传统专业工作变得支离破碎。

对于目前使用和依靠专业人士所提供服务的人群来说，我们带来了情况好转的可能性——在未来获得专业服务可能变得容易得多，价格

① 约为65032平方米。

也会变得空前便宜。对于专业人士来说，尽管我们的理论听起来非常骇人，但同时也带来了新的机会。这是我们美好的愿望。同时，我们也意识到分享经验的新系统可能会被滥用，这的确是一件让人担心的事。无论如何，日益强大的系统（在本书中，“日益强大的系统”和“日益强大的机器”含义相同，可互相替换）终将改变目前的专业工作，正如当年的工业化进程对传统手工业带来的影响一样。

对于持怀疑态度的读者，你们可能已经准备放下这本书了，但你需要知道，20世纪90年代中期，当我们预测（回头看，这个预测一点都不过分）电子邮件将成为客户和律师之间的主要沟通媒介时，英格兰及威尔士律师协会的高级官员甚至认为我们不应当被允许公开发言，因为他们认为我们曲解了“保密”的意义，而且在破坏律师职业的声誉。我们回顾这段往事是为了让从直觉上否定我们观点的人暂时放下成见，认真思考这个观点：未来可能和过去完全不一样。尽管我们在书里所预言的未来，在今天听起来让人觉得难以想象，但所有观点都不如20世纪90年代中期我们预测律师和客户使用电子邮件进行沟通听上去更离奇。

专业人士在我们的生活中所扮演的角色如此重要，以至于我们无法想象如果不借助他们的力量来解决问题，我们还有什么别的选择。但专业人士也不是不可改变的，他们是印刷工业时代里人们为了满足特定需求而创造出来的产物。随着社会进入技术互联网时代，我们认为目前的专业工作形态已经不再是满足这些需求的最佳解决方案了。我们可以列举出（目前形态下）不少劣势：昂贵的价格、陈旧的思想、少数人才能获得最好的专业服务以及工作成果不透明等。基于这样那样的原因，我们相信目前的专业工作应当也必将要被其他可行的方案所替代。

所有专业工作视为一个整体研究对象

为什么要把所有专业工作视为一个整体研究对象呢？尽管这些工作需要用到不同的知识，有着各自的术语，工作方法更是各有千秋，然而我们发现它们存在众多共性。其中最主要的一点在于，所有的专业工作都十分类似地在解决同一个问题——普通人日常生活中所面临的，其自身所掌握的专门技能不足以解决的挑战。每个人拥有的知识都是有限的，于是我们向医生、教师、律师以及其他专业人士求助，因为他们拥有的专业知识可以帮助人们在生活中取得进步。专业人士拥有相关的知识、经验、技能以及诀窍，而接受帮助的人们则并不拥有。

除此以外，还有其他实际情况让我们决定将所有专业“一网打尽”。首先，我们相信各种专业工作之间有许多可以互相借鉴之处。许多专业都变得越来越封闭，他们在自己的领域里钻研得越来越深，因此某一专业的从业人员通常对自己同事的工作和成就有一定认知，但对其他学科所发生的事情却知之甚少。但是，在我们与各专业的专家进行探讨的过程中发现，他们认为了解其他领域的进步是有启发性并且令人激动的，即使有时这些专业和自己没什么交集。他们能够从其他人的工作中发现相似性，并且将学到的内容应用到自己的专业上。更重要的是，相比自我认知，人们往往更能发现其他专业进行根本性变革的价值和必要性。在许多场合，当我们阐述完观点之后，有些人立刻上前告诉我们：“你们所说的理论完全适用于所有专业领域，除了我的专业领域。”以律师群体为例，他们通常能够迅速接受重新组织医疗和教育领域的想法，但对于法律专业是否会受益于重大改革这件事，他们就不那么确定了。当我们将众多专业领域作为一个整体来研究，我们希望鼓励各个专业的从业人员开阔自己的视野，思考问题能够更加具有战略高度，并且更好地去接受可能发生在自己领域的变革——希望本书可以让他们在拓宽眼界审视别的专业的同时，也能够重新认识自己的专业。

本书的结构

尽管我们在书里试图涵盖的范围极其广泛，但许多重要的问题仍然并未被关照到。比方说，我们并没有解决隐私性、保密性、安全性或法律责任相关的问题；我们也没有考虑互联网的阴暗面，以及系统可能遭到恶意使用的情况。事实上我们认为这些问题至关重要，希望有人能够解决它们。

我们同时也想强调，书里的案例分析和经验大多来自于美国和加拿大，因此我们的理论和预测可能受限于此。但是在我们参加印度、中国、澳大利亚的非正式探讨会，参与当地的一些客户项目时，当地参与者都表明，我们对于未来的看法无须过多修正，应当可以适用于大多数国家。

本书主要由三大部分组成。

第一部分探讨专业工作中所发生的变化。在第一章里，我们分析了专业人士在社会中的地位、目前的社会结构所存在的问题，以及一系列专业工作的相关理论。然后我们希望大家开始转变思路。第二章则根据我们自身的研究，列举了许多发生在专业领域前沿的惊人变化的实证。在第三章里，我们将结合这些变化以及我们在咨询和政策制定工作中的经验，把它们归纳成适用于所有专业工作的模式和趋势。

第二部分的重点在于构建理论。我们试图采用系统性的、一般性的术语，去描述我们所看到以及所期待的变化。第四章的主题是信息存储和交流方式所发生的转变如何影响到社会分享专业知识的方式，以及我们所期待的四类重大技术进步。在第五章里，我们将使用经济学理论来分析说明专业工作的演化进程，同时提出了六种创造与传播专业知识的新模式。

最后的第三部分，主要讨论我们的调研和理论工作所带来的影响。在第六章里，我们列举并回应了书里的观点可能引发的广泛反对意见。第七章则用来讨论几个主要的课题：日益强大的机器所具备的潜力及其局限性、技术对于就业的影响，以及新兴的经验传播模式是否实际可行。在全书的最后，是一个自问自答式的结尾——我们应该期待怎样的未来?

第一部分

变 化

第一章
大交易

专业工作的未来有两种可能性。第一种可能性比较让人放心，因为它听起来十分熟悉，其实只是在目前状况的基础上提高效率的升级版本。在这种模式下，来自于19世纪中期的工作方式将得以传承，只是专业人士的日常工作会在很大程度上变得更标准化、系统化。这样一来，旧的惯例得到了简化并且趋于合理。我们认为的第二种可能性就十分具有颠覆性了。它代表了一种变革，将专业人士的经验技能提供给社会的方式的变革。大量系统被开发出来，并且每天都在变得更加先进，它们将通过各种形式，在许多原本属于专业人士的工作领域取代人类的专业人士。在不久的将来，这两种未来都将成为现实。但长期看来，第二种未来将成为主流，因为这样使我们找到更新颖、更好的方式来分享经验，专业人士不再成为必要人物。而这，也正是本书将要给出的结论。

首先，让我们先来盘点一下社会上现存的各种专业工作。这样做的目的在于，让我们在这本书的开始先建立起讨论的基础——也就是专业工作的目的、共性、优点和缺点——随后再展开研究。我们先给如今的专业工作做个简单的速写。然后再用更系统的方法去说明哪些职业属于我们所讨论的专业工作的范畴，而哪些不属于这个范畴以及其中的原因。接下来，我们希望回顾一下专业工作的发展历史，以及“大交易”体制，看看那些传统的安排如何赋予了专业人士特殊的地位，并且让他们垄断了大量的社会工作。再接着，我们反观各种为专业工作进行辩护的理论，引导出目前这种社会组织形式的根本问题。最后，我们号召大家一起用新思路看待未来，同时也总结了可能妨碍专业人士挣脱禁锢、畅想未来的众多偏见。

1.1　日常概念

让我们先从简单的入手，谈谈那些关于专业工作的非理论性的、日常的概念。经过深思熟虑之后，大多数人会认为专业工作对于我们的生活和工作是不可或缺的。这些从业人士照顾我们的生命和健康，教育我们的后代，为我们提供精神指引、心灵启蒙、法律建议，管理我们的财富，协助我们经营业务，帮助我们完成纳税申报，设计我们的家，还为我们做了很多其他事。当我们为了某件重要的事情需要专业建议时，我们自然而然会想到向相关的专业机构求助，由从业人士提供相关的知识和经验。刚刚提到的这些专业领域的业务规模是相当可观的，有些到了令人咂舌的地步。比如2013年，美国人在医疗保健领域的总支出达到3万亿美金。这一金额高于第4名之后的。专业工作还为千百万人创造了就业机会。以英国为例，医疗保健和教育行业的从业人数超过了除零售业以外的任何其他行业。有些专业机构已经堪称巨头。“四大”会计师事务所全球业务的年收入加在一起超过1200亿美金。这一数据意味着这4家企业的业务规模已经超过了世界上经济规模排名第60名的国家的GDP。此外，某些专业工作在某些国家的重要程度要高于其他国家。继续以英国为例，其法律服务的产值是欧洲各国中最高的，超过了全欧洲法律业务产值的四分之一。

除了专业人士对社会的意义，以及这些行业所创造的经济价值以外，专业工作本身对很多从业者来说并不仅仅是一种谋生之计，更是一份钟爱的事业，成为一名专业人士是具有特殊意义的。许多有抱负的专业人士会把日常工作看成一种使命和召唤，将其视为一种生活方式而不是一份差事。一些地方性的职业包括乡村兽医、乡村教师、乡村医生、本地律师，人们通常认为这些人的首要目标和个人标签就是为身边的人提供帮助。当然，这份工作也通常能够为他们带来稳定的收入，尽管传统做法下，大多专业工作的报酬并不是全社会最高的。但这份工作意味着一种保障以及稳健的事业发展，这种特点使专业人士在提供服务时表现得更为沉稳，因此人们会感觉到他们把自己以及自己的问题交给了最可靠的人。

我们希望能够信任专业人士，相信他们带着高尚的行为动机，视他们为诚实、廉洁、正直的化身。我们期望他们秉承善意行事，并且将接受他们帮助的人的利益放在自己之上。同时，我们明白，事情总会有例外的。因此，并非所有专业人士都是道德模范，其中一些也可能是不法分子。但总体来说，我们认为专业人士大多是拥有良好信誉的。

我们对专业人士的依赖性，以及给予他们的尊重，不可避免地使从业者拥有了可观的社会地位和声望。父母通常会为自己的孩子能成为一名专业人士而骄傲。有一个笑话很具有代表性，海边有一位年长的母亲，她儿子正在水中挣扎，这位母亲如此大喊求救："我儿子，他是一名医生，他快要淹死啦！"

这种社会地位和尊重似乎使得许多外部人士都努力希望自己也能

被重新划分为专业机构人员。这种情形让很多原本享受着独家待遇的主流专业人士感到非常不快。甚至有一些人表现得十分势利，特别希望接受他们帮助的人都对他们表现得毕恭毕敬。我们还观察到一个普遍的阶级问题——专业工作的从业人士高度集中地来自于相同的社会经济群体，并且有着类似的教育背景。例如在英国，75%的高级法官和43%的律师来自独立的或收费的学校（大约只有7%的学龄儿童享受到同类教育）；报纸的专栏作家中，几乎一半毕业于牛津或剑桥；2011年，被医学院招收的本科生之中，其中57%来自于最高级的3个社会经济群体，而仅有7%来自于最低的3个。在某种程度上，这些专业工作像是俱乐部，只向社会的某些特定群体开放。然而在俱乐部内部，会员继续被分为三六九等。比如说外科医生，似乎是精英会员阶层的一部分，而特许测量师——请原谅我们这么说——尽管也是经验老到的专业人士，却享受不到同等待遇。

即便那些无法被正式归类为专业工作的职业，相关从业人员为了跻身专业人士行列，也会绞尽脑汁声称他们所开展的工作是专业的，或者他们所提供的服务是专业的。很多从事手工劳作的人们，例如水管工和木匠，会用“专业”这样的字眼来为自己做宣传，对自己所交付的工作质量也做如是要求，以此来传达一种精通和可靠的感觉。

在体育界，曾一度将对专业的重视主要通过和业余选手的强烈对比体现出来。专业运动员有劳务报酬而业余选手没有。在有些运动项目里，特定时代的人会有不一样的想法，业余选手反而会被当作大家的超级标杆。在奥斯卡获奖影片《烈火战车》中，即将成为奥运冠军的哈罗德·亚伯拉罕（Harold Abrahams）遭到了时任剑桥大学三一学院院长的谴责，认为他不应当“用专业运动员的态度”来训练短跑项目。他答复，“难道你希望我像个绅士那样训练，并且输掉比赛？”就此，院长回答，“的确，我认为你应该像个商人那样去比赛”。在商人的世界里，这些绅士认为如果无法在拥有一份日常工作的同时获得成功，那就是向专业性屈服，也就是承认自己不具备足够的才华。有史以来最杰出的高尔夫球手之一，鲍比·琼斯（Bobby Jones），与哈罗德·亚伯拉罕生活在同一时代，他坚决不愿意成为一名职业选手，却仍然赢得了世界上主要的比赛，包括业余和专业的赛事。值得一提的是，当他28岁决定从赛场上退役之后，他倒是选择走上了另一种专业道路——成了一名律师。

随着时间的推移，这种报酬上的差异引导人们形成了一种假设，也慢慢变成了现实——一方面，相对业余选手，专业运动员的表现要优异得多，毕竟专业运动员可以将他们除睡觉以外的所有时间花在训练上；另一方面，业余选手即使拥有特别宽容的雇主，也得把训练、练习和日常工作一起想办法塞进他们的日程表。

专业人士的情况也是类似的，如今每当遇到关键时刻，我们并不希望依靠爱好者或业余选手。对于专业工作的主流看法已经发生了巨变。尽管如此，人们对于专业人士也并不是毫无怨言的。接受他们服务的人们有着种种抱怨，这些专业人士通常都表现得高人一等，服务价格常常让人无法承受，愤世嫉俗者批评他们使用大量行话术语来故弄玄虚，保护自己的工作，这样就只有圈内人士才能从事相关工作。

以上这些都是我们对专业工作所拥有的日常概念。这些概念无处不在，不可或缺，带着无法估量的影响，并且渗透进社会的方方面面，尽管有时候也带着质疑的声音。通过文学、艺术、影视、戏剧、媒体、日常对话，这些刻板的印象被一步步加深固化。

从这点来说，通常认为专业工作所面临的主要挑战在于如何对自身进行简化、改良和现代化改造，但我们的观点并非如此。我们认为目前的专业工作形态已经到了改革边缘。按照目前的组织形式，它们所面临的问题已经超越其自身的解决能力。在我们指出相关问题（见1.7章节），列举变化已经在发生的证据（详见第二章）之前，还需要进一步地分析以帮助我们更加正式地掌握专业工作的主要特征，以及它们是如何又为何享有如此特殊的社会地位的。

1.2　专业工作的范畴

我们究竟该如何辨认专业工作，又如何对它们进行合理授权？在前一节里，我们描绘了人们对于专业工作和专业所持有的日常概念，那么专业人士自己又是如何看待这些问题的呢？在过去的几十年中，一系列关于专业工作的学术作品已经问世。除了圈内的从业者以外，大量的理论家都为这些话题而痴迷——社会学家、经济学家、历史学家、哲学家、心理学家以及其他各种专家。因为我们的主要观点在于传统专业工作来日无多，我们应当首先明确本书的讨论对象——处于风暴核心的相关人群和机构。

首先值得一提的是，关于什么是专业工作，写过相关著作的各路专家之间并没有统一的定论。部分职业，比如医生、律师、会计师，将它们归属于专业工作并不存在太大争议，而有些职业就会引发热烈讨论，比方说记者是否有资格获得同样的称号。在研究过程中，我们采访了不少世界上资深的管理咨询师，他们持有共同的观点，即管理咨询这门业务不属于专业工作，主要是由于任何人都能以咨询师自居，开门做生意（关于此处隐含的排他性问题，我们稍后展开讨论）。与此类似的情况包括，某位世界顶尖大学的杰出教授认为他和他的科研同事不能被归类为本书中所探讨的专业人士，尽管教授这一职位是最早可辨认的专业团体之一。

2009年，英国政府的一份报告中指出，英国大概出现了“130个不同的专业领域”。在我们的研究过程中，每当提及这一数据，我们常常感受到许多深深的顾虑，其中不少来自于历史悠久的专业领域的从业人士。比如说，是否的确如那份政府报告所言，服务于“当地政府”也算是一种专业工作？如果不能算，那原因是什么呢？这一问题，就像我们之前提到的，就是展开讨论前需要界定的范畴——专业工作的边界在哪里其实并不清晰，同时以哪些标准来界定相关边界也并不清楚。只要自己能够安全地留在专业人士的阵营里，对于专业工作的宽泛定义持怀疑态度的人就会高度倾向于收紧边界。

我们可以明显看到专业工作的定义或者概念是有问题的。根据杰出的社会学家艾略特·弗雷德森（Eliot Freidson）在1986年所写的那样，在为专业工作下定义这件事上所花费的精力“已经折磨了这个领域半个多世纪了”。从那时起到目前，这一定义仍然没有出现共识。事实上，有些热爱思考的人已经开始怀疑对专业工作进行定义是否可行。有一位权威人士曾经认为对专业人士进行定义是徒劳的，而另一位则认为“对专业工作进行精确定义不仅没有必要，而且也是危险的”。我们曾经阅读了大量作品，我们的结论是——那些属于、曾经属于，或者希望成为专业机构的组织团体——是如此的多样化，无论是实质还是形式上来看却是如此，因此无法用任何高度精确而又单一的属性来对它们进行归纳。显而易见，争论某一套充分而必要的条件是否优于另一套也不过是在针尖上跳舞。因此，我们并不追求为专业工作下一个恰如其分的定义。另外我们也不想穷尽列举在我们看来应当属于，或者我们认为不属于专业工作的团体。举例来说，究竟性交易能否被合理地称为最古老的专业工作，或者是管理咨询是不是最新的专业工作，我们对此不想展开辩论（至少我们不在此进行展开）。

然而，因为这本书用展望未来的眼光去观察一个后专业社会，我们认为将如今的专业工作以及专业人士所拥有的广泛特征加以辨识仍然是相当重要的。为了完成这样一个目的，我们采用了路德维希·维特根斯坦（Ludwig Wittgenstein）的“家族相似性”的概念。这个概念是：有些现象看起来互相关联并不是因为它们有什么共同的特征，而是因为它们有一系列互相重叠和交叉的相似性。比如说四个兄弟姐妹，可能看起来比较相像，但并不是因为四个人有什么共同特征，而是因为他们在不同程度上，拥有互相重叠和交叉的相似性[①]。

类似的，我们认为如今的专业人士，在不同程度上拥有4种互相重叠和交叉的相似性：（1）他们拥有专门的知识；（2）他们需要持有证书来执业；（3）他们的行为有相关规定来监管；（4）他们受一组共同的价值观的约束。正如“家族相似性”中所描述的，有时这些特性非常明显，有时它们比较隐晦，但相似性所织成的松散网络仍然成立。

第一个特点也是最重要的一点，专业人士所拥有的知识是外行人士所不具备的[②]。比如医生、会计、律师、建筑师拥有外行人所不具备的，或者无法信手拈来的技术性知识储备。相对于外行人士，专业人士

---

① 即每个人都与其他三个人中至少某一个，有一个或多个共同属性。

② 整本书中，我们都使用外行这个词汇。我们知道这个词其实并不十分理想，但这是我们在一堆单词里所挑出来的最合适的了。例如，我们更不喜欢普通人，或者非专业人士这样的用词。

普遍被人们视为专家，尽管在专业工作的圈子内，这个称号往往用来标榜和认可那些掌握知识最多的专业人士。从某种程度上，专业人士的知识都是正式的内容，来自印刷成册的书本、新闻日志，甚至越来越多来自网络。但是专业人士的知识相比理论学家或者科研人员的特别之处在于，他们的能力延伸到了实用层面。这一能力常常被冠以种种不同的名号，比如知识应用或者诀窍，也是我们常常提到的专业技能的近义词。因此，要成为一名专业工作的从业者，并不是掌握大量专业知识即可，也不是能够熟练传授某一领域的知识这么简单。它对于从业者的要求，更在于有能力以及能够采取必要的手段，来应用相关知识帮助病人、客户、学生或者其他有需求的人群。然而对于专业人士的要求不仅仅在于拥有知识和技能，他们的学识必须与时俱进，也就是说，他们需要了解最新的观点，并能够将之加以运用。再者，他们有责任拓展自身业务的边界，发明新的概念和方法，而这一角色通常由专业工作的学术分支机构来承担。个体专业人士的职责在于代表他们所从事的专业，以及相关服务的接受方，辅助完成他们所掌握的知识的传递工作。

专业工作的第二个特点是从业人员需要考取相关证书才能执业。知识渊博或者精通一门技能并不能帮助有志之士直接进入圈子。在获得认可成为技术全面的、能够独立执业的合格从业人士之前，专业人士通常要接受大量的教育培训、签署各种契约，并且证明自己一路走来，已经拥有足够的知识和实际经验，而且他们所接受的监管是充分的。历史上有些专业工作中，只有工作学徒或者熟练工就足以够格入行。现如今，则可能需要成功通过书面考试或者实践能力考试，甚至还需要上一些正式的、学术性的文化课才能入行。除却证明扎实功底的资质证书，满腔抱负的专业人士可能还需要提供额外的证据——证明他们的品性、道德品质或者其他方面以判断他们是否适合为其他人提供服务。来自于其他地位崇高的专业人士的书面推荐通常能够为此提供充足的证据。

第三个特点是专业人士的行为通常从两大方面受到监管。一方面，大多数专业工作在某些方面拥有排他性的资质。对于许多评论家来说，这就是他们最明显的特征。只有专业人士才具备资质来执行某些特定工作。这种垄断地位是由法律赋予的，同时它们承诺对公众提供相应的保护，从而将垄断合理合法化。只有医生才能开某些药方，这种安排让病人确信自己所吃下去的药物没有危险性。只有审计师才能出具意见，保证上市公司财务报表的准确性，这样股东们才能充满信心地做出投资决策。除了政府所给予的限制竞争的优势地位以外，法律还常常给个体专业人士很大的独立自主权，因此许多专业人士得以或甚至被要求进行自我管理。另一方面，这一现象造成了专业工作的第二个监管层面——从业人员应当遵守清晰成文的行为准则和伦理规范。这些规定涵盖范围相当宽泛，包括保密性、保险、诚信义务、利益冲突、服务水准、定价、投诉机制以及其他方方面面。有些专业工作的确是自我管理的，另一些则由独立第三方来进行监管，剩下的则采用了两方面结合的监管方式。外行人越来越多地进入了监管机构。无论哪种情况下，专业人士都必然从属于某些行业协会或社团，加入相关机构意味着要遵守它们的各种规定。有些情况下，这些机构同时也是监管者，但通常情况下并非如此。专业机构的独立性和自治性并不意味着他们就不再可靠。相反，他们受到各种法律监管，值得一提的是，在许多辖区里职业疏忽诉讼已经越来越常见。

第四个特点在于，典型的专业工作都受到同一组价值观的约束，这些约束凌驾于任何正式规定之上。我们认为所有专业人士都会认可例如诚实、可信、对服务的承诺、令他人放心等品质都是他们工作的核心。有些人，并非所有人，则会更进一步秉承着——为公众创造价值、履行社会责任、保证他们的服务可以被获得，甚至某种程度的利他主义——都是专业伦理体系内不可分割的一部分。此外，有人会认为从事一份专业工作应当是“有人文内涵的……体现在为人类带来福祉和进步上”。专业人士对报酬有着不同的想法——一部分人只期望着合理回报，但另一部分人则认为专业工作只是一种商业服务，因此赚取利润不仅仅是一种可能性，更是核心目标所在。另一点则没什么争议：许多人受到专业工作的吸引，并以身为一名从业人员而骄傲，人们因为这份工作而拥有了良好的社会地位，公众对他们抱有崇高的敬仰，而他们的努力也的确应当被授予地位和威望。

这四种相似性为现有的专业工作的范畴提供了一个宽泛的定义。我们在本书中所探讨的职业都拥有足够的相似性，由此我们将它们统称为专业工作。相关的人员、做法和机构正是我们认为在后专业社会将被替代的对象。

1.3 历史背景

如果把如何正确描述或者定义专业工作的问题先放一放，我们会发现，真正深刻的问题其实在于专业工作的存在本身。正如之前提到过的，大批学者和理论家都曾经将专业工作当作他们的研究课题，之前一个半世纪的文学著作主要来自于社会学家以及其他社会科学家。其中最著名的学者之一，塔尔科特·帕森斯（Talcott Parsons）这样说："对最重要的人类文明的社会结构进行的比较分析表明，专业工作对于人类社会来说，在任何文明发展阶段都有其独到的重要价值。"

这些社会学著作有很多可讨论的地方。有些内容是严谨且学术性的，但是——容我实话实说——很多内容都是浮夸乏味的。书里没什么愉悦人心的段落。而且有一点绝对不是件值得高兴的事，专业服务的接受方在所有社会学著作中很少被提及——病人、客户、学生以及其他接受专业服务的用户——并没有受到多少关注。（描写专业工作的管理学著作与此形成对比，它们往往更加以客户为本。这类作品许多都从"事务所"视角出发，这是一种组织并交付专业服务的主流机构）

我们已经说过，这些社会学著作的另一个特色就是存在严重的分歧（1.5章节会有更多阐述）。当我们试图确定专业工作起源的时候立刻遭遇了这个挑战。一种观点认为，“专业工作最初如何形成……年代已经过于久远，无法追溯”。有些人则持有不同观点，坚持认为专业工作的起源很大程度上归功于手工业行会，借着宗教改革以后教堂重要性衰退的契机蓬勃发展起来。也有些人坚信专业工作是工业革命的产物。然而有一点似乎是共识，没人认为人类专家是个新兴事物。我们只需要说几个鼎鼎大名的人物，就立刻明白专家这种生物已经存在了几百年了：希波克拉底（Hippocrates），古希腊名医（公元前5世纪）；西塞罗（Cicero），罗马律师（公元前1世纪）；迈蒙尼德（Maimonides），出生于西班牙的犹太哲学家和医学家（12世纪）；以及克里斯多佛·雷恩（Christopher Wren），英国著名的宗教启蒙建筑师（17世纪）。然而以上任何一位杰出人士当时都并不归属于我们在21世纪能找到的任何专业机构或某种专业团体。

安德鲁·阿伯特（Andrew Abbott），一位杰出的专业工作方面的理论学家，他认为我们在19世纪初次看到目前专业工作形态的雏形，在英国我们看到药剂师、外科医生和内科医生逐步合并，律师团体中出现了一些初级律师，并且出现了一些新的专业团体，例如测量师、建筑师、会计师，这一切都预示着变化。我们同意这种说法，不过如果把时钟再往回调一调，我们会发现在15世纪的欧洲，法律、药物以及神学都逐步拥有了各自的规范，也出现了相应的团体；如果再往回追溯到12世纪，可以看到“建筑师”以熟练的石匠的形式出现，教授也开始在各个大学里建立了各自的职位。为现代专业工作寻根溯源是很有教育意义的，因为我们在“大交易是什么”（详见1.4章节）中所谈到的许多态度和行为都可以找到历史根源，特别是始于11世纪晚期的同业公会时期。这些中世纪的同业公会（主要是商人行会和手工业行会）由从事同一种贸易或手工艺的专家和工匠组成——他们聚在一起制定规则、规范行业竞争、保护成员及成员家庭的利益，并享受得到认可的专家地位所带来的威望。这些人里有制鞋匠、面包师、木匠以及许多其他从业者，我们从他们身上看到了自我规范、垄断、追求地位的早期迹象，而这些现象至今在现代的专业工作中仍然随处可见。

在伦敦，可以通过不同的穿着打扮（礼服）来辨认出某些同业公会的成员，以至于这些公会后来也被称为“礼服同业公会”（Livery Companies）。新的“礼服同业公会”不断地涌现，并且繁荣起来。例如，1992年，至尊信息技术公司成了第100家“礼服同业公会”成员；而2004年，至尊管理咨询顾问公司成了（The Worshipful Company of Management Consultants）成了伦敦第105家“礼服同业公会”成员。这体现了一种趋势，有些职业会专业化，也就是说，向主流的专业工作靠拢，并展现出类似的特征。信息技术专家和管理咨询顾问是不错的伙伴，也都属于很棒的专业工作[①]。回想一下成立于1540年的Barber-Surgeons公司，这家公司是一次合并的成果，合并双方是1368年成立的外科医生公会，以及1462年被授予皇家宪章的理发师公会。合并后的新公司Barber-Surgeons首次规定了哪些人士可以排他性地从事某类特定的工作（这两者有些具有争议的重叠领域，比如在脖子上操刀，或者更重要的，处理并切割疖子）。把这些不正宗的血统传承至今的是如今最有

① 英文原文用的是双关语——The Information Technologists and Management Consultants are in good company.

声望的专业工作——当代外科医生[①]。

总体来说，我们认为对中世纪的同业公会进行研究——将其视作许多从19世纪发展起来的现代专业工作的前身——是正确而且具有启发意义的。正如我们在1.1章节里提到过的，如今我们的专业工作都被视为无处不在的、无价的、不可或缺的。如今我们对它们的起源有了一些了解，下一步就是分析它们为什么以及凭借什么享受着如此优越的社会地位了。

① Barber-Surgeon是中世纪欧洲最常见的医药工作者，通常负责照顾战场上受伤的战士。早期的外科手术并不是由医生主持，而是由理发师来操刀的。理发师们因为工作缘故，拥有锋利的刮胡刀作为工具。中世纪欧洲理发师的工作包括从理发到截肢，但由于失血过多以及伤口感染，那时手术的死亡率非常高。因此，合并后的新公司享受一些有趣的特权，比如说每年可以被分配到四具被处决的死刑犯的尸体进行解剖。

1.4　大交易是什么

这些现代的专业工作到底享受着怎样的特殊安排，才能排他性地拥有为公众提供某些服务的权利？换句话来说，专业工作和社会公众之间到底达成了怎样的宽泛协议？而人们又从中得到了些什么？

评论家通过用各种不同的词汇来形容这种安排——特许经营权、制度交易、命令与要求。与其他词汇相比，我们倾向于把这种安排称为大交易。作为理解的起点，让我们一起来看看哲学家唐纳德·舍恩（Donald Schön）提出过的一种交易，他是这么说的：

> 作为对他们所掌握的对人类十分重要的超群知识的回报，社会指定他们（专业人士）在自己的专业领域实施控制，在专业领域内享受高度自治权，并且授权他们选择合格的人士继承衣钵。

外科医生以及作家阿图·葛文德（Atul Gawande），对于内科和外科医生领域内的交易所做的描述更加令人难忘：

> 社会赋予了我们非凡的、排他的权利，使我们在人们身上使用药物，即使服药可能会导致昏迷，甚至需要开膛破肚。如果换了别人，这些做法都是攻击性的。但我们做这些事情都是代表他们自己——为了拯救他们的生命，让他们恢复健康。

社会学家埃弗特·休斯（Everett Hughes），也采用类似的词汇来形容“医生拥有开刀以及开药的执照”；再比如伟大的政治经济学家、哲学家亚当·斯密（Adam Smith），他在18世纪晚期写道：“我们将自己的健康交给了内科医生，将财富、性命和信誉都托付给了律师和辩护律师们。”对于法律工作，我们能够用更加平实的词汇来描绘这种交易：

> 在大多数辖区内，律师所享受的排他性原则是相似的；最关键的原因在于——由经受过良好培训并有丰富经验的人来提供法律建议，是符合客户利益的。就像我们不会希望随便一个不认识的家伙来为我们进行脑部手术，我们也同样不愿意让这样的人在法庭上代理我们。

类似的，在其他专业工作领域，我们在此所讨论的宽泛概念也是足够明确的。生命十分复杂，需要慎重对待，当人们的常识和日常经验不足以解决问题时，他们常常需要令人安心的、值得信任的指引。人们还需要保护，主要是防止被庸医、江湖骗子或者他们自己所耽误。基于这些因素，我们推演出了大交易的整体概念：

> 他们将运用自身所具备的专业知识、经验以及判断力，为社会提供负担得起的、能够得到的、与时俱进的、可信可靠的服务；他们将持续磨砺并精进自己的知识和方法，培训其他成员，设立工作质量标准并且严格贯彻执行；他们将只接受符合标准的个人成为他们的成员；他们将始终诚实守信，将客户的利益置于自己的利益之上，作为对以上行为的认可及回报。我们（社会）选择信任专业人士，赋予他们排他性的地位去从事一系列对社会至关重要的服务和活动，并向他们支付合理的报酬，提供给他们独立、自治、自我决断的权利，以及相应的尊重和社会地位。

我们承认这有点绕口，但是基于对专业工作内容的分析，以及对相关文献的研读，我们认为这的确就是所达成的交易的实质。当然，这可能会将情况过于简化，有些专业工作可能存在例外，但应当涵盖了重点要点，并且接下去书中的多数讨论会基于此。

用政治理论的语言来解释，大交易其实是一种“社会契约”。这意味着它其实并不是传统意义上由律师起草的那种合同。大交易的内容从没有被正式收录成文，也没有被签署过，其中的条款从没有被清晰地、穷尽地阐述过，而且从没有任何人真正具体表示过他们同意大交易所包含的各项权利与义务。尽管如此，这一交易可以被看作整套法律法规体系的简约版本，对众多不同职业团体进行了授权。

或者，可以把大交易看作一个比喻，表明专业工作和社会之间的安排是如此牢靠、众所周知，并且得到广泛执行，所以就可以认为这些条款和条件是由有约束力的合同文本所授予的。无论如何，大交易实际上将专业人士定位成了守门人——他们拥有大量的知识、经验、专业技能，构成了人类社会和经济活动的基础。这是一笔有着重大意义的交易，整个社会都仰仗着这笔交易正常运作；这也是一种昂贵的制度安排——举例来说，想一想整个国家的医疗服务、教育系统、税务机构以及诉讼机构的总成本。

我们的观点是，当今最重要的问题之一在于大交易的条款是否需要修正，或者这个交易是否应当索性被终止。在回答这个问题之前，我们需要继续深入挖掘，看看各路理论家们如何试图解释专业工作的存在以及它们主导着人类生活于其中的道理。

1.5　关于专业工作的各种理论

《职业系统》（*The System of Professions*），是这方面最出色的著作之一，在书的首页上，作者安德鲁·阿伯特写下了这个被许多人视为相关理论研究的根本性问题——为什么需要职业团体来控制各种知识的获取和应用。一个漫不经心的旁观者可能在想，这有什么好大惊小怪的。专业人士了解并且能够做到普通人无法处理的事情，那我们为此支付相应的报酬岂不是天经地义的？这种观点其实只体现了专业工作的实用属性，反映了一个事实——人类不可能自己了解和完成所有的事情。如果我们的车坏了或者煤气泄漏了，我们会打电话呼叫专家。同样的，我们打电话给医生、律师或者会计师，并不是因为法律规定我们必须这样做，而是因为在特定的情形下我们的无知使得我们必须借助专家的知识。这些说法听起来似乎合理，但也存在其他的替代理论（对理论探讨不感兴趣的读者可以直接跳到1.6章节）。

其他替代性理论

在各种关于专业工作的早期文献中，这种知识的不平衡，或者说不对称是一个主要讨论的兴趣点。关注这个观点的人希望研究专业人士如何解决社会上不均匀的知识分布。然而，也有其他早期理论家对于知识的不均衡不那么在意，而对于它们的其他重要角色更为关注。有些人提出专业工作的存在提高了社会的道德水准。他们的观点是，各种专业工作保护并培育了令人钦佩的价值观和高尚动机，这些美好的事物在别的领域找不到。举例来说，他们表现出关注“客户的福祉”，而不仅仅是“自身利益”，提供的服务是“人性化服务”而不是“非人性化服务”，有着“集体主义倾向”而不是“个人主义倾向”，表现出“为了所提供的服务而骄傲”而不是“为了谋利而感兴趣”，并且支持一个“功能型”而不是“获利型”的社会。

期望专业人士的价值观和动机能够产生积极溢出效应，辐射到更广阔的社会，这些观点和早期经典社会理论家爱米尔·涂尔干（Émile Durkheim）在著作中所描述的非常接近：

> 我们在专业人士群体中看到了一种特别的道德力量，它能够控制个人的利己主义，能够激励工人们更加团结一致，并且避免弱肉强食原则过分主导工商业关系。

其他理论家认为专业工作可能会促进社会秩序以及政治稳定。塔尔科特·帕森斯将专业工作描述成一系列“社会控制机制”——“当（年轻人）误入歧途时，能够通过社会化将他们带回正轨”。1933年，亚历山大·卡尔-桑德斯（Alexander Carr-Saunders）以及保罗·威尔逊（Paul Wilson）主张专业工作是“社会稳定元素”，他们写道：

> 旧时的公式指导着他们的行为；他们继承、保存、传递着传统。他们明白摧毁传统或者革命都会让他们在自己的领域一事无成，而且同样的理论也适用于其他领域。专业机构是社会的稳定元素。他们形成了特有的生活模式、思维习惯、判断标准，这些成了他们的支撑点，用于抵抗那些威胁到稳定和平进步的力量。

此外，涂尔干也持有相似的观点，他写道，通过加强社会上的专业团体或公司的力量，“整个社会的纽带，还有那些已经十分松弛的线头，才能被拉紧并变得更强大”。以上这些理论家，他们关注的是专业工作所能提供的各种功能——无论是纠正知识的失衡、提高社会的道德水平，或是维持社会秩序——他们可以被统称为“功能主义者”（Functionalist）。社会学家通常认为功能主义者将社会上的专业机构看作类似于人体器官——每一个都各司其职，分别为社会的整体健康发挥作用，同时每一个都有着独特的重要之处。

第二类理论家所关心的是专业机构的特征，而非它们的特定功能，好比生物学家试图辨识、归纳不同的动物或植物。这些社会学家热衷于对专业机构的各种特质进行记录，把它们的重要特色和定义性特征归纳成一份详尽的清单，然后再对所观察的样本进行归类。这些理论家被统称为“特征主义者”（Traitist）。然而，尽管他们的思想影响了许多专业工作方面的研究——各种文献里遍布着许多互相矛盾的重要特征——但他们的尝试，终究是得不出结论的。关键问题在于无法找到一致认可的定义性特征。社会学家特伦斯·约翰逊（Terence Johnson）在20世纪70年代早期反思了他们的做法（此时人们对于收集各类特征变得空前热情）。他挖苦地写道："（这些人的工作）成果带来了如此多的困惑，以至于连这种困惑是否存在都无法达成一致。"杰弗里·米勒森（Geoffrey Millerson）与约翰逊身处同时代，他同样也是一名社会学家，那时他研究了21名理论家的工作，发现了23种关于专业工作的明显特征，然而并没有哪种特征得到所有作者的一致认可。

排他性和共谋

对于大多数社会学家，除了专业工作的功能和特征，还有更有价值的研究方向，专业工作的排他性反而从各种角度成了一个主要关注点。大家共同着迷于——专业机构成功将大量知识和相关服务进行隔离保护，从而使得所有其他人（非专业人士）都无法插手而只能沦为被动接受方——这其中的原因和方法。事实上，大交易的这一特点不仅仅令人着迷，同样也令人义愤填膺。唐纳德·舍恩认为"这种交易是紊乱的"，并且要求知道"为什么我们一直授予他们（专业人士）如此特殊的权利和地位？"社会学家基斯·麦克唐纳（Keith MacDonald）带着疑问写道："这些职业是如何说服社会给予他们如此特权地位的？"这些作者发现他们和另一个古典社会理论学家，马克斯·韦伯（Max Weber）的观点——社会闭合——不谋而合。韦伯提供了早期的、具有影响力的解释，来说明某些团体是如何又是为何走到一起"建立了一种法律秩序，通过正式的垄断来限制竞争"。在我们这个特定的语境下，他简明扼要地写道："所有官僚机构都力求通过保持知识和意图的神秘性，来提高具备专业知识的人群的地位。”理论家为这种排他性的制度安排提出了很多解释。有些认为这是社会等级体系、精英主义，或者说集体自我保护的本能所造成的。其他人则认为这是经济发展带来的正常现象。社会学家威廉·古德（William Goode），曾经担任过美国社会学协会主席，他认为，“工业社会就是专业化的社会”。基于这种解释，社会趋向于专业化在所难免。然而其他理论家却把这种排他性的出现看作是一种有害的趋势。关于排他性，当代最广为流传的作品《专业工作的兴起》（*The Rise of Professionalism*）的作者麦格丽·拉森（Magali Larson）认为，专业机构是享有极端垄断地位的。根据她的观点，专业机构不仅享有经济活动上的垄断地位——被拉森称为“市场垄断”，同时还享受着社会地位和威望上的垄断性——“社会性垄断”。事实上，拉森认为专业机构不仅仅安享着这些特权，在执行他们所从事的工作的过程中，他们还操纵着我们对于这一现状的看法。社会学家普遍认为专业机构的权利已经超越了正常的市场范畴。埃弗特·休斯在拉森发表看法前几年有过类似的表述：

> 专业机构，也许比其他任何职业需要更多法律、道德和知识方面的授权。这一观点适用于每个从业人员，他们获准进入这个美好的圈子，从事其他人没有资质进入的相关专业；这也同样适用于整个专业机构从业群体，他们尝试影响社会，为生活的方方面面包括重要层面制定规则，告诉人们什么是好的，什么是对的。

有些理论家对这种排他性的分析更为极端。如果暂时把标尺放宽，可以把这个群体称为“阴谋理论家”，甚至可以把剧作家和评论家乔治·萧伯纳（George Bernard Shaw）作为这个群体最具代表性的宣传大使。萧伯纳的一句格言“专业机构就是‘算计门外汉的阴谋家’”。思想家和活动家认为，专业机构对于知识的牢固控制不仅仅代表了他们对权力、财富、声望、阶级优越性、排他性或者自我保护的天性渴求，更加揭露了一个阴险的、设计好的骗局——有意识地、系统性地隐藏真相、制造迷局，如此一来，他们就实现了专家们的“暴政”。法律和文学理论家斯坦利·费希（Stanley Fish）也说：“专业机构有着黑暗的一面，它们操纵真相、夸大自我……这其实是那么一小撮人，通过含糊的行话、受控制的生产工具和渠道来算计门外汉，获取优越性的一场阴谋。”

最为热衷于寻找专业领域内无处不在的阴谋的理论家之一是伊万·伊里奇（Ivan Illich），他认为专业人士最终将“导致社会无能”，并且大声疾呼“人们眼中的专业人士无所不知、无所不能，但这其实都是幻象”。对于伊里奇来说，“专业人士维护着关于人类本质的秘密知识，而只有他们有权利去传播”。他接着提出，“在任何人类可能产生需求的领域，这些专业人士都占据支配地位，扮演权威、实施垄断，将自己的活动合法化。同时，弱化普通人并最终导致社会无能。这将使他们毫无疑问地成为公共事物方面排他性的专家。”阴谋理论家的言论难免让人感到有些偏执，但他们与许多其他理论家一样，也的确引导人们重新思考“专业机构扮演守门人的社会角色”这样一种现状，究竟是基于他们所掌握的知识带来的良性结果，还是一种令人嫉妒的现象。理论家的言辞可能比较隐晦，但是看看所有研究者对于专业机构的排他性产生的浓厚兴趣，我们就该知道专业机构所享有的排他性带来的重大影响和主导地位。

此外，关于专业工作的许多理论也都在思想家、政治家、哲学家卡尔·马克思（Karl Marx）的陈述和理念以及他的思想流派中有所体现。我们认为，这些分析即使无法构成第四种思想流派，至少也是一种非常值得注意的现象。这些理论家认为，资本主义带来的一个不利影响在于，专业机构的主要行为动机变成了利润，之前提到的那些传统价值观和动机都被削弱了。社会学家艾略特·克劳斯（Elliot Krause）精确描述了这种变化的关键特征：

> 如果以资本主义的方式来进行组织，专业工作将不再把寻求帮助的人的利益作为首要考虑，此后他们可以赚取丰厚的利润。这种趋势意味着人们需要对专业工作重新定义，它们从一种特别的存在变成了一种谋生方式……同业公会开始放弃了原本那些积极的价值观——联合领导、追求共同利益、职业道德高于纯粹利润，这种妥协模糊了专业工作和其他职业之间的界限，把他们变成了普通的资本主义中产阶级。

这部分研究不应当被轻视，由此也产生了一个重要的课题：研究专业机构的行为动机如何随着时间发生了改变。如果观察行业领先的会计师事务所、律师事务所或者咨询公司，可以发现他们都非常关注自己的财务表现。比如，对他们来说，万一出现利益冲突时，对利润的渴望常常会胜过真心实意为客户提供建议。专业机构的许多合伙人都不谋而合地坚信他们所经营的是一门生意，每个合伙人所赚取的利润是衡量成功的主要指标，而收费小时数则是员工收入的基数。当利润高于客户，当激励报酬系统以现金而不是文化主导，当道德标准沦为例行检查，合规性标准降到最低，那么大交易模式似乎就过时了。1939年，社会学家马歇尔（T. H. Marshall）写道："专业工作者，应该说并不是为了报酬而工作，支付给他们的报酬是为了让他们能够给社会提供服务。"但现如今，许多专业人士应该把这句话重新读几遍，领会其中的理智与情感，看清他们和早期理想主义的专业工作之间存在多大的差距。在第六章，我们会详细讨论发生改变的价值观和动机。

回归大交易

以上列举，就是关于专业工作的各种理论，这些观点对我们写这本书有很大影响。尽管我们对他们的观点也持有许多保留意见，甚至在后面的讨论中我们还会提出不同观点，但在究竟为何要继续容忍专业工作这个问题上，我们和他们是站在同一战线的——换句话说，为什么我们要坚持遵守大交易的约定？对我们来说，最有说服力的答案并不复杂，可以从两方面解答。第一，专业机构本身普遍不愿意改变现状，因此他们拒绝改革或变革。第二，到目前为止，他们所能提供的服务尚且没有可靠的替代品，也没有出现竞争对手。对于安德鲁·阿伯特来说，第二个答案触及一个更为根本的问题："我们应当如何构建和控制全社会所拥有的专业知识？"他的解答是：

> 专业化是工业社会对知识进行制度化管理的主要方式。有时人们会忘记，其实我们还有很多其他选择：英国皇家行政机构就曾把专业经验变得大众化，某些宗教团体也会雇用外行从业人员，微型计算机的能力特色变得广为流传……专业知识

也可以借普通商品和组织团体完成制度化管理。因而如果想了解为何社会将知识交付给专业机构，那么问题不仅仅在于为什么社会上存在着专业的、终身制的专家，而且同样应当了解为什么这些专业知识交付给了人类，而不是事物或规则来管理。

对我们来说，这是一段非常重要的文字。它把专业知识定义成了专业机构的核心，并且强调了专业机构并不是社会分享专业知识的唯一途径。有一点很重要，阿伯特感知到“微型计算机”作为替代途径的可能性。但他在研究专业工作的理论家中属于另类，与他同时期的学者的研究中，令人吃惊的是，几乎没人提及在专业工作转型过程中技术可能扮演的角色。进入20世纪80年代，这种观点变得触手可及——审计师和管理咨询师已经在使用各种“微型计算机”，大量的实质性工作由决策辅助系统以及税务法律方面的专家系统来完成，由此可以预见到，专业工作领域可能会发生一场技术引领的变革。同样的，20世纪90年代早期万维网被发明出来时，研究专业工作的社会科学家应当能够感知到这一新兴技术可能带来的变革。这种对技术的漠视是所有相关学术文献的根本不足。本书的目的之一也正在于纠正专业人士对这个问题的看法。

1.6 四大核心问题

无论如何，是时候把注意力放回现在，看看大交易这样的安排在21世纪是否仍然合情合理。基于本章节已经讨论过的理论著作，以及我们在法律领域多年的工作经验，我们认为有四个问题必须被提出，并且得到解答。

第一，是否存在全新的组织方式，能够把专业工作变得更易于负担、容易获取，或者比传统方式更有益于提高工作质量？我们相信在技术互联网时代，一部分的专家知识经验必定能够以不同的方式提供给社会。本书的很多内容都致力于为目前的组织形式提供各种替代方案。

第二，退一步说，至少目前人类无法离开专业服务，那是否意味着所有的工作都必须得由拥有资质的专业人士来做呢？如果我们把专业服务分解成更加基础的任务，就可以明显地发现，如今归属在专业工作范畴内的很多工作事实上都是日常性的、重复性的。很难明白为什么我们只让专家来承揽这些工作。我们在本书的不同章节进行了相关讨论（尤其是第三章和第五章），我们认为一种新的劳动分工模式能够也应当被创造出来。

第三个问题随前两个而来，而且无法用婉转的方式来表达——我们实际上有多信任专业人士，如果他们承认自己提供的服务存在其他实现方式，或者说部分工作可以被有效地分包给其他非专业人士。专业人士通常自己制定规则、进行自我规范，而且看起来只有他们能够对工作进行改革和改造。那么，如果我们把重新塑造专业人士工作场景的任务留给他们自己，难道不是把胡萝卜交给兔子来看守吗？亚里士多德（Aristotle）曾经非常形象地说过，“客人往往比厨师更能判断一场筵席的品质”。专业工作的未来如此重要，无法将其全部留给这些圈内人士。其他人，尤其是专业服务的接受方，有必要也有权利参与到对未来的讨论中来。

第四，大交易这种形式是否真正起到了作用，目前的专业工作是否符合需求，他们是否为社会提供了良好的服务？接下来我们将详细回答第四个问题。

1.7 令人不安的问题

回想1.1章节中提到的我们对专业工作所持有的那些日常概念，它们表面上似乎是出于善意的、相对稳定的、普遍有效的机构组织。但如果我们剥掉一两层表皮往里看，所看到的景象却相当令人不安，这些专业机构有着六大问题：经济、技术、心理、道德、服务质量及其不可解读性。这些缺陷共同存在，随着时间的推移，越来越成为问题。这些问题理应提醒我们重新修订大交易的条款，在专业机构、国家和社会之间重新寻求新的平衡。

首先，来看看第一个问题，即经济问题。让我们简要说明一下：大多数个人和机构无法承担一流专业人士的收费标准；大多数经济体都挣扎着维持支付他们的专业服务，包括教育、诉讼系统以及健康服务。这并不仅仅是全球经济衰退所带来的结果。有一段时间，残酷的现实是——大多数情况下，只有富人或者购买了足够保险的人群才能够负担得起最高级的专业人士的服务，包括医生、律师、会计师以及管理咨询师。这一小群人的专业技能只能被少数人所享受到。我们似乎为富有的少数人准备了豪华礼宾车服务，但剩下的其他人都仍然在依靠双脚步行。在许多专业领域中，公共资金的削减使问题变得更加严重。让每个公民都能借助到高级专家的知识经验，这样的想法听起来可能有点不切实际，这类专业知识通常被看成是一种稀缺资源。然而深入思考之后，专业知识本身的供给并不存在问题，而是能够出现在现场并提供服务的专家数量有限。真正的局限性在于目前组织和交付专业服务的方法，通常需要专家亲临现场，进行面对面的互动。

其次，即使我们做出妥协，接受较低质量的专业服务，不需要依赖顶尖专家，负担能力仍然是个问题。在大多数发达经济体中，健康服务成本盘旋上升，学校令人遗憾的资源不足，水平中庸的律师比其他普通专业人士的服务更加令人负担不起。当经营小生意的商家被剥夺权利时，这些商家没有资源去聘请管理咨询师、税务专家或者会计师。同时，即使对于世界上规模最大的机构来说，专业服务的价格也被认为是过分昂贵的。许多首席执行官和首席财务官都坚信在专业服务上的花销（特别是法律、税务以及咨询）应当被大幅削减。对于专业服务的性价比，竞标过程是否充分有效，以及支付大把利润给收费昂贵的合伙人是否符合股东利益这些问题都存在着严重的疑虑。客户要求专业机构采用新的运营模式。这并不是抽象战略思考的结果，而是由于许多专业服务并不有效、价格昂贵，也没有像多数其他行业那样经历过全面变革。

所以，经济问题其实并不是关于专业机构所提供的服务质量的担忧，它其实是负担能力问题，相对来说只有少数人才能确保自己能够获得所需要的服务。专家技能没有得到平均分配，这是一种特殊的不平等：其他众多形式的社会排斥往往针对少数人，而我们所讨论的专业服务领域的不平等，却让绝大多数人受到了排斥。我们为人类的专业知识搭建了辉煌宫殿，却只有极少数人得到允许，可以进入宫殿。改编一句古老的谚语——

专业机构的服务，向众人开放，就像丽思卡尔顿酒店那样。

我们对大交易下专业机构持有的第二条反对意见在于，总的来说，专业服务的组织方式基于一种既定模式，尤其是咨询类服务，依赖于日渐过时的知识创造和分享的技术。这也是我们在书中会经常提及的一点。至今为止，专业工作相关的知识都储存在专业人士的头脑里、书籍里、档案柜里，以及这些机构所制定的标准和系统之中。然而这和技术互联网社会中大多数信息和知识的传播方式并不一致。除此以外，专业机构所要求的排他性和特殊待遇，部分源于一种假设，那就是服务接受方无法自己解决问题，因为他们并不拥有专业知识、技能、秘诀、经验，最重要的是，他们没有必要的资金和设备来自行获取这些知识。这和当代社会行为方式再次产生了不一致。互联网已经革新了我们获取信息的习惯。我们认为专业人士的知识并没有那么特殊或稀罕，以至于无法通过网络形式让人们便利地获取其中的部分信息。

大交易的第三个缺陷在于心理因素。人们如果能够使用自己所掌握的知识，或者通过调查询问所形成的想法来解决问题，这样就会增强自信心。当然有些过于复杂的困难是无法由普通人自己解决的。当人们需要进行脑部手术，或者去上诉法院进行口头陈述，或者理解那些晦涩难懂的税务规定时，这时最好还是把这些问题交给有经验的专业人士去处理。但如果能够依靠自己，或者在网络服务的帮助下，自行解决一些简单的问题，人们可以获得满足和自尊。即使有的问题的确超出了外行人的能力范围，努力参与其中、理解困难的实质、了解更多、承担部分责任都有心理方面的益处。作为普通人，尽管我们有时会发现很难跟上专家的节奏，直接将问题交给专家更简单，但我们的确感受到了尝试本身所能带来的满足感。

我们从中得到的推论也很重要——不让人们了解自己的问题，阻止他们参与解决的过程，会使人丧气。把重要的个人问题交给其他人来解决是会削弱自信心的，还会使人更加怀疑自己解决问题的能力。当我们所爱的人完全仰仗别人，我们会感到很不合适，甚至无能为力。当专业人士阻止服务接受方调查自己的问题时，他们其实是在有意或无意地维持一种权利的平衡（掌握但不完全分享知识），这会强化人们的无助感。这种经历是令人耻辱的，甚至会带来麻痹效果。这些感觉会随着对专业人士的敬仰以及所建立的依赖感而放大。简单来说，专业机构目前的组织方式，通常是不鼓励自救、自我发现或者自立的。这样的形式毫无必要地约束甚至疏离那些一旦拥有更深刻理解，就能够直接参与解决自身问题并从中获益的个人。

第四个批判是道德方面的。专业机构负责提供给社会许多最为重要的功能和服务，但他们的服务价格却令人望而却步。我们主张，并且在第五章详细说明了，在技术互联网社会中，有许多创造和分享知识的新方式，使专业知识变得负担得起、易于获得，而且启用不同方法的益处将远大于坏处。如果事实的确如此，那我们就应当采纳新方法。这一职责的实质被哲学家安东尼·肯尼（Anthony Kenny）清晰地表达了出来。肯尼写道，技术给予我们权利，但同时也腐蚀着我们：

> 技术不光给了我们干坏事的权利（例如，用核武器摧毁世界），也给了我们干好事的权利（例如，让全人类都能享用到干净的水）。它把漠视问题的罪责和采取行动的权利不容回避地同时交给了我们。

因此，知而不报这些可行的替代方案的行为，相当于犯下了肯尼所描述的“漠视问题”的罪行。换种积极的方式来表达，如果已经具备了技术手段，可以帮助知识实现更为广泛的传播，而且成本远比现行方式低廉，我们坚信我们应当努力将这种可能性变成现实。

第五个问题在于专业人士的表现并不合格。这并不是说专业机构的工作总是低水准，更确切地说，我们认为在大多数需要专业人士帮助的场合下，他们所提供的服务是足够的、良好的，甚至是极好的，但很少能够达到世界顶尖的水准。鉴于专业人士目前的组织形式，一流专家的工作和经验，正如我们之前说过的，仅仅被特权阶层或者少数幸运儿所享受着。最出色的专家人群是稀缺资源。知名的专业事务所经常声称他们力求把最好的知识和经验带给客户。实际上，这一目标很少能够达成。病人通常无法得到最好的医生的治疗，学生并不能够随时得到最具启发性的老师的教导，教堂礼拜极少能得到最好的精神指引，客户很少能遇到一流的律师、会计师或者管理咨询师为自己提供建议。传统的专业服务模式，必定导致如此的结果——如果专业人士只能够通过面对面的形式来分享他们的经验和知识，那必定只有非常小部分人能够受益于真正的杰出者。

最后，我们认为专业机构过于高深莫测，令人无法接受。专业服务的接受方，根据目前的服务约定，无法评估他们所接受的服务内容，也无法判断某个专业机构是否最适合执行这项工作。当然，有时候需要解决的问题或者开展的工作是如此复杂，任何一个外行人都无法理解各种的情况。但有些情况下，毋庸置疑的，有人存心混淆视听，目的在于收取高额的费用，或者，仅仅为了赤裸裸的自我炫耀。当人们面对不透明和故弄玄虚，就容易产生不信任和不负责任的感觉。另外，如果人们对有待解决的现象缺乏认知、描述不清，或者无法详细审查，那就很难反驳那些改革和转型的建议。

1.8 一种新思路

当面对本章所提出的种种批评和挑战时，专业人士（以及他们身处的机构）的反应通常都是针对每一条所谓的缺点，提出微小的修正。这是一种修复传统工作方式的思考路径，但这其实并不充分。再想一想我们的建议——总的来说，专业服务价格昂贵而负担不起、技术没有得到充分利用、令人丧失信心、道德上说不过去、服务水准并不令人满意、高深莫测。这些问题并不是无关紧要的。在接下来的篇幅里，我们为专业机构提出了解决这些问题的方法。但是我们也做了更多，我们认为专业机构的角色是有替代方案的。

想象这些替代方案需要采用不同寻常的思路。用一个我们最爱的故事作为开场，来向大家介绍什么是新思路吧。据说世界上领先的电动工具制造商为新入职的管理层准备了一场入职培训，在培训的开幕仪式上展示了一张幻灯片，上面是一把闪闪发亮的电钻。然后他们让当时在场的管理层来辨认，幻灯片上的内容是否就是这家公司所销售的产品。这些管理人员先是感到相当吃惊，不过仍然慢慢振作了起来，并鼓起勇气表示这的确就是公司所销售的东西。培训师一脸满足地又展示了一张幻灯片，画面是一个钻在墙上的整洁的洞。然后他揭晓谜底，这才是他们真正应当销售的东西，因为这才是客户心里的需求，而新的管理团队的任务就在于寻找更加具有创造力、竞争力以及想象力的方法，去满足客户的需求。对于专业机构来说，这是影响重大的一课，因为大多数专业人士在思考他们的未来的时候，很容易采用“电钻”思路。他们倾向于问自己，目前正在做些什么——通常是某种形式的面对面咨询顾问服务，并且以每小时计价制度来收费——那他们为什么要让自己的服务更快速、更便宜以及更好呢？没有多少专业人士会问自己这个更加根本的问题——对于他们所从事的职业来说，“墙上的洞”是什么？

关于这个“墙上的洞”的问题，国际性的会计事务所和咨询公司毕马威，曾经提供过（并非直接针对这个问题）一个有价值的答案。有一段时间，他们如此表达自己的使命，至少其中的一部分是这样说的：“我们的存在是为了用我们的知识来为客户创造价值。”我们可以以此作为出发点。在许多领域之中，专业人士拥有知识、专门技术、经验、深刻见解和秘诀，他们运用这些能力针对客户、病人和其他服务接受方的独特情况提供相应的服务。因此，“墙上的洞”就是客户希望能够接触到的知识，或者更精确来说，能够将这些知识合理运用到他们的特定情形中。当然，毕马威并没有这样来表达他们的使命：“我们的存在是为了提供一对一的咨询顾问服务，以冗长的会议或者大量的报告来交付成果，并且以小时计价来收取费用。”这个使命声明并没有混淆目前专业人士的知识部署方式和它们所能提供的真实价值。然而，这个声明并没有对价值的本质做任何解释。对不同的专业工作来说，这种价值会以许多不同的形式来体现：解决问题或是避免问题；双重保证或者提供保险；恢复健康或者缓解问题；教育性的或是启发性的……

专业机构所能带来的好处是各式各样的。然而，这并不是我们从“墙上的洞”这个思维实验中得到的主要启发。主要的思考成果是知识，从我们即将展开讨论的方方面面来看，正是专业服务的核心。首先，专业人士为了向其他人提供帮助，他们对相关知识的获取、消化掌握、分享以及循环利用究竟做得有多好？事实上，专业人士总体来说都并不擅长分享和循环利用他们的经验和知识，这本书里的很多篇幅都试图帮助他们去克服这一缺陷。但是目前，我们的焦点在于第二个问题，也是更加根本的问题——如果我们能够用不同的方式，让人们接触并使用到专业知识，那么接下来会发生什么？

这里就需要转变思路，采用新的思维方式了。当我们思考未来的时候，正如我们之前说过的，大多数观察者将专业机构的目前状况作为思考的出发点。然而如同我们在电钻和墙洞的故事中所得到的灵感，我们应当后退一步，先问另外一个问题：对我们来说，专业机构究竟解决了什么问题？

回归到原点，人类向专业机构寻求帮助，是因为他们知道专业人士掌握了他们所不了解的知识。不可避免的，社会上有些人在某些方面比其他人了解得更多，就自然形成了一种失衡或者不对称。但专业机构将这种特定领域知识失衡的状况变成了常态，并不断加剧。这种失衡的特色在所有专业工作的客户关系中都可以看到，医生和病人、律师和委托人、老师和学生、牧师和信徒、管理咨询顾问和生意人、税务咨询师和纳税人等。这些服务的接受方，无论以何种方式，都希望能够从服务提供方的知识中受益。有些观点和见解在过程中可能得到了传播（特别是教育领域，这本来就是他们的服务本质），但是总体来说，专业人士的角色是利用、解释、应用他们的知识，去解决客户的特定问题。

我们再往下分析，看看专业机构究竟做了些什么，以及为什么这么做。在此，我们先讨论最早人们究竟为什么去寻求专业人士的帮助。人们对于专业帮助的根本需求——用法律哲学家赫伯特·哈特（Herbert Hart）的话来说——植根于对人类所抱有的自我认知，即人类只拥有“有限认知”。没有一个人无所不知。在日常生活中，我们依靠外部信息来让自己舒适地生活和工作。我们发明并构造了传统的专业机构形式，来帮助人们突破有限认知的瓶颈。当个人和机构不具备处理某些类型的问题和复杂情况所需要的知识时，专业机构可以提供相应的帮助。实际上，专业人士成了没有经验的外行人和大量专业技能之间的桥梁。

所有专业服务的其他方面，诸如信任、提供保证、质量、地位、培训、法规等，都是次要因素。如果不是服务接受方出于有限的认知，因而产生了对知识的需求，那么服务提供方和服务接受方之间也就不需要信任，无须提供保证，无所谓控制质量，不需要提供培训，也没有服务或者行为需要被规范了。许多针对专业工作的学术性和非学术性的评论，都基于这样的论点——“信任在专业工作的客户关系中是至关重要的”，或者“专业人士持续接受培训是首要的”。但是这些评论忽略了真正不可遗漏的前提条件——人们对知识的需求才是专业服务存在的必要条件。如果这一条件不再成立，其他的要素，比如信任和培训，都变得无关紧要了。这一点驱使我们开始探索传统专业服务的替代方式。我们探索着全新的、不同的知识分享模式。这些替代方式不一定非得基于成就专业机构地位的信息非对称性，也因此并不一定需要同样的次要因素。

然而，如果要把知识作为本书的争论焦点，那我们应该先进一步澄清这个概念。对于我们所想表达的内容来说，知识这个词本身并不够精确，涵义也不够丰富。优化这个概念的出发点来自于我们对于见多识广的客户所寻求的专业服务的了解。最简单的，客户想要的知识肯定不只是教科书或者学术理论著作里的抽象内容。几乎没有客户或者病人会满足于，专业人士用一本教科书来打发他们。这种正式发布的知识是有必要的，但距离满足客户需求仍然有很大的差距。

此外，还需要什么呢？

第一，服务接受方期待着专业人士不仅仅拥有大量实质性的知识（“知道”）能随时取用，也希望他们拥有合适的技巧来应用这些知识。当从业人员说“的确，从理论上说这些都对，但实际上……”，他们通常就是在运用技巧。这些都是关于如何以及何时运用教科书上的知识的深刻见解。有时这种技巧是一种策略，并不是有意识的行为，也找不到正式的书面表达。通常它们都发生在过程中，而且是非正式的商业技巧。很多情况下这些技巧都是一种判断、第六感、经验或者直觉。这种技巧有时被称为“启发式方法”。

第二，有一定见识的客户希望专业人士所提供的知识和技巧足够深刻并且来自于多年的积累。简单来说，他们希望服务提供方是专家，而不仅仅是知识渊博。此外，他们希望这些专业技能得到过反复实践，并且取得过相当的成功。在某一领域内的实际业绩正是学者和从业者的区别所在。

第三，这里存在一个应用层面，需要服务提供方具备相应的本领、技术和方法，将他们的专业知识和经验有效地付诸应用。本书中我们把这种复杂的结合体，包括知识、技巧、专业技能、经验和本领统一称为实践经验。

批评家可能立马会指出，无法使用单一词汇实践经验来囊括所有专业机构的情况。尽管通常情况下，专业人士有着专门的知识，而客户们并不具备这些知识，专业机构也有很多相通之处，但它们之间存在不容忽视的差异也的确属实。比如，有些专业机构需要灵巧的手工操作，例如医药、建筑、兽医、外科手术以及牙医，而另一些机构，比如法律、税务、会计和咨询对此并没有要求。另外一组差异来自这么多不同专业工作的基础知识的本质。举例来说，医药和牙医服务的知识根基在于自然科学，但法律、税务和审计的专业基础来自法律法规。对比之下，神学的相关知识是依据《圣经》，以神权为基础的。这些基本的知识类型可能显得高度差异化，根本就没什么共性。然而，在实际工作中，所有领域的专业人士都以十分类似的方式运用着他们所掌握的资源和材料。尽管方法不尽相同，但他们都需要对原始资料进行解读，并且把所得到的知识运用到日常工作中去。所有领域的专业人士都将原始资料重组成可管理的模块，把它们装进脑子里、写成出版物、发布在网站上、提炼成（有时是手动的）工作程序、汇总成实践笔记等。相应的，在日常工作中，用专业人士共同创造的统一术语来谈论相关知识、技巧和经验也很合理。

本书中一个重要的观点在于，许多不同的技术也能够有效承担解释和应用原始资料的角色，尽管我们一直假定这些都是智慧人类的独占领域。这些技术意味着我们应当拓宽“实践经验”的概念，不仅考虑传统专业人士的知识、技巧、专业技能、经验和本领，同时把各种机器和系统的相关输出考虑进来。另外，外行人士在各种技术的帮助下，开始分享他们在自行解决问题的过程中所积累的知识和经验，或者他们接受过的专业服务的内容。我们将专业人士和机器所带来的知识、技巧、专业技能和经验，以及外行人士的知识经验一并纳入“实践经验”这个概念。

现在我们可以对之前的问题做出更好的解答了——对我们来说，专业机构究竟解决了什么问题？我们构建了传统的专业机构来帮助人们克服知识边界的限制，他们扮演了守门人的角色来维护、解释、应用这些我们期望能够从中获益的实践经验。然而，就像我们在这章里所谈过的，这种架构已经不再适用实际情况了。作为应对，我们呼唤大家转换思路，突破“只有专业机构目前的组织形式能够解决有限知识的问题，或者是最佳解决方案”的传统信条，转而思考是否存在和我们目前所拥有的手段完全不同的解决问题的方式。我们引导大家跳出专业机构的框架，解放思想，寻找是否有其他替代性的或更好地解决人类有限知识的方案。站在服务接受方的角度，如果我们能够为他们找到更加负担得起、更加亲切的、质量更加上乘的、更加透明和更能增强自信心的解决方案，我们认为这些发现将必然大受欢迎。

然而，并不能草率地认为从我们今天的状态转换到这些替代性方案是简单易行的。传统的专业机构已经深深植根于我们日常生活的角角落落，要完全摒弃与之相关的信仰和做法需要巨大的决心和勇气。当我们深入询问专业人士的工作时，这一想法变得越来越清晰。他们所处理的许多问题其实都是和他们所发明的解决方案一一对应着的。所以当我们说起某个客户有一个税务或者会计上的问题，或者某个病人要看牙或者需要做外科手术，这些特定的问题都已经按照专业服务提供方设定好的类别和能力的框架进行了分类。杰出的心理学家亚伯拉罕·马斯洛（Abraham Maslow）曾经说过：“如果你手里唯一的工具是一把锤子，那‘把每个问题都看作是钉子’这样的想法，确实让人难以抗拒。”然而，真实生活中的问题并不总是清晰对应着某个专业机构的标签。日常生活中的问题远比这错综复杂——人们带着生活中的种种困扰去寻求专业人士的帮助，但这些问题总结起来，需要借助许多专家，而不是某种单一领域专家的援助。诺贝尔物理学奖得主理查德·费曼（Richard Feynman）将人类如此构建世界的方法做了一个类比：

> 如果足够近距离地去观察一杯葡萄酒，我们可以看到一个完整的宇宙……如果我们渺小的思想，为了谋求方便，把这杯酒（这个宇宙）进行分割，就能够分割出物理、生物、地质、天文、心理等许多领域，但要记住，自然界并不明白这样的分类方式！

不仅仅专业机构本身是一种人为的设置，他们所传播的知识所存在的体系也是一种人为设置的结果——知识通常都被整理好，发布在图书馆里、教科书上和网站上，目的在于研究和学习，而不在于向终端用户传播知识。我们搭建了这些支持性的资源和系统，用来维系这个专业机构世界。在互联网时代之前，很难设想我们还有什么别的选择。这些架构的和我们看待这个世界的方式如此紧密联系在一起，以至于当我们想改变和改进的时候，我们倾向于去提高已有方式方法的执行效果。尽管专业机构在许多重要方面已经让人失望，但人们缺乏改变它们工作方式的动力。

1.9 一些普遍的偏见

有些专业人士很可能想驳斥我们的思路和结论，通常这种反应都来自于严重的焦虑和担忧。我们会在第六章、第七章里讨论，但许多抗拒感来自于普遍的偏见，阻止了专业人士去自由思考自己的未来。下面我们来谈谈这些偏见。

首先我们需要探讨的是强烈的“现状偏见”——人们倾向于未来继续做他们今天在做的事情。这种偏见以不同的形式呈现，其中一种形式是这样的：许多专业人士会进行特殊辩护，他们同意专业机构总体来说需要做出改变，但会坚称自己所从事的领域是免疫的。当我们去探究知识的不对称性，我们会被告知“你们不明白”。这一说法往往跟着一连串的理由，说明为什么对他们的工作进行改变是不恰当的。通常这些理由都是以咆哮的方式呈现的。当某位专业人士声称除了自己的领域以外，其他所有专业机构都是可有可无的，我们理应保持怀疑。不过这种特殊的辩护往往有着强有力的论点——来自于疑难案件的证实。专业人士会认为新系统或新方法无法解决XY，而这些XY是他们工作中所遇到的最难的问题。与其承认日常的挑战的确可以通过新方法来解决，他们将争论焦点转移到了非典型的情况上，将注意力放在极端案例上，而非日常活动上。这种做法是具有误导性的，所以我们应当将其指出。此外，因为这本书的大量内容都和技术有关，所以，除了“现状偏见”之外，我们还将会遇到三种相关偏见。

第一种被我们称为“非理性拒绝”。我们将这种偏见解释为怀疑论者带着教条主义的态度，拒绝采用没有切身体验的任何系统。在看到系统运作之前，专业人士交叉环抱着双臂，拒绝接受任何提议甚至拒绝仔细了解这个系统。困难总是很快被发现，应用很迅速地被抛弃。这种拒绝主义的变化形式也不新鲜——相信某个特定系统在其他领域可以发挥作用，但除了怀疑论者本身所处的领域。这种偏见通常来自于对未知的恐惧，这种拒绝还可能源自怀疑论者的确相信自己的工作有着独特的个性化定制元素。但无论如何，无法打开思路拥抱新技术是进步的严重障碍。

第二种关于技术的偏见被我们叫作“技术目光短浅”。提出这个偏见是因为我们发现有些人用今天的技术水平去评估未来技术应用上的潜能，而往往倾向于给出低估的结论。换句话说，怀疑论者没有能力透过目前技术的短板，去想象并认可未来系统可以变得比今天的版本强大得多。因此，资深医生和律师可能会拒绝采用视频方式去提供咨询服务，因为他们和外孙之间的上一次视频通话质量很糟糕。这种目光短浅的偏见的另一种表现是无法想象一个具有规模的用户基数，可能由一小群早期用户发展而来，成为主流。法律历史学家弗雷德里克·梅特兰（Frederick Maitland）指出，“技术目光短浅”和“回顾现代主义”的表现很类似。他所指的是用今天的眼光去看待、评估历史事件这种局限性。过去的事情需要站在事件发生的时代背景下去理解，比如说，如果站在我们目前了解的情况上，去评判过去的决策，那其实是一种后见之明，是差劲的学术研究。同样的，尽管我们没有预见未来的远见，但不要让我们的现代视角蒙蔽了双眼，忽略了未来的可能性。

近期，人类对人工智能的关注再度升温。与此相关出现了第三种和技术有关的偏见，我们称之为“人工智能谬论”。这种观点认为开发出能够执行专家级或更高级的任务的系统，只能通过复制人类专家的思维模式，但这是错误的假设。用以人类为中心的视角，来想象“智能”系统是有局限性的。这同时鼓励着专业人士和评论家，从计算机无法“思考”这一现象，跳跃得出毫无根据的结论——他们认为系统无法按照高于人类水平的标准去完成任务，仅仅能保持人类目前的标准。像我们在本书中所写到的，如今的系统正在日益超越人类专家，它们不仅仅复制高水平的人类行为，还拥有与众不同的能力，比如，大数据存储能力以及暴力算法（Brute Force）。

和新技术相关的最后一个想法是我们的驱动原则之一。在一个系统越来越强大的时代，专业机构，或者它们的某些要素，应当被保留下来并且继续繁荣，因为它们创造的价值无法被系统或工具所替代，而不是因为我们通过法规将竞争对手挡在了门外，也不是因为我们无法想象一个没有专业机构的世界，更不是因为对于行将逝去的生活的不舍情怀。

当这本书里的观点和预测都被整合到一起，特别是那些和迅速发展的技术以及持续不断的经济压力相关的方面，看上去最不可能的未来就是维持现状不变。但这常常成为从业人员和政策制定者的假设——许多专业团体和事务所的战略计划都不外乎将21世纪的工作方式进一步简化优化。我们认为这种做法是和大量证据相左的，在下一章里我们将详细描述。

第二章

从先锋说起

在这章里，我们来换个角度。

让我们带着大家浏览不同的专业群体，看看他们身上正在发生的变化，其中大部分都是技术导致的。我们将要呈现的内容，可能比较宽泛而且很不一样，但并不复杂。它只反映了部分地区的情况，尤其是英美国家，而且只是某一个时期——21世纪第2个10年的中段（2015年左右）。在未来的几年里，当我们回顾这些内容，通过敏锐的后见之明，毫无疑问会发现，我们遗漏了某些极好的案例，而大篇幅描述了一些应当被忽略的案例，甚至有些样本已经不复存在。这些情况都可以被预见到。想要全面穷尽地调查专业工作方面的技术变化，需要增加好多篇幅，还需要拥有超自然的精准度，才能找出最终的赢家。

但是如果我们纠结于这些特殊情况——成功、失败、遗漏——那我们在这章里，甚至整本书里想要表达的意思就被曲解了。借用文学评论家哈罗德·布鲁姆（Harold Bloom）的话来解释，我们所寻求的是透过表面这些涟漪，通过广泛研究选定的那些专业工作，来理解表面以下我们所感受到的深层次的变化。

2.1　医疗

埃里克·托普（Eric Topol），一名心脏病学家以及基因学教授，在《未来医疗：智能时代的个体医疗革命》（*The Patient Will See You Now*）一书中预测："我们正在进入一个时代，每个人类个体都会拥有他们各自的医疗数据，以及计算机能力去处理这些数据……从出生到死亡……甚至在疾病发生前能够加以阻止。"也有许多其他的评论家做出了类似的预测。这样的未来和目前医生所采用的历史悠久的医疗手段形成了强烈的对比。

传统的做法是，当人们觉得自己的健康出现问题，他们会进行预约，亲自拜访，和专家面对面单独进行一次或多次互动，然后通常由专家决定需要采取的行动，病人照单实施之后便离开。这种看似稳妥的手段所面临的最主要困难在于它不再那么让人负担得起。部分原因在于，受益于理疗保健行业的过往成就，人类的寿命正变得越来越长，长期健康护理的成本很高，人们得到治疗但并不能得到治愈。以英国为例，癌症、糖尿病、阿尔茨海默病患者的长期护理需求占了总体医疗社保支出的70%。在医疗领域内，一个公认的观点是从业人员可以通过互相学习来使工作更有效。因此我们接下来将要讨论的是，医疗研究的刊物广泛存在，使得内科医生可以基于别人的研究和实验结果获得进步。尽管标准的协议和程序每天都被用到，而且它们的功效已经得到证实，但据阿图·葛文德说，医疗专业工作者仍然对使用简单的核查清单带着强烈的矛盾情绪。随着互联网的进步，病人依靠自身力量可以获得的健康相关信息比原来要多出许多。NHS Choices和WebMD network这样的平台提供了大量的症状和治疗手段方面的指引——每个月后者都有惊人的独立访问数量（1.9亿次），这些人并没有选择向全美国那么多医生去求助。各种专门的搜索引擎，诸如BetterDoctor、ZocDoc以及Doctor on Demand，让人们得以在一百多万名医生的数据库中进行筛选，有些情况下还可以看到类似于亚马逊风格的基于用户体验的评分。2014年，所有的英国病人首次能够查看37种关于普通诊所的不同数据库，并且会收到所有的特定风险警示（被称为普通诊所情报监控，Intelligent Monitoring of GP）。基础的症状检查在网上被免费提供给用户，并且网站可以立刻提供诊断结果，不需要任何外部的人为介入。

在线下，我们也看到了更加强大的计算机诊断系统。比如说纽约的伊丽莎白文德乳房诊所（Elizabeth Wende Breast Clinic），该诊所发现使用特定算法进行乳房X光检查可以使乳腺癌误诊概率下降39%。IBM的人工智能系统，被大家叫作沃森（Watson，更多信息见4.6章节），正在被应用到辅助癌症诊断以及推荐治疗方案上。它还被用于开发治疗创伤后应激障碍（PTSD）的治疗方案。设想一下，如果2014年每天新发布的医学文献中的2%和某个医生的工作相关，那每一天这个人都需要至少花费21小时去阅读这些文献，并持续一整年，而平均每隔41秒，一份新的论文就被发表了。因此沃森被寄予厚望，因为它能够迅速地完成这些资料的阅读，并且能够实时了解新发布文献的内容。目前，《英国医学杂志》（*British Medical Journal*）49%的读者认为实证医学是“失灵的”，而这些新系统可能就是一种重新帮助人类建立信心的方式。人们如此缺乏信心是有道理的——延误的、遗漏的、错误的诊断据说高达10%~20%。

在帮助医生诊断之外，医疗系统的其他方方面面也看得到计算机系统的身影。

美敦力公司（Medtronic, Inc.）设计的胰岛素泵和他们的心脏起搏器的方向是一致的——趋势是让胰岛素的剂量控制变得自动化，这种控制将基于传感器得到的数据，而不是专家的意见或者手动干预（不久以前，心脏起搏器正是如此工作的）。加州大学旧金山分校有一个药房，只有一名机器人在那工作，至今为止已经开具了超过200万个处方，并且没有出过一次差错，与此相比，美国的人类药剂师出错的概率大约为1%（相当于每年3700万个错误）。大约140家医院正在使用自动机器人TUG，它可以自己穿过走廊，发放很多物品，从纱布到药品，目前这些机器人每周发放5万次物资，节省了护士和搬运工的时间。全美半数医生都在使用一个叫作Epocrates的应用，这是一个数字化的药品信息核查系统，通过计算机来查找不同的药品之间可能存在的相互作用。这一任务曾经非常耗时，通常要拿一本超过2500页的药品信息手册——《医生桌上参考手册》（*Physicians' Desk Reference*）进行手工查找，而且也不一定查得到。

除了医学应用之外，医学研究工作也开始仰仗计算机。IBM和贝勒医学院（Baylor College of Medicine）共同研发了KnIT系统（“知识集成工具包”，Knowledge Integration Toolkit），负责扫描现存的医学著作，并且为特定的研究项目生成新的假设前提。例如，以肿瘤抑制蛋白“p53”为例，对一个新的研究员来说，他得花费38年来消化7万篇关于“p53”的相关医学文章，但如果用KnIT扫描了这些文章，包括上百万篇其他的文章，再对扫描结果进行筛选，就能快速发现六个潜在的新化学“开关”——可以激活“p53”并让它发挥作用——而到目前为止，全人类总共只发现了33种“p53”的激活方式。沃森这类人工智能系统的愿景之一，就是确保普通情况下病人不再需要医生，只需要配备合适的诊断设备和掌握治疗规划工具的护士就足以够用。这种方式下，大量具备高度医学知识的工具都能够为护士所利用。换个角度，在这些系统的帮助下，“助理医师”足以治愈病人，这是一种英国国民医疗服务体系（NHS）下的新的职业类别，他们接受过医药培训，但又没有传统内科医生学习得那么深入。尽管对于这些“助理医师”存在一些争议，但他们的出现，证实了常规的医学职业边界不再那么神圣不可侵犯了。现在医疗机构中的护士，已经被允许做一些小手术，而且他们开处方药的权限也在逐渐变大。

“远程医疗”应用也越来越广泛，这种做法使用互联网视频连接，用以开展远距离医疗工作。如果需要进行远程放射检查或者远程皮肤病检查，不在传统医学中心的专家可以提供24小时的紧急图像处理服务；如果使用远程中风平台，心脏专家并不需要在病人身边，也同样可以进行紧急诊断，迅速提供建议。此外，远程手术技术也正在快速发展，通过高级机器人的协助，身处美国的外科医生团队可以取出一个身在法国，距离6000公里以外的女病人的胆囊（被称为林德伯格手术，Operation Lindbergh）。这一类技术都由“远程监控”和“远程诊断”设备提供支持。比如说，美敦力的远程监控网络Carelink Network，这一技术让心脏病患者能够将他们心脏设备收集的数据报告发送给医生，每个报告都相当于一次当面拜访。美国退伍军人事务部也有一个远程医疗办公室，2014年使用了相关技术向超过69万名老兵提供了健康护理，而在通常情况下，退伍军人是一个地理上非常分散的群体，其中55%的人住在郊区，缺少接受传统医疗服务的便利。在英国西约克郡的Airedale，国民医疗服务体系使用思科网真技术（TelePresence）为数百个家庭养老项目提供护理支持，并且实验性地将监狱囚犯的医疗收治人数降低了50%。通常情况下，这些设备的存在形式往往与传统专业服务截然不同，非常令人难以想象——比方说谷歌和欧洲的诺华制药公司（Novartis）联手开发了一种“智能隐形眼镜”来监测血糖水平，替代了原先需要戳破手指提取血样的方式（测试、管理糖尿病的传统方式）。不得不说，“移动医疗”的市场也正在迅速成长，数以万计的设备、系统、应用程序搭建在现有的移动技术上——传统电话、智能手机、移动网络。这些设备和系统有着各式各样的复杂性。举例来说，BlueStar系统能够将智能手机变成具有经美国食品和药物管理局（FDA）批准的糖尿病管理系统的设备，向病人提供个性化的治疗建议，并向医生提供实时的数据流。一个EyeNetra智能手机外接设备的成本大概只有几美金，其功能是一个可移动的眼部测试器件，功效和我们所熟悉的几千美金一台的验光设备一样。美国食品和药物管理局认为，截至2015年，全球大约有5亿名智能手机用户安装了医疗应用。移动医疗还有更简单的用法。试想一下病人可能会忘记医生所提供的医疗建议中的40%~80%，真正回忆起来的内容还有一半是错误的，然后另一半的病人忘记按照医生的处方吃药（在美国这意味着每年可避免1000亿美金的医院治疗成本）。考虑到种种不靠谱的状况，给病人发送简单的文本信息提醒（也给医务工作者）有效地改善了医疗效果。这也解释了GlowCap 小药瓶盖这样的设备为何能够获得成功——通过无线芯片监控药物的使用，发送提醒给健忘的服药者（它会闪光、发出哔哔声，然后发送短信），发送服药数据给医生，并且当药物需要补充的时候发送通知给药剂师。

数字设备被越来越多地运用到医疗领域，产生了大量的数据，再借助高级的系统，可以产生可观的研究成果。例如梅奥诊所发明了一系列算法，称为“嗅探器”（sniffers），它通过分析病人的实时数据来预测并警示潜在的健康问题。通常，这类数据流的规模需要动用大数据技术（见4.6章节）。再比如位于亚特兰大市的埃默里大学医院（Emory University Hospital）和IBM共同研发重症监护病房的床头监测设备，可以10个数据点每秒的效率收集分析每个病人的信息。如今许多新型设备和系统的成功商业化，引发了“自我检测”和“自我跟踪”的文化运动。这种现象被称为“量化生活”，成千上万的用户使用着这类设备，如Jawbone、Fitbit以及MyFitnessPal，来收集大量的个人信息——从脉搏数据到消化模式，从睡眠情况到心情状态——它们对数据进行分析的精细程度可以媲美许多临床医生。这些设备，设计的时候结合了审美元素，被称为“可穿戴设备”。更有甚者，成立于美国加利福尼亚州的普罗透斯数字健康公司（Proteus Digital Health）正在研发一系列可穿戴设备的“升级版”——“可摄入设备”，一种小型药丸状的体内侦测设备，可以让病人吞下去，而且不需要电池驱动（用胃酸来提供动力）。

大型的网络社区也在逐渐兴起。在PatientsLikeMe网络社区里，30万人互相连接，分享各自的状况（目前大约有2300种不同的状况），交换各自的经验和治疗手段。据说脸书网也正在准备推出类似的线上“互助社区”。实际上，除了病人之外，全美超过三分之一的医生都已经使用Sermo网络来发布研究项目、临床案例以及互相交流；还有同样比例的医生使用有着类似功能的QuantiaMD网络。据统计，美国超过半数的医生是另一个专门针对医生群体的社交工具Doximity的会员。医药行业同样也在使用众包概念，面向大量的个人来收集想法和获得协助。在CrowdMed网站上，人们发布他们的症状，利用2000名在线医生——“医学神探”，把诊断方案众包出去。在InnoCentive上，医疗机构可以通过提供在线报酬，招募世界各地的人帮助他们解决所面临的医学难题。在Watsi社区，那些需要医疗救助但无法负担的人们，可以使用在线众筹平台获得捐赠。3D打印技术也在改变着现代医疗行业，它使许多医学项目成为可能，从铸型到假肢到牙冠牙套，都可以量身定制然后按需打印。外科医生还可以通过扫描病人的某些部位，打印相应的模型，在真正实施手术之前在模型上加以练习。打印的物体也不再局限于无机物，维克森林大学医学中心再生医学协会正在取得进展，他们试图制造一台机器来直接在烧伤病人身体上打印人体细胞。研究人员也在打印完整器官的路途上缓慢前进着，这非常重要——平均来说，每天，美国有21人、英国有近3人，死于缺少可移植的器官。对某些领域来说，依靠日渐强大的计算机能力，之前停留于理论想象阶段的一些实验逐渐有了实现的可能性。基因学就是一个很好的例子，它通过分析病人的DNA来个性化定制治疗手段，预测未来可能罹患的疾病。2007年时，分析一个人类的基因需要花费大约1千万美金，到了今天，一次分析的花费只需要几千美金。如果不需要全面专业的基因分析，23andMe、Navigenics、deCODE这些公司提供的商业化测试，报价更是低到99美金起。在“基因编辑”领域，科学家致力于找到有问题的基因，主动进行干预去改变或者消除它们；纳米医疗技术（Nanomedicine）正试图将纳米技术运用到医疗领域里来。诺贝尔奖得主理查德·费曼七十年前曾预言过我们有一天可能会“吞下外科医生”，这一预言已经成真——已经有微小的纳米机器人能够在我们体内游动、拍摄体内图片、运送药物、精准定向攻击特定的细胞，这些才能让最高明的外科医生都自叹不如。（在谷歌的研究基地之一谷歌X里，据说这个项目也正在研究之中。）

除了计算机之外，制造技术也将在医疗中发挥重要的作用。工程师正在开发大量精密的机器人系统来协助病患（有时被称为“辅助型机器人”）。比如，有的机器人可以帮助截瘫患者走路；有的机器人受病人控制，替代病人的四肢，发挥假肢的作用。有些系统能为医疗从业人员提供帮助，例如Cyberdyne公司制造的“混合辅助肢体”（Hybrid Assisted Limb），这种辅助肢体实际上是一套机械外衣，它就像一套延展骨骼，成本不到2000美金，但能够让护士借助它举起和搬运比他们自身承重能力大得多的重量。除了负重辅助之外，机器人同样也被用于医疗社交领域（通常被称为“社交辅助型机器人”，Socially Assistive Robotics）。PARO是一个治疗型机器人海豹，它能激励阿尔兹海默病患者，并为其提供安慰——目前被纳入NHS的部分地区正在尝试使用它。由英国赫特福德大学的研究员设计的Kaspar，被用于帮助有自闭症的小孩。在“情感计算”方面（见4.6章节），科学家和工程师正在努力开发一种系统，试图模仿人类具有同情心的陪伴举止。在日本一家私人医院里，大多数房间都配有它们自己的机器人护士，它们不仅仅帮忙负重，也负责给每个病人提供陪伴。此外，社交辅助型机器人甚至不需要是实物机器人，一些智能技术也能够通过网上平台提供服务，比如AI Therapy平台，它为社交恐惧症患者提供个性化定制的虚拟治疗程序的系统，整个过程中，无须任何人工介入。

2.2 教育

我们的基础教育已经保持几个世纪没变了。一小群学生集中到一个物理空间，由一位老师进行现场教学，每一堂课设计成差不多同样的长度和节奏，遵循着相对精确的课表，老师扮演着“讲台上的圣人”。“一刀切”的做法针对着所有人，课堂上所讲的内容如果学生有什么不明白的，就需要自己进行探索学习，或者干脆就不懂到底；那些提前理解所教内容，希望进行下一步学习的学生通常则不得不耐心等待。

如果机构都拥有充足的资源，足够多的智慧才华兼备的老师和头脑聪明的学生，这种传统模式可以交出杰出的答卷。但是，只有极少数幸运者享受到了这种美好的结果。总的来说，许多发达国家里都没能提供足够的可负担的、高质量的教育。在各个国家内部，人们担心教育成果参差不齐，而对于整个西方世界来说，他们的教育体系正在输给其他国家，比如说印度。

过去，在教育中对技术的利用是不太常见的——也许会在教室的后面放一台孤零零的计算机或者在教室前面装一块电子白板，时不时地用互联网做一些研究，但也就仅此而已。相比之下，在“混合式”的学校里，技术却是处于核心地位的。Rocketship Education是美国加州九所特许学校组成的一个网络，学生每天花四分之三的时间和老师一起待在教室里，剩下四分之一时间在“学习实验室”里使用互联网平台进行学习。在这个实验室里，软件会基于每个学生个体的情况针对每个学员的特定需求和实际能力来量身定制学习项目——教学内容、方法以及节奏——如果有学生要求特别关注，系统会发送提醒给老师。纽约的New Classroom学校、底特律的Matchbook Learning学校以及洛杉矶的Ednovate学校也都采用了类似的方法。

这些学校使用的是“自适应”或者“个性化”教学系统。现在至少有70家公司提供这种系统：Knewton、Reasoning Mind、DreamBox都是其中比较知名的平台。它们正在向传统的“一刀切”教育方式发出挑战。通过个性化定制每个学生所能学习到的内容，他们在追求的其实是大家渴望但负担不起的“一对一”的教学方式——给予每个学生不同的关注。这也被称为“智能教学系统”。他们尝试解决的是已经困扰人类30年的“两个标准差问题”——一个普通学生如果接受一对一辅导，他将来的表现可能超越98%去普通课堂接受教育的普通学生（这大约等同于领先于普通课堂学生“两个标准差”，或者“两个西格玛”）。这种一对一模式，本质上，从19世纪开始就被牛津和剑桥大学加以应用并且被证明行之有效了。

在互联网上，有不同的网络教育形式。社交网络Edmodo，被称为“教育界的脸书网”，已经拥有超过5300万用户。这些特别定制的平台为老师、学生以及家长提供了互助社区。也有媒体平台，比如说Edudemic、Edutopia、ShareMyLesson，人们在这里分享他们在课堂上的经历经验（博客、视频、教学计划等）。还有“学习管理系统”和“虚拟学习环境”，例如Moodle，拥有超过6500万用户，BrightSpace拥有超过1500万用户，这些平台能够帮助老师组织教学、分发材料、在课堂外与学生互动。

其他在线平台提供教学内容。例如“可汗学院”（Khan Academy），它提供5500个免费的教学视频（被浏览过4500万次），提供10万个练习题（被解答了20亿次）。2014年每个月都有超过1千万的独立访问者——比2010年增加了70倍——这里学员的有效出勤率比整个英国的初高中学生的有效出勤率还要高。TED，集合了许多在线演讲（每场的长度大约为18分钟），这些有想法的演讲者的选题非常广泛，截至2012年底观看次数已经超过10亿次了，TED-Ed则基于这些演讲视频再建立起相应的课程。YouTube EDU，是整个YouTube在线视频网站的一部分，是专门为教育类内容所设立的，它收纳了超过70万高质量的教育视频——而它们只是发布在这个网站其他地方的、未经雕琢的但同样有用的视频资源中的一小部分。

这些在线平台的设计结构各不相同，但学生通常都是使用平台来跟上教学进度或者寻求学业进步。有些老师则利用平台来寻找教学材料，用于传统方式的课堂教学。有人提出，为什么不让世界顶尖专家直接与学生对话呢？还有人使用这些工具来改变教学方式，比如说直接翻转课堂教学形式，让学生回家在平台上观看常规的课程讲解，相反把做作业环节放到课堂上来。父母用这些平台来实现“在家教学”，小孩子在家接受教育，他们不上传统的学校，最近这种现象在美国数量激增，比1999年到2012年间所占整体学龄儿童的比例翻了一番。这种种平台都依赖着像可汗学院的创始人萨尔曼·可汗（Salman Khan）这类人的强大个人魅力，他们从无到有亲自制作每一部视频。除此以外，即使是目前已经储备了丰富知识积累的机构，也在采用类似的平台分享专业知识。比如说2011年，超过四分之三的美国大学校长都说明他们提供网络课程。

在过去几年里，这些课程的性质和规模发生了改变。一系列“大型开放式网络课程”（MOOCs）相继面世。这种在线课程，是所有人都可以看到的，通常是免费或者收取的费用很低，很少听说存在上课人数限制（至今为止，某一课程报名人数最高达到过30万人）。在Coursera这由两位斯坦福大学教授创办的在线平台上，以及在由哈佛大学和麻省理工学院共同创办的EdX上，来自上百所机构的世界上最伟大的学者，为百万名学生创作并且交付了数以千计的MOOC。比如说，单单一年内报名哈佛MOOC的人数，就已经超过了哈佛建校383年以来所接纳的学生总数。在 Udemy和Udacity这样的平台上，甚至不仅仅是学术性的任何专家，其他人也都能够主持、运营一堂MOOC。而且这些平台还被用于辅助小型的传统课堂教育，被称为“小规模限制性在线课程”（SPOCS），回归到之前提起过的“混合式学习”形式。

人们也在对在线工具进行试验，看是否能够进行不同形式的学习成果评估和认证。例如，对于那些提供MOOC课程的老师，用传统方式批阅成千上万学生的作业是不现实的（这些老师平均每周花9小时在批阅传统教育的功课上）。有些系统使用“同伴互评”的方式，让学生们互为其他同学的功课打分，另外有些使用“机器评分”的方式，基于一些算法把评分过程完全计算机化。Degreed和Accredible之类的平台用这种方式来为课堂外所做的功课打分和进行认证。这类平台和系统基本上都可以在便携式设备上使用，它们使用教育类应用程序作为补充。2015年初，在苹果应用商店App Store里，教育类程序是第二大流行的类别（排名仅次于游戏）。美国天使投资人约翰·杜尔（John Doerr）曾经预测，2014年全球教育类程序的安装数量将达到7500万。这些应用程序以不同的形式出现，从针对学生用户的自动更新的电子教科书和测试材料，甚至到类似ClassDojo那种帮助老师管理不守规矩的学生、和父母保持沟通的工具。随着越来越多的学习在数字平台上开展，数据变得越来越重要。在《与大数据同行：学习和教育的未来》（*Learning with Big Data: The Future of Education*）这本书里，作者维克托·迈尔-舍恩伯格（Viktor Mayer-Schönberger）以及肯尼思·库克耶（Kenneth Cukier）描述了传统教育中所使用的为数不多的数据点——测验成绩、报告卡片、出勤记录等——在庞大得多、精彩得多的数据集面前是如何黯然失色的。丰富的数据被收集起来，从学生点击了屏幕哪个位置，到学生回答一个问题花了多长时间。而且成千上万个学生的信息都可以被收集、存储起来。一门新的学科——“学习分析”，正在试图解读收集到的这些信息。分析这些信息的目标是为了给学生和老师提供更好的反馈，进而可以优化“个性化”“适应性”教学中所采用的教学方案。很多平台对它们所收集的知识和研究提供开放式访问。有些事情已经变得司空见惯，以至于我们甚至忘记了它们刚出现时是多么具有颠覆性。以维基百科（Wikipedia）为例，每个月有大约5亿人浏览这个收藏了3500万篇文章的资料库，大约69000名主要的在线贡献者负责创造并更新其中的内容，总共有超过280种语言版本，不向用户收取任何费用。曾经的百科全书，一经印刷就开始过时，内容分为多卷，装帧精美，价格高达数千英镑，对比之下就显得特别古旧。目前有超过1万个开放式访问的在线学术杂志，收录了超过170万篇文章，通常都是经过同行审阅过的，但是在网上阅读、复制或者发送都不收取任何费用。截至2017年，盖茨基金会（每年支出9亿美金研究经费）将只资助那些愿意把研究成果以某种形式免费提供给公众阅读的学者。传统的订阅方式是昂贵的——有着全球最大的教育基金的哈佛大学，在2012年已经宣布它的图书馆无法负担那些传统期刊的订阅费用了。有各种各样的商业和收费模式支持着这些服务。有些是完全免费的，有些设置了付费门槛，有些是现成的商品，有些则是开源数据库的。Duolingo是一个免费的在线语言学习系统，它采用了一种独特的模式——要求学生翻译从大段外语内容中摘取的小部分外语文字，这些文字来自于其他公司付费让Duolingo翻译的内容（CNN和BuzzFeed用它来翻译新闻故事）。这个平台同时扮演了双重角色，既是免费的在线语言学习工具，又提供收费的翻译众包服务。在所有这些例子中，传统意义上的教师、家庭教师、讲师都面临着挑战。社会不再那么需要“讲台上的圣人”，更为需要“身边的向导”，因为他们能够帮助学生浏览各种专业资源。新的角色和新的学科会出现，例如教育软件设计师负责搭建“适应性”学习系统，内容管理者负责编辑管理在线内容，数据科学家负责收集大量的数据集并开发“学习分析”来解释这些数据。因此当前白宫经济顾问委员会主席、哈佛前校长的拉里·萨默斯（Larry Summers）认为“接下去25年里，高等教育将发生的变化要超过之前75年的变化总和”时，这一点也不令人吃惊。另外前唐宁街顾问迈克尔·巴伯爵士（Sir Michael Barber），在他所写的《一次雪崩正在来临》（*An Avalanche is Coming*）中（书名恰如其分）也预测了教育界将面临的巨变。

2.3 法律

在《法律人的明天会怎样：法律职业的未来》（*Tomorrow's Lawyers*）里，我们预测过司法行业在“接下来的20年里将经历巨大的变化”，而且“这种巨变将超越过去整整2个世纪的变化程度”。无数评论家都同意，法律专业即将面临前所未有的冲击。事实上，律师和法官的工作惯例从英国作家狄更斯时代到现在，基本没发生过多大变化。这一延续至今的架构在全世界都差不多，无论是协助解决纠纷，为交易提供建议或是为客户的权利与义务提供咨询。法律建议由服务于合伙制律师事务所的律师人工定制而成，通过一对一形式提供，交付物为文件文档（常常是长篇大论）。从20世纪70年代中期起，这种咨询服务基本以小时为基础计费收费。随后，各方集合在一个专门为此建造的法庭里，由一位公正的仲裁者，采用正式的程序以及历史积淀下来的各种流程，使用晦涩难懂的语言，企图解决人们的争端。除了律师以外，其他人都非常费力地试图弄明白状况。

目前这一传统模式所面临的最大压力就是成本。狄更斯本人可能过度夸张了问题，他说法律文件是“堆成山的昂贵的胡说八道”，但大多数法律和法庭服务的确变得让人无法负担，无论是个人消费者还是全球性的商业客户。

目前，在英国和澳大利亚等国，法律市场已经开放，所以律师不再对法律工作享有垄断地位。无律师资格的人士可以拥有、运营法律业务，同时律师事务所也可以在股票交易所公开上市发行股票或者从私募基金等机构进行外部融资。这已经从根本上动摇了市场。研究表明，几乎三分之二的个人，相比较传统的律师事务所，更愿意选择接受商业街上的品牌公司的法律服务。英国合作银行（Co-Op Bank）宣称他们将在350个银行分支机构对外提供法律服务，另外其他知名的非法律业务企业，比如英国电信（BT）以及英国汽车协会AA，也已经承诺要开始提供日常的法律服务。传统的律师“独唱”正在受到威胁。

新的服务提供方已经加入到商业法领域中——像Integreon和Novus Law这样的法律流程外包方，像汤森路透这样的综合咨询机构，以及大量出现的“替代性商业机构”。最后提到的这个群体，在英格兰和威尔士地区得到2007年颁布的《法律服务法案》的授权，并由Riverview Law做出了很好的示范，他们用低于传统律师事务所的固定费率来雇用并使用具有资质的律师。

法律业务的另一条成长路径是自由职业律师所形成的网络。始于2000年的Axiom是其中的领军典范。自从那时起，不同的律师事务所都开始使用类似的方式，大部分通过和前雇员签署协议来完成合同约定的服务。例如，英国博闻律师事务所（Berwin Leighton Paisner）的“按需提供律师”（Lawyers on Demand）以及英国品诚梅森律师事务所（Pinsent Masons）的“Vario模式”（一群自由职业律师所组成的网络）。

总体来说，大的律师事务所正在成立新的劳务部门来应对成本压力。律师们把法律工作分解成更加基础的任务，寻找替代性方案来完成那些更加日常和重复性的工作，比如说法律文件审阅、尽职调查、日常性的合同起草，以及基础的法律研究。这样一来，有些法律事务被外包甚至离岸外包，交给律师助理，打散分包，然后向客户收取固定价格。有些领先的律师事务所已经开始着手构建他们自己的低成本基础服务设施了。此外，针对企业所面对的新课题——法律风险整体管理，整个法律行业也采取了许多行动，基本精神在于“避免争端要好过解决争端”，此外认可法律只是整体服务的一部分，律师将和会计师、咨询顾问、税务专家一起为客户提供整体专业服务。技术在律师执业转变的过程中扮演了核心角色。除了高度普及的办公自动化系统（尤其是电子邮件、会计和文件处理软件等），以及完善的法律搜索工具（例如万律网Westlaw和律商联讯LexisNexis），许多不同的新系统正在把律师的工作变得更加系统化，有时甚至会改变他们的工作方式。在众多系统中有一个重要类别，它们的主要功能是系统化地生成法律文件。这些“文件汇编系统”——基于ContractExpress和Exari工具构建——通过和用户进行简单互动沟通后，能够自动起草生成高质量的文件。一开始这些工具主要为律师服务，现在类似的在线系统正在逐步向外行人士开放。法律行业中还出现了其他的文件相关工具。例如，Docracy收集了各种法律合同并向公众开放；Shake帮助人们在手持设备上创建法律合同，现在还可以直接从网上获得法律帮助。尽管非法律人士通常认为通过国家网站或者非营利性网站，研究大量实用的、通俗易懂的、各种法律领域的指导对他们帮助更大，但澳大利亚许多地区的法律和判例法都可以免费查阅到了，它的实际意义要比国家网站和非营利性网站提供的指导更有价值（很大程度上要感谢澳大利亚法律信息协会所做的开拓性工作）。商业性的在线法律服务，例如LegalZoom和Rocket Lawyer也在生根发芽逐步成长，同时还出现了一些更为复杂的专家诊断系统，可以应对情节复杂、跨地区的法律问题，并且能够做得比一流专家更好。安理国际律师事务所（Allen & Overy）已经开始提供这样的服务，也有年轻得多的法律服务供应商，像Neota Logic，正在推出能够处理复杂规则并进行深度推理的系统。

律师事务所和客户之间正在越来越多地使用各种线上的交易资料室共享信息。这些都是基于互联网的协作平台，可以方便地存储和取用跟交易或争端相关的文件。为了准备一个诉讼案件，需要审阅大量法律文件并从中选择最为相关的信息，此时智能搜索系统比初级律师和法律助理表现更为出色。大数据技术为系统提供支撑，无论这是一项专利纠纷（Lex Machina的服务）还是美国最高法院的一次裁决，此类系统能够比诉讼专家更精确地预测庭审判决的结果。法庭也开始受到根本性的挑战。法律专家开始质疑法院所提供的到底是一种服务还是一个场所；产生纠纷的人和机构是否真的需要集结到一个实体法庭上来解决他们的纷争。一个替代性选项就是虚拟法庭。这种形式已经用在从容易受到攻击的证人身上采集证据或者为刑事案件进行预审，它的形式和传统的法庭没什么两样——律师、涉案各方或者证人——通过某种形式的视频接入出席。另一种变化形式是在线争端解决机制（ODR），最近来自英格兰和威尔士地区的ODR提案得到了高等法院院长，也就是最高民事法官的支持，他认为这是“民事司法体系历史上激动人心的里程碑”。借助ODR解决争端的流程，特别是形成解决方案的过程，都可以通过互联网来完成——小到市民之间的口角以及大到个人和国家之间的矛盾。举“在线仲裁”为例——这是eBay用于解决每年数量惊人的6千万个交易争端的ODR技术之一（是美国法院系统一年受理的案件总数的三倍多），这些工作都在一个被广泛使用的ODR平台上完成，它叫作Modria。另一个在线解决方案是Cybersettle，网络版的“在线谈判”系统，它处理过超过20万起个人伤害保险理赔，理赔金额接近20亿美金。此外，免费的在线服务系统Resolver，也已经帮助英国消费者向超过2000家机构申诉他们的不满。在线法律社区正在兴起。Legal OnRamp系统起初为主要的律师事务所和他们的客户提供社区服务，然后非法律人士逐渐开始参与出谋划策，分享自己在解决法律问题过程中的实践经验，最终形成了我们称之为“法律经验社区”的综合平台。技术改变法律行业的另一种发展方向是，把法律要求更好地应用到我们的生活和工作中去创造价值，比如说把自动遵守健康与安全法规的模块整合到建筑设计中去，比如一旦温度超过某些法定水平，建筑能够自动识别应对。这样一来，人类不需要知道这方面的法律，也不需要进行主观判断来照章办事，这样就应该可以避免律师的介入了。

即使是需要使用律师的场合，人们选择使用哪位律师也不再纯粹依赖传统的口碑了。在线信誉系统开始取而代之，用于传播客户对于某个特定从业人员或者律师事务所的评价（比如说Avvo，拥有将近20万名美国律师的客户评价），比价系统（既有按小时计价的，也有按项目收费的），以及网络服务，就像Priori Legal，能帮助用户寻找合适的律师。长期来看，法律服务的未来不太可能像约翰·格里森姆（John Grisham，美国畅销书作家、律师、政客）那样，或者法庭的鲁波尔（Rumpole of the Bailey，BBC播过的一部法律题材电视剧人物）所演的那样。我们的研究表明，更可能发生的情况是，传统律师在很大程度上被先进的系统取代，或者在技术以及标准流程的帮助下被更廉价的劳动力所取代，甚至外行人士都可以通过在线自助工具取代他们。

2.4 新闻

早在19世纪，油墨报纸已经成为除了和亲密朋友、同事和家人交谈以外，许多人了解外部世界的主要窗口。现在在许多地方，报纸的重要性正在降低。美国的报业，通常被视为其他以印刷为基础的传统行业的风向标。用罗伯特·麦克切斯尼（Robert W. McChesney）和约翰·尼克斯（John Nichols）在《美国新闻业的存亡之际》（*The Death and Life of American Journalism*）一书中所说，传统报业正在面临着“自由落体式坠落”。从2004年到2014年的十年间，人均日报发行量跌落了32%。在同时期，期刊的印刷本数量下降了三分之一。广告收入已经回落到最初有记录的1953年的水平（经过通货膨胀调整之后）。英国报纸《卫报》（*The Guardian*）和《星期日泰晤士报》（*The Sunday Times*）的编辑最近被问到是否考虑停止印刷他们的报纸，收到的答复是：“他们认为使他们继续印刷的方法，是由他们的报社买下最后一些印刷机器，此外没有别的办法。”在传统印刷报业极具萎缩的同时，在线平台开始繁荣起来。2008年，美国人第一次认为他们的新闻来源中，互联网（40%）的贡献高于报纸（35%）。2013年这一数据（新闻来源中互联网的占比）

上升至50%。在英国，2010年至2017年间，通过互联网获取新闻和杂志的人口比例增长了一倍多（从20%上升至55%）。在冰岛这一数据则已经高达90%（北欧其他地区这一数据也十分惊人）。更为年轻的群体，也就是那些未来的新闻工作者和读者们，通过互联网（不再依赖报纸）获取新闻的比例更高。

传统报纸和在线平台的命运形成了鲜明对比，但它们的命运也是息息相关的，反映出了深层次的、长久以来对老式印刷模式的不满。过去30年里，人们花在阅读报纸上的时间已经急剧缩水（减少了差不多一半）。然而，大部分的下降其实出现在2000年以前，也就是互联网普及之前。某种程度上，这是电视经历了历史性发展成为了主流新闻来源所造成的，不过这一情况也开始改变了。2013年，在全美50岁以下的人群里，互联网已经超越电视成为主要新闻来源。结果就是，传统报纸的业务模式出现了危机。曾经，报纸的存活主要依赖印刷物的广告费，再加上本身的销售收入（尤其是地区性报纸），但是如今广告预算已经转移到在线平台上，因为它们可以更有效覆盖更广泛的人群。当印刷发行量下降之后，报纸的销售收入面临压力。虽然大多数传统新闻集团仍然选择印刷市场，他们整合现有的业务，发行新的印刷刊物，以不同的形式和定价进行各种尝试。但公司也搭建了新的数字平台，将印刷的内容转移到线上。除了印刷报业公司之外，广播公司也在做类似的变革。然而，传统印刷和线上版本的成功之间并没有什么关联。在英国，《卫报》的印刷发行量跌落到了英国11种日报里的倒数第二，但与此同时，它的网站独立访问人数却是全世界英语报刊类网站中第二高的（2014年9月超越了《纽约时报》）。

目前，传统印刷报业的商业模式仍缺乏清晰的替代方案。从收入规模来说，数字广告仍然只占到报纸收入的一小部分（2013年，这一数字为9%）。尽管人们在尝试许多创新的支付机制，从付费专区（某些内容需要付费订阅才能进入），到小额支付（阅读每篇文章需要支付一小笔费用）等。然而，截至2013年，仍然只有约十分之一的人为在线新闻支付了费用。通过平板设备发布的内容被寄予厚望，但距离真正成功的盈利模式仍然十分遥远——2011年鲁伯特·默多克（Rupert Murdoch）尝试发行只有iPad版本的报纸——《日报》（*The Daily*），结果不到两年就失败了。

各种社交媒体平台对在线新闻来说非常重要，比如脸书网（拥有超过13.9亿用户）、推特（2.84亿用户）以及YouTube（超过10亿用户）。其中半数的用户使用这些社交网络来与其他人分享新鲜的故事、图像和视频。无处不在的移动设备使得人们可以随时随地连上网络使用这些平台。比如说，2012年伦敦奥运会期间，BBC网站30%~50%的访问量来自于移动设备；2014年底，《纽约时报》网站超过一半的访问来自于移动设备，而且这一数据“每个月都在增长”；目前，YouTube网站一半的浏览都来自于移动设备，而脸书网每月用户中超过85%来自于移动端。传统的新闻集团使用这些平台来传播他们的内容。2010年在推特上，人们互相分享的链接中的四分之三都来自于“主流新闻”网站。许多记者个人或专栏所拥有的关注人数要超过他们为之撰稿的印刷版报纸的订阅人数。BBC突发新闻（BBC Breaking News）的首页所拥有的关注者（1390万）甚至超过整个英国印刷日报的发行量（750万）。有一次脸书网调整决定用户所接收到的新闻的算法，这使得本来拥有“惊人的流量”的《卫报》和《华盛顿邮报》（*The Washington Post*）的流量出现了大规模下跌。所以，在今天，一个新闻网站是否能够得到社交网络的重视和关注是至关重要的。传统机构其实只是整个新闻生态圈中的一小部分。个人所构成的网络（自由职业者、活动人士、普通人）也开始通过一些线上系统（脸书网、推特、YouTube等）来创造和分享他们的原创报道和评论。这种所谓的“公民”“参与性”或者“自己动手”的新闻报道，以及支持这些形式的博客平台，在原先相对闭塞的传统机构主导的新闻世界里，加入了来自群众的振聋发聩的声音。Bleacher Report是一个由200位体育迷所撰写的博客，如今这个博客每个月有2200万个独立访问，这一访问量足够匹敌Yahoo和CNN的运动板块了。Global Voices，一个拥有1200名作者和编辑（多数都是志愿者）的网络，可以在互联网世界里努力搜寻、过滤、翻译（30种语言）各种主流媒体以外（他们称之为“公民与社会的网络”）的文章。斯科特·格兰特（Scott Gant）新书的标题正体现了这一改变的精髓——《如今我们都成了记者》（*We're All Journalists Now*）。新的“专供数字版本”的机构也已经出现，不断颠覆着传统的业务模式。《赫芬顿邮报》是一个营利性的在线新闻平台，任何人都可以在线上提交文章，一些作者还能领取到薪酬。《赫芬顿邮报》成立于2005年，在短短6年内，其月度独立访问者的数量就已经赶超了《纽约时报》。ProPublica由桑德勒慈善基金会所赞助，是一个独立的非营利性的在线新闻编辑室，他们唯一的工作内容就是进行调查性报道。这一网站自2007年成立至今，已经获得了两个普利策奖和一个皮博迪奖。Buzzfeed是一个营利性的在线新闻平台，通过在线广告（以及风险资本）来维持运营，在2013年，其月度独立访问者数量也超过了《纽约时报》。总结许多这类在线平台的成功，我们发现社交媒体的作用至关重要。具有颠覆性的新兴技术还包括：Vox的“解释性”新闻，The Marshall Project的“公众兴趣”新闻，Real

Clear Politics的“新闻聚合”，FiveThirtyEight的“数据新闻”。事实上，标题不仅对于被报道对象来说越来越重要，对于如何报道一个新闻也越来越重要。《赫芬顿邮报》的编辑对于同样的文章，会在不同的读者身上同时测试几条不同的新闻标题，来寻找能够创造最多阅读量的标题（所谓的A/B测试）。提供媒体网站实时数据的在线系统Chartbeat，则通过在简单的界面上展示新闻标题，使用户更容易看到网站最高阅读量的网页是哪个、流量来自于哪里等信息。

除了传播方式外，新闻的形式也在发生着改变，在各个平台上都可以看到，为新闻文字匹配视频素材的情形越来越多了。这是合乎情理的——2013年超过三分之一的美国成年人都在网上观看视频。1995年，当未来学家尼古拉斯·尼葛洛庞蒂（Nicholas Negroponte）预测未来的报纸会变成一种“电子”报纸——“DailyMe”，新闻的标题和内容都会反映读者的特定兴趣时，人们认为他十分激进，好像“新闻公司乐意让所有员工听你差遣，来为你专门确定某一个发行版本”。然而仅仅20年后，这种个性化的新闻已经随处可见。Flipboard是一个在线平台（有9000万用户），它创造了一种“个性化的杂志”，新闻都按照读者社交网络的活动所归纳得出的兴趣来定制；脸书网新闻（脸书网 newsfeeds）和推特新闻流（推特 streams）全都是从一个用户的朋友那里筛选得到的内容或者他们选择关注的内容。当然，这一技术也存在着争议，因为这一技术会采用特定的算法，决定将哪些新闻推送给用户，事实上这是一种计算机智能编辑过程——而它的意见立场是不透明的。

以上这些技术变革的结果，是一些原本由传统记者完成的任务，以及所采用的方式，被颠覆了。记者可以在社交媒体或计算机程序Storyful上手工筛查爆炸性新闻或者热门故事。他们可以使用Grammarly这样的写作程序来进行新闻的编辑工作，还可以用印象笔记（Evernote）来做速记。这些新技术已经开始颠覆传统的记者工作内容了，但更先进的技术甚至开始取代记者这个职业了。2014年，美联社开始使用Automated Insights开发的算法，把原先需要人工操作的几百份业绩报表的整理过程变成了计算机程序，这一技术生成的报告数量是原来的十五倍。《福布斯》（*Forbes*）杂志如今也提供类似的业绩报告以及体育类报告，使用的计算机算法由Narrative Science提供。《洛杉矶时报》（*Los Angeles Times*）使用一种叫作Quakebot的算法，来监测美国地质调查所发出的地震警报，然后自动将相关事件生成为新闻……

2.5　管理咨询

2013年，克莱顿·克里斯坦森（Clayton Christensen）在《哈佛商业评论》（*Harvard Business Review*）上发表了一篇文章，谈论“处在被颠覆的风口浪尖的咨询行业”，文中说，咨询行业的变化是“不可避免的”，那些以前帮助别人管理困境的人“即将被颠覆”。达夫·麦克唐纳（Duff McDonald）在他所写的《麦肯锡经验》（*The Firm*）里提出了他的观察结论，他认为咨询业正在“面临前所未有的巨大挑战”。露西·凯拉韦（Lucy Kellaway）在《金融时报》（*Financial Times*）上提出过观点，“50年以后，类似麦肯锡这样的管理咨询公司将不复存在”。克里斯·麦肯纳（Christopher McKenna）把管理咨询行业称作“世界上最新的专业工作，他们是否确立了专业工作的地位是模糊不清的，他们的未来也充满了不确定性”。进一步解释他们的观点，克里斯坦森评论说，咨询业的商业模式在过去100年里没怎么变化过。一个聪明的局外人或者一组外部专家被派到组织内部花上一段时间，然后根据他们的观察和发现尝试提供（至少表面上）客户最关心的问题的“可能答案”。这些年，咨询公司试图通过各种方式来突出自己的特色——比如说声称他们的团队更加聪明、更为严谨，比竞争对手在特定行业拥有更多经验等。有些咨询公司还开发了专有的工具，让自己更为出众。安信达咨询公司和埃森哲在20世纪80年代开始，就是其中的典范——他们开发的系统和管理的项目就像菜谱，延伸出许多不同的章节，一步步为人们展示如何完成复杂的流程。使用这样的方法，管理咨询行业似乎被精简成了一套标准程序。

过去，有些咨询公司还有一套绝活，那就是拥有别的公司所无法获得的数据和信息。储备充足的研究文库，人手充足的内部调研部门都是这种竞争优势的基础。几位与我们交谈过的战略咨询顾问估计说，以前他们公司可能花费了高达80%的时间来进行信息收集。随着互联网的普及，许多数据和信息都开始向公众免费开放了。如果这些数据还没有在网上公布，客户还可以借助传统的“调研机构”，比如说加特纳公司（Gartner Group）、弗雷斯特研究公司（Forrester Research）以及国际数据公司（International Data Corporation, IDC）来获取数据。数字化的流程意味着相比聘用顾问花时间手工统计人数、监控存货、处理各种数据表和数据库，客户将更加愿意自行收集基本的内部数据。客户数据可以通过直接收集“数据尾气”[①]来获得，或者来自于线下的创新活动，例如会员俱乐部信息（1650万人使用乐购的会员卡），或者收集其他未经整理的原始数据，而不是进行特定调查或者面对面的访谈。基于关于这些变化带来的思考，有一位咨询顾问告诉我们“他们业务模式的核心优势已经不复存在”。对战略咨询公司来说，数据与信息收集工作所占的比重已经下降到30%。

---

① data exhaust，大数据概念，指用户在线交互的副产品，包括浏览了哪些页面、停留了多久、鼠标光标停留的位置、输入了什么信息等。许多公司因此对系统进行了设计，使自己能够得到数据尾气并循环利用，以改善现有的服务或开发新服务。

基本分析工具以及复杂系统的普及，也使得传统咨询业以外的人能够进行数据处理，得出以前只有咨询顾问才能发现的观点。曾经以1张图片表达深刻信息的咨询公司贝恩（Bain Capital），其单个项目的收费高达100万美元，而如今，咨询公司再想创造出“价值百万的幻灯片”已经不那么容易了。这一技术变革的结果是，传统的战略咨询公司把大量日常调研工作外包给海外机构。像贝恩和麦肯锡都拥有海外研究团队，大部分在印度，分别被称为贝恩能力中心（Bain Capability Center）和麦肯锡知识中心（Mckinsey Knowledge Center）。这些海外研究团队为公司的正统咨询顾问提供各种支持；信息技术咨询顾问也采取了类似的行动，将许多的日常工作转移到了人工和运营成本更低的国家。埃森哲和凯捷三分之一的员工都在印度工作。

除了外包之外，大多数公司还在更加复杂的分析能力上进行了投资，尤其是大数据，力求重拾并维系他们在数据分析方面的优势。有些咨询公司已经把他们新开发的数据分析能力打包成一种全新的标准化产品了。客户可以从事先准备好的软件和工具里做出选择，不需要由咨询顾问为他们从头准备一套全新的方案。以麦肯锡为例，他们为客户提供了16种产品以供选择，叫作“麦肯锡方案”；德勤（Deloitte）则设计了9种各有特色的产品，叫作“德勤管理分析”。客户一旦安装了这些软件工具包，就可以得到一系列由计算机分析得出的深刻观点，它们取代了传统的幻灯片或者最终报告形式的一次性专业知识交付。

对于旧式的战略咨询机构来说，传统的战略工作变少了（一位资深业内人士把这类工作描述为“画曲线”）——如今只占他们工作比重的20%，而30年前这一类工作要占到他们整体业务量的60%~70%。许多咨询公司都被迫开始对某个特定区域或行业进行深入研究，只有那些最大的咨询公司还保留着全面战略通才，或者说“系统层面”的能力。在今天，信息技术咨询越来越受到企业的重视，但也同样面临着来自于低成本供应商的竞争。这里有一个定义上的问题——有些公司并不把系统开发的工作归类为“咨询业务”的组成部分，但对另一些公司来说，这就是他们所提供的咨询业务的核心。

在传播和宣传的渠道上，波士顿咨询公司、贝恩公司和麦肯锡咨询公司，这三家世界上最大的战略咨询公司都组建了清晰的“思维领导力”业务板块，来传播他们从典型的咨询项目中所获取的经验。另外，一些新的咨询业务形式也已经出现，比如说波士顿咨询数字化创投公司（BCG Digital Ventures）和德勤数字化咨询（Deloitte Digital）都以提供的“数字化”咨询为主要服务内容；曾经隶属于英国政府、目前属于NESTA基金会的Behavioural Insights Team运用社会心理学理论提供的“行为”咨询。

在传统的咨询机构范畴以外，出现了越来越多的个人咨询顾问、小型的精品咨询公司，以及专攻研究和数据分析的公司，他们都在积极地抢占市场。谷歌的首席经济学家哈尔·范里安（Hal Varian）把这些现象叫作“微型企业”（micro-national），称它们“借助互联网，拥有了15年前只有大型跨国公司才能负担得起的沟通成本”。互联网也为利用众多专家顾问所构成的网络来定制服务提供了便利。格理集团（GLG）和凯博公司（Guidepoint）让客户能够接触到他们庞大的在线专家资源，分别达到了40万和20万人的规模；商业类人才集团Eden McCallum和Cast Professionals则有能力动用经过审查的自由职业顾问资源，在线上和线下为客户组建更加正式的临时团队；10 EQS的团队只提供在线服务，客户和团队通过指定的在线平台进行互动；而Expert

360、Skillbridge以及Vumero则更加像是一个在线集市，帮助客户按照他们的需求筛选个人顾问；Corporate Executive Board是一个会员制的在线咨询业务平台，其专家网络拥有16000名中高层管理人员，他们为客户寻找并传播最佳实践经验。

最近还出现了咨询服务的众包平台。Open IDEO是设计咨询公司IDEO所创立的在线平台。许多问题，大部分是社会问题，被公布到网上，任何人注册之后都可以登录到Open IDEO平台以协作的模式去贡献自己的想法；Wikistrat是一个在线网络，拥有大约1000名各种背景的专家，他们来自于政治、军事、政府以及学术领域，用户向一群选定的专家定向提问，这些专家就通过Wikistrat聚集在一起来解决相关的问题；Kaggle也是一个在线平台，客户提交自己的数据并提出相应的问题，来自于100多个国家的统计学家会相互竞争，尝试提出最为深刻的分析。这类众包服务不仅仅针对个人用户，甚至于英国政府的内阁办公室也有一支开放式政策制定团队，他们使用各种在线平台（博客、社交媒体、众包）来尝试打破公务员在政策制定方面的“垄断”传统。

也有些系统不需要太多来自人类的输入。Ayasdi和BeyondCore这样的平台专业提供“自动化”的数据分析——据说这些系统会自行通过挖掘数据中的相互关系，来寻找有趣的发现再用于下一步分析，或者指出还需要哪些额外的数据，不再仅仅只是等待人类提出问题。调整相关设定后，IBM的沃森计算机也可以扮演“企业高管顾问”的角色——它扫描各种战略文档，学习消化会议内容，并且针对不同问题根据它的观点提供分析性的建议——比如说，对于给出可供投资的公司的建议。Kensho是高盛投资的一个系统，可以用简明语言回答本来需要大量人工调研的金融问题（例如，如果发生隐私信息恐慌，技术类股票会如何表现等）。

技术的发展，不仅改变了传统咨询公司的业务模式，也改变了客户的行为：传统咨询公司发现，客户对使用外部协助的态度越来越谨慎；当他们不得不使用外部协助时，他们更愿意将任务进行分解（把任务拆分成几个子项目）；他们也更乐意使用不同的人和系统来避免对某一个供应商产生依赖。有一位顾问把这比喻为“皇帝的新装时刻”——客户突然意识到他们（咨询业）的所谓技巧，从“作业成本分析法”到“基于价值的管理”，并不如原来想象的那么复杂。

有些传统顾问认为，企业内部的自有顾问是他们的主要竞争对手。企业内部顾问团队的兴起部分得益于数据和网络分析工具的普及。另一部分是由于受雇于这些企业的自有顾问，多是从传统咨询公司离开的人员，他们也具备分析的能力。某种程度上，也是因为被视为经典的顾问合格证的MBA学位也变得更为普遍了。随着商学院逐步开放这些MBA课程，这一现象会进一步加速。从2014年开始，哈佛以前独有的、两年学费高达90,000美金的MBA课程，随着在线学习平台HBX的诞生得到了补充。这一课程提供能够更快完成在线认证CORe，其费用仅为1500美金（被描述为“商业基本原理的初级课程”），在九周内为学员们提供一系列的专业商业课程。搭建这样一个平台并不是毫无争议的——哈佛商学院两位最有名的教授，迈克尔·波特（Michael Porter）以及克莱顿·克里斯坦森就公开表示对这种做法的不认同态度。对于企业家和小业主来说，互联网可以支持他们发展更加“自助的”文化。在线下，美国每年出版11000本商业类书籍，还不包括个人出版的书籍。在线上，作家、从业者、学者，以及外行人士形成的网络，通过许多不同的平台和社区，分享他们的专业知识和经验。思考问题的知识框架已经标准化——比如说芭芭拉·明托（Barbara Minto）所创建的“金字塔原理”，它是各大咨询公司运用逻辑去分析解决问题的常用工具，这曾经是麦肯锡专属的工具，但现在这一工具的文字性说明、视频解说、在线课程，甚至应用程序“Minto”都已经可以在互联网上找到。

缺乏正式的专业边界，让各咨询公司发展出了各自的特色，而不像其他专业工作领域内每家公司的业务都相对雷同。比如像埃森哲，如今聘用了750名医院护士，他们超过10%的收入如今来自于“数字营销”方面的建议，尽管这听起来更像是广告营销公司的业务。纵观当今世界咨询行业，随着新技术的普及，像埃森哲这样，传统的管理咨询服务所占的业务比重已经非常小的公司其实为数不少。

2.6 税务与审计

大部分税务和审计工作都是由会计师事务所的专业人士来完成的。这两条业务线有许多共同点——它们都是受到高度监管的，都需要定期和国家互动，工作的基础都是财务数据。尽管已经成为巨蟒剧团（Monty Python）著名的嘲讽对象，会计师还是在现代经济里扮演了非常核心的角色。然而，有迹象表明，他们所做的许多事情也正在面临技术的挑战。实际上，早在20世纪70年代，人工智能领域所做的一些开创性的工作就已经认定，人工智能技术在税务会计领域有许多可做之事，随后80年代的各种电子表格软件和微型计算机（这都是当时的名称）都受到了行业领先的会计师事务所的推崇。

让我们先来分析税务工作。过去纳税人在填纳税申报单时，有两种选择：他们可以选择自己完成这项任务，或者聘用一位熟悉相关法律和操作的人类专家，来分析他们的信息，代表他们完成这些表格。后者是一个非常诱人的选项。大多数地区的税务条款经过长时期的发展，已经变得非常繁复，甚至可以长达几千页，而且文字深奥晦涩，还经常变化。比如说，在美国，近年来税务条款平均每天更新一次，但是事实证明“人类专家”这个选项非常昂贵。历史上，每个客户的税务建议都是“人类专家”手工完成的，而且建议也是量身定制的。在20世纪70年代之前，税收计算甚至还需要通过对大量账目和纸质账单进行漫长的人工梳理来完成。

但是近年来，纳税人拥有了第三种选择——在线的辅助填写纳税单的计算机软件。个人使用这些应用程序时，只需要回答一系列简单的财务问题，软件就会自动为他们生成纳税申报单，过程中不需要任何人类专家。2014年，将近4800万美国人自己在网上完成了纳税申报单，没有使用税务专家的帮助，而是使用了税务软件。大多数软件供应商还提供相应的在线服务，纳税人和税务专家在这些平台上交流经验、分享所收到的各种建议和指导意见。

2015年3月，英国财政部长宣布了“纳税申报时代的终结”，并宣布于2016年启动“数字税务账户”。过去，个人和小型企业同样需要会计师来帮他们监控现金流、处理发票、记录费用以及其他，现在这种在线财会软件的数量与日俱增，帮助人们借助计算机来完成其中的许多任务。由于和英国税务机关有着合作关系，在线财会系统Kashflow甚至把整个增值税申报手续都电子化了，于是所有使用它们的系统来进行财务记录的公司，在年底都可以使用自带的程序自动生成完整的纳税申报表，然后通过网络迅速完成归档。而其他财会系统要具备同样的功能，其实只需要再往前跨一小步而已。

相比个人和小企业，大型机构需要处理的税务事务更加复杂，他们可以动用的税务技术就更多了。例如有些系统可以抓取税务申报所需要的数据、计算需要缴纳的税金、递交最终的税务申报表、编制正式的账单和报告、预测并测试不同的税务策略的效果，而这些都是自动完成的。有些税务系统甚至非常激进：英国的德勤公司，把大约250名税务专家的经验共同提炼整合到一个系统里，来帮助主要的客户准备并递交他们的企业纳税申报单。当2009年德勤把这个系统卖给国际信息提供方汤森路透集团时，“《金融时报》100指数”中70%以上的企业都已经在使用这个系统了。德勤另一个系统，用于申请境外支付时增值税的抵扣工作，也不再由人类专家处理，而是交给了Revatic Smart系统。它利用光学字符识别软件来扫描客户的文件，然后在非常少量的人工帮助下，自动将所有扫描结果提取为正确的格式。

在过去，国家税务机构和他们的运营，很多仍然依赖于纳税人，从个人到大型跨国企业来进行自我评估。标准流程是，人们登录到某个系统里，真实地回答一组问题，在指定时间按照规定的格式提交申报单。但现在，一些国家取消了大部分的自我评估工作。这些国家的企业不再需要准备纳税申报单。取而代之的是，他们直接把原始的财务记录以电子记录形式提交给税务机构。税务机构使用这个名为数字记账的公共系统（SPED），通过分析所提交的数据来决定需要缴纳税金的数目。这类计算机系统还可以用来解决避税和舞弊行为。比如说在拉丁美洲，一种流行的避税手段是使用假发票，通过记录虚假交易来减少应付税金。而现在，智利、墨西哥、阿根廷等国家的税务局都制定了强制规定，要求企业在交易发生时及时向税务机关在线提交“电子发票”，用于取代传统的、容易造假的纸质发票。同样的，在意大利，税务机构使用“Redditometro”系统，搜索已有的数据，估算某一个特定的纳税人在某一年度可能的开支——如果估算结果比纳税人在申报单上所填的要高出20%以上，他们就会要求纳税人做出解释。在美国，有好几个州使用了律商联讯的Risk Solutions，这个系统使用了一套算法去梳理数据，来识别使用虚假身份申请非法退税的税务欺诈者。但是，此类系统所涉及的数据量是巨大的。英国税务机构使用的舞弊识别系统“Connect”，经常为了得出某一结果而筛选上亿条信息。据说这个系统拥有的数据量比大英图书馆还多，这做起来绝非易事，因为大英图书馆藏有每一本在英国出版过的书籍。

随着许多税务事务变得数字化，税务专业人士的日常工作也正在发生变化。巴西，就是取消纳税申报单的国家之一，该国的纳税机构收到的将是原始的账目（而不是纳税申报单）。这已经改变了巴西几大税务咨询公司的工作内容。他们不再帮助客户准备纳税申报单，转而帮助客户准备他们的原始账目。为此，他们使用的软件也转为了税务机构最终指定的报税软件。

对于更加传统的税务事务所，竞争则来自于不同方面。企业内部的税务团队、管理咨询顾问、软件开发团队以及商业信息提供方都对税务工作越来越感兴趣了。为了应对这些，传统的税务事务所对合规性工作（准备和递交申报表）的关注减少了，转而接手更多的税务规划工作（例如在哪里设置公司总部或者选取哪里设立永久实体来降低税负）和交易咨询工作（例如对并购项目的税务影响提供建议）等。这些建议都越来越具有前瞻性，而不是被动反应性的。比如说德勤，基于手机的GPS数据，对外籍雇员提供计算机建议，告诉他们可以或者不可以去哪个国家地区，来最小化他们的税负。

随着技术发展，税务专业也面临着特别的风险。卡尔·贝内迪克特·弗雷（Carl Benedikt Frey）和迈克尔·奥斯本（Michael Osborne）在《未来的雇佣关系》（*The Future of Employment*）一书中推测，在计算机时代，只有1%的税务工作者是安全的。在他们所审阅的700种职业之中，税务工作被认为是十大“风险最高”的职业之一。目前全球每年有61亿小时被用于税务申报工作，相当于300万个全职工作岗位，因此发生的变化将非常巨大。

正如我们在第一章里所提到的奇异现象，通常可以让从事规划和交易咨询的税务专业人士迅速承认，与自己工作内容是有差别的、从事税务合规工作的同事们的工作已经受到了无法回避的威胁。然而，这些规划师和咨询顾问自己的工作也已经危在旦夕。早在20世纪80年代，人们已经认识到，税务规划和税务合规工作，从技术上来说，是一枚硬币的两面。他们都在同样复杂的规章制度框架内运作。两者之间的唯一差别在于，从信息处理的角度来说，税务合规工作按照法律和事实的框架来对信息是否符合规则进行判断，税务规划工作也需要在法律和事实所界定的框架内，但他们更多的是进行理性思考，如何使目标税负符合规则。这种根本上的相似性得到了世界上税务工作领域的思想领袖的呼应，他们认为许多税务规划工作很快将同样由机器来完成。对于那些为并购交易提供建议的顾问，领先的会计师事务所正在寻找（追求进步的企业内部律师也是如此）可以完成尽职调查的数字化解决方案，也在努力标准化大多数文件归档。税务工作的转型正在逐步进行中。

行业领先的审计师也同意他们已经身处根本性变革的边缘，但据他们观察，审计行业的转型没有税务行业那么快发生。这通常都是由于立法者的保守态度，他们总是被认为十分抗拒新的工作方式。审计是门大生意。全球市场领先者普华永道，为全世界30%的上市公司提供审计服务，雇用了大约70,000名全职员工，分布在157个国家和地区，所提供的服务总价值超过100亿美金。而世界上大企业的审计工作基本被包含普华永道的“四大”会计师事务所所主导（其他三家是德勤、毕马威和安永）。2013年在英国，“《金融时报》100指数企业”中98%、“《金融时报》250指数企业”中96%、所有企业中的78.8%都是由“四大”提供的审计服务。然而，“四大”会计师事务所中从没有一家想过要去采用彻底不同的方法来打破这个市场，也许原因在于这些事务所的在位者缺乏明显的动力去改变现状。

审计师在商业世界里的地位是举足轻重的。就像税务专业人士一样，他们的工作是基于财务信息的。但是他们的工作也非常不同，对合规工作而言，税务专家通常为企业管理层服务，他们审阅财务报表，计算并且尽可能减少应交税金。与此相反，法定审计师被请来审阅财务报表，以保证其准确性、完整性并且确保财务报表合理反映公司的实际业务活动。简单说来，审计师确认或否定公司所公布的财报的真实性。审计工作的最终用户是投资者，他们的投资决策将受到审计师意见的影响。因此审计师可以提升投资者对于某些公司或者更广泛来说，是整个市场的信心。

尽管审计师的工作如此重要，财务审计中有许多流程驱动的工作这一事实是很清楚的。数十年来，标准的检查清单为这些工作提供着支持，而大型事务所则开发出了更为复杂的审计体系，就像毕马威的KAM和安永的GAM。这些体系为如何开展基本的审计工作提供了手把手的指导——从计划、风险评估、控制评估、测试交易和账目，到最终的财务审计报表。财务报表审计对技术的依赖性是早就存在的，20世纪80年代审计师是电子表格和微型计算机技术的最早期使用者，行业内也曾经有过大量关于“审计自动化”相关可能性的探讨。也是在那个时代，计算机审计开始出现——除了审阅纸质材料以外，审计师必须学会审阅、查询计算机会计系统。从那时起，“计算机辅助审计程序”

（CAAT）经历了几波发展。如今最大的事务所都已经开发并且用上了他们自有的软件——比如普华永道的Aura系统。这些系统被设计来执行复杂的大型跨国公司的审计。它们协助标准化审计流程、抓取分析相关数据、协助进行项目管理，并对审计过程进行记录。

在不那么复杂的审计中，众包的形式得到了推广和使用。比如2009年英国政府在网上发布了70万份英国议员工作时所产生费用的文件。作为回应，《卫报》为这些文件搭建了一个在线平台，对任何个人来说这工作量都过于巨大，所以《卫报》要求读者们一起对这些文件进行筛查，并且将可疑的地方揭示出来，如果有项目需要分析，则可以自由添加文字。超过2万人参与到这项工作中来，事实上，这就是一次公共审计。

企业审计工作则有着明显的复杂性，但我们也经常听到强烈的改革呼声。一部分原因在于人们对四大会计师事务所的垄断地位表示担心，以及他们所从事的非审计业务；另一部分原因来自于人们过去对审计师表现的失望情绪所引发的改革期望。观察人士和怀疑论者希望了解，就像约翰·C.科菲（John C. Coffee, Jr.）在他的书《看门人机制：市场中介与公司治理》（*Gatekeeper: The Professions and Corporate Governance*）里所说的，为什么"看门狗没有发出警告"——大型会计师事务所在审计安然和世通公司的时候，为什么没有对他们的财务丑闻发出警告。

改革的另一个驱动因素在于，领先的审计师也坦白承认，目前的计算机辅助审计程序还不足以处理如今的大型审计项目所涉及的庞杂信息和交易数据。理想世界中，审计师应当能够审查一个企业每个年度里的每一笔交易记录，并且核对它们是否已经如实反映在账目中。实际上这并不现实。大型审计项目中，有太多交易需要审核。无论是单纯通过手工审计，还是使用计算机辅助审计程序，数据量都过于庞大了。相应的，复杂的技术被开发出来，审计师事实上只需要检查一小部分经过仔细筛选的交易。这一小部分被选中的数据叫作“样本”。在选择样本时，审计师被“重要性”水平所引导（浅显说来，如果达到重要性水平的财务信息发生错误或者遗漏，可能影响投资者的决策）。作为传统惯例之一，他们依赖“试探法”，用简单的经验法则来帮助他们发现账务处理过程中通常的错误和典型的遗漏。通过检查小规模的样本和试探法，审计师得以对财务报表的可靠性做出更宽泛的结论。他们也曾尝试将其他工作补充到这些分析工作中来——在客户的场地进行面对面的访谈、在客户办公楼面上走一走——以对正在审查的业务获取一些真实感受。但最终，审计师必须承认他们所采用的方法存在固有缺陷——从有限的样本量中做出推断是有风险的（即便统计学上也是站得住脚的），他们的“试探法”也通常具有误导性。但审计师采用这样的方法也是不得已的。因为随着时间的流逝，审计师必须处理的数据量正在高速增长——一个客户一年的数据可能达到几十亿条，甚至上万亿条（最大的客户每周的交易数量都往十亿的数量级发展了）。因为这些被审计公司的业务规模日渐庞大，还因为企业开始系统的以数字形式记录并保留所有业务活动。传统的方法，按照我们上面所提过的，是取一小部分样本并将结论推而广之。

审计行业的新系统应该能够处理更大的样本量。有些情况下——这也是一个主要的变化——他们正在试图处理所有的数据，完全抛弃取样抽查的方式。这正是普华永道正在开发并推广使用的审计软件HALO的理念。它的设计使它能够通过计算机算法处理所有的数据（也就是所有的交易数据），然后找出其中的异常和矛盾之处。这也符合毕马威的詹姆斯·P.里迪（James P. Liddy）所做的预测，未来的审计应当具备“对客户所有的交易进行检查的能力”。

“百分百测试”的雄心壮志——使用所有可供调用的数据，不仅仅只使用一组具备代表性的样本——正是在统计领域普遍流行的想法的特定体现之一，维克托·迈尔-舍恩伯格（Viktor Mayer-Schönberger）以及肯尼思·库克耶（Kenneth Cukier）在他们合著的《大数据时代》（*Big Data*）一书中谈到过。大数据时代的一个总体特征，在于从选取少量样本转变到使用所有的数据（用他们的话来说就是“从部分到全体”）。“百分百测试”的下一阶段是一种被前沿审计师称为“连续审计”的现象。利用可以获取更多不同来源数据的平台，将持续性的交易审核和传统的财务报表审核进行结合，目的在于能够实时了解公司的财务健康状况。这再次反映了大数据时代的总体优势——结合使用不同来源的数据，格式各不相同，结构也不那么正式（但不包括电子表格里仔细整理过的数据）。总而言之，未来的审计将使审计师大量使用“各种凌乱”的数据，这意味着他们能够通过将一个企业和其他对照公司“各种凌乱”的数据集进行比较，能够深入了解这一企业的财务状况。与这种方法类似的有“十亿美金价格项目”（Billion Dollars Prices Project），它是一种新颖的美国通货膨胀的计算方式。当下的做法是，由美国劳工统计局派一小队调查员，针对那些经过仔细筛选的样本企业，以标准格式记录下某段给定时间内一些具体产品的价格变化，并且定期发布调查结果。这十分类似于经典审计工作中的“选取样本并且得出推论”的做法。这种传统方式目前每年需要花费2.5亿美金。爱德华多·卡瓦略（Eduardo Cavallo）和罗伯托·里哥本（Roberto Rigobon）两位麻省理工学院的经济学教授，他们负责的“十亿美金价格项目”另辟蹊径，使用软件来搜索网络，每天收集分析50万条不同格式、不同地区的价格信息，来更为频繁地获取通货膨胀信息，而这一做法的成本低得多。这种更宽泛意义上的审计（测试所有的财务数据和非财务数据）可以和许多会计师经常引用的“鉴证”概念更好地匹配起来。当人们对业务和投资做出决策时，他们通常寻求财务审计范畴以外的相关因素的鉴证（比如说，特定行业的某些行业业务数据）。领先的会计师事务所如今都在对他们的业务范围进行拓展，将鉴证（以及风险管理）服务包括在内。他们的优势在于这些鉴证工作是由值得信任的专业人士提供的，从而使客户充满信心。

对于审计和税务，专家预测所有的财务数据今后将以某种全球统一的标准格式（“XBRL”目前是风头强劲的“候选人”）得到呈现，相关工作都将使用更加强大的计算机算法、搜索引擎、代理、日常数据处理。也许传统的审计师会认为这永远无法替代审计师的“判断”（比方说，客户是否恰当地提取了各项准备），但领先的事务所已经在十分严肃地研究人工智能如何能在这方面发挥作用了。

2.7 建筑

在过去，建筑被视为是一种“绅士”们的消遣活动。直到今天，它也没有完全摆脱这种名声。建筑师的培训内容从20世纪60年代起就没发生过什么变化，但相关课程需要花费的时间和金钱都让大部分人望而却步。在英国，从开始学习建筑一直到获得建筑业从业资格平均要花九年半时间。对个人来说，获取资格需要花费的成本比任何其他专业工作都高昂——毕业的时候，建筑类学生的贷款一般达到10万英镑左右，相比之下，法律毕业生贷款5万、医学毕业生贷款7万。如此辛勤耕耘的成果却并没有开花结果——在美国，建筑设计中直接用到建筑师的比例只有区区5%。菲利普·约翰逊（Phillip Johnson），这位杰出的美国建筑师曾经戏称：“从事建筑行业的首要规则是你得含着金钥匙出生，如果这一点不成立，那么第二条规则就是嫁个有钱人。”

几十年前，每当建筑师接手一个新项目，他们用一张白纸、一套手工工具（圆规、丁字尺、铅笔等），为客户起草设计图纸和工作计划。“计算机辅助设计”（CAD）的出现改变了这些程序。桌面设计软件诸如AutoCAD、Revit和CATIA取代了那些传统的工具，数字设计也代替了手工绘制的设计。它们的出现导致了大卫·罗斯·舍尔（David Ross Scheer）所说的“绘图时代的终结”。事实上，尽管使用了数字化手段，但大量的建筑工作仍然在走定制化路线——比方说，建筑师手工把创建的各个设计元素点击、拖拽、放置到屏幕上的某个位置。如果这样来操作的话，CAD仅仅是简化了原来的方法。但是数字设计相比手工设计，细节可以更加完善，修正更加简单，设计方案也更易于分享以及再次使用。新技术还创造了新的可能性：可以用三维模拟来进行演示、探讨方案、分解方案、重新组合、颠倒上下、放大缩小，并且可以采用不同的形状和结构来进行无数实验。所以，比起以前，这些系统为制图员们创造了更多可能性，提供了高度灵活性。当项目变得数字化、更加易于分享之后，建筑项目也变得更容易利用各种不同背景的专业人才——建筑师、结构工程师、机械顾问、电力顾问、设计师、承包商、供应商——每个人都有各自的工作模式，收集自己所需要的数据，关注建筑的不同方面。这改变了以前建筑师掌管项目，统筹每项任务的局面。为了协调各方面的专业人才，新的在线平台“建筑信息模型”（Building Information Modeling，BIM）已经被开发出来了。人们不再需要依赖手工绘图或者CAD草图，这些在线的BIM平台可以把各路人士在同一个项目上互不相干的工作成果整合到一起，组合成一个巨大的、共享的虚拟模型。这样一来，外包某项特定任务就变得非常简单，据说这一数据相当于印度平均每天成立一个新的工程学院。

CAD系统还有许多更复杂的使用方式，它们一并被称为“计算机设计”。这些方法负责设计各种曲线和圆顶——“流体建筑”——在当代建筑里比较常见，比如说，北京国家体育场（“鸟巢”）或者伦敦的市政厅（“蛋”）。其中有一个相关领域，叫作“参数化设计”，建筑师们不再手工绘制某一幢建筑物，而是通过一系列可调节的“参数”或变量，使用CAD来创建一组建筑群。当这些参数被进行调整时，这个模型自动为每幢建筑物生成一个新的设计版本。更为激进的是“算法设计”——建筑师设定好某个建筑的设计要求（比方说，结构强度或者环境绩效），由计算机算法从各种可能的参数值里进行仔细筛查，设计出最符合要求的方案。Autodesk是一家提供CAD软件的公司，他们正在试图通过所谓的“追梦项目”更进一步——它是一个可以通过一组设计要求，自动生成许多可能的数字设计方案的软件（目前，Autodesk已经用这个软件设计出稳定的椅子和轻量化的自行车框架了）。

同样的，“计算机辅助工程分析”面世之后也改变了结构工程师的工作。曾经需要制作用于结构测试的实物原型被计算机模拟计算所替代，其测试要求也远比以前严格和精准。计算机性能的进步意味着更加复杂、对计算要求更加苛刻的问题都能够得到处理，因此为人类创造了去尝试更加高风险的建筑项目的条件。目前，最杰出的结构工程师正在向相关行业取经，比方，通过向航空领域学习，使用计算机技术来解决结构工程的问题（结构工程师从航空学中学习飞机周围空气流动的方式，来帮助他们理解空气在建筑周围流动的方式）。

对非专业人士，也有更为简单，但仍然不失实用性的CAD系统。大多数都在互联网上可以找到，通常还是免费的，像SketchUp、Chief Architect还有MatterMachine。这些系统让人们可以搭建虚拟模型，自行完成从小型的产品甚至到整个家的设计，并将之变成正式的计划。另外还有可以解决非常特定设计问题的其他CAD系统，例如Ply Gem的Designed Exterior是一个免费的平台，它帮助用户完成房屋的外部设计（窗户、护墙板、排水系统等）；TimberTech的Deck Designer 是另一个免费平台，帮助人们设计户外地板，还有许多仅针对厨房、浴室、书架设计等的设计平台。把这些系统结合在一起，使得人们很有可能像斯蒂芬·库鲁兹（Steven Kurutz）在《纽约时报》里写的那样，“完全跳过建筑师”。

还有一些在线平台也在从客户关系的角度，对传统的建筑师发出挑战。在WeBuildHomes网站上，任何人都可以使用网站所提供的一些固定的“结构单元”来设计一个虚拟的家，然后在网上递交自己的方案。人们可以浏览网站上的各种最终设计，从中寻找符合自己预算和品位的方案，如果找到合适的方案，WeBuildHomes还可以为他们提供建造服务。在Arcbazar网站上，人们可以提出设计需求（从简单的装修到大规模的建造），设置一个截止日期以及相应的报酬，任何认为自己能够胜任的人都可以递交自己的方案和其他方案相互竞争并最终赢得报酬（平均每个项目有9个人递交方案）。WikiHouse是一个开放式的设计师社区，他们在线上协作设计房屋，设计方案可以被打印出来，没经受过培训的人也可以根据这个方案完成组装，房屋的总造价不超过50,000英镑（2014年9月在伦敦由8个志愿者花了8天时间组装了一个早期的WikiHouse版本）。在Paperhouses网站上，建筑设计公司把他们的设计蓝图以开源形式放在网上，供大家下载并使用。人们还可以在Open Architecture Network上发布相关的问题，由在线社区里47000多名设计师一起来解决。

互联网服务不仅仅可以为项目寻找灵感，也可以为项目筹集资金。比如说Prodigy Network使用他们的在线平台为位于哥伦比亚首都波哥大的一幢66层楼的大厦BD Bacatá（该国最高的建筑）进行众筹，从4200人手里筹集了超过2亿美金。也有规模小一点的项目，荷兰鹿特丹为一座39米长的木桥Luchtsingel筹集部分资金，用户为某根木板或某个部件承担费用。在伦敦搭建的WikiHouse的项目也是用这种方式来筹资的。

现在许多用于修建建筑的机器和工具也都开始计算机化了，不用再进行手工操作。这些机器和工具都接受着能够进行数字设计的计算机系统的指挥——被称为“数字制造”或者“计算机数控”（CNC）。传统上，用于建筑类的机器执行的是“消减制造”的方法——最终产品是从一个更大的物件上削磨出来的，或者从一大片材料上裁剪而来。在人们广泛谈论3D打印技术的今天，人们开始逐步采用增材制造的思路——他们逐层打印薄薄的材料，层层覆盖，逐渐搭建出最终的物品（因此，3D打印的别名叫作“增材制造”）。它们的重要性功能在于能够制造更加复杂的物品，或者按照需要制造小批量的物品（有时候被人们叫作“大规模定制”）。3D打印机一开始被用于制造小型模型以及将初步概念“快速制成原型”，但现在，它开始被用于制造和构建最终的建筑物本身。2014年初，荷兰建筑事务所DUS Architects，组装了一幢完全由打印部件建成的房子，用来打印的机器可以打出高3.5米的物体。几周后，来自中国的某建筑科技公司宣布在一天之内，他们打印了十幢房子，使用的机器长32米、宽10米、高7米。2014年底，NASA把一台3D打印机送到国际空间站，测试它是否能够按照需求打印出工具和零部件（甚至食物）。

随着这些工具的成本下降，它们开始出现在一些非常规的情形。比如说来自于明尼苏达州的工程师安德烈·卢金科（Andrey Rudenko），自己组装了一台水泥打印机，在他家后院里设计并打印了一个颇具规模的城堡。越来越多的社区工作室都配备了这些工具，成了所谓的“创客空间”或者“微观装配实验室”。引用克里斯·安德森（Chris Anderson）在《创客：新工业革命》（*Makers: The New Industrial Revolution*）里写的话，“我们如今都成了设计师”。

在这些新兴技术的影响之下，设计活动和建造活动之间的边界似乎已经变得模糊。机器人装备上了“几乎所有人类想象得到的工具”，然后被用于装配建筑。其中许多都是在其他工业环境里看得到的“机器臂”（以前的正式名称是“六轴”机器人，因为它们有着六根单独的轴或“关节”）。有些机器臂被用于处理材料，钻孔、切割或者铣削。比如说英国的“种子圣殿”，成了2010年上海世博会的热门场馆，同时也是那年英国接待游客最多的景点（击败了传统常胜将军大英博物馆），不动用机器人的话就无法把它搭建起来。建筑物宽15米、高10米，周身插满6万根、每根长达7.5米的亚克力杆，每一根亚克力杆都需要插入一个尺寸精确的钻孔，最终完成的建筑物看起来像一个巨大的发光刺猬。还有一些机器人负责运输物料以及组装工作，比方说，ROB Technologies公司的BrickDesign软件根据数字设计方案使用机器臂来堆砌砖块，它们能够实现的图案和形状让最熟练的人类都难以复制出同样的效果。传统建筑通过手工制作混凝土浇筑使用的模具来得到砖块，这一制造环节构成了混凝土建筑成本的60%。现在，Gramazio & Kohler公司的Mesh-Mould使用一个机器臂，前端装有一个小的3D打印喷头，可以在建设过程中直接“打印”混凝土砖块。此外，还有一些其他机器人能够完成涂油漆、浇注、打磨、焊接等工作。在更加激进的情形下，单个机器人被一大群机器人所取代。2012年，Gramazio & Kohler 使用了一组能够自动飞行的机器人，用1500块砖搭建了一个结构，在另一个测试里，这组机器人在空中用绳子编织和打结（叫作“飞行装配建筑”或“集体建造”）。2014年，哈佛大学的工程师建造了由1000个机器人组成的群体，它们不需要人为干预，能够通过自行组织，组成一些复杂的二维构造（类似于一群鱼或者一队蚂蚁）。另一种新方法是麻省理工学院媒体实验室的教授内里·奥克斯曼（Neri Oxman）开发的一种“群印刷”的方法——一组独立自主的机器人，每个都配备一个3D打印喷头，它们分头飞着完成打印任务。

在制造技术的革新之外，大量在线社区可以为其中大多数系统和工具提供辅助支持。比方说，那些使用基础CAD软件的人就可以利用大型的线上数字图书馆，人们在此存储和分享各自的设计——其中包括the SketchUp 3D Warehouse，收录了数百万个设计，还有GrabCAD，保存了超过66万份设计供人们借阅和重复使用。对于那些更为复杂的软件的用户，也有针对Grasshopper软件（和CAD软件类似）的社区，开发人员在社区里分享代码，互相帮忙解决错误、排查故障；还有Archinect这样更加正式的在线社区，建筑师和工程师在这里分享彼此的经验。不那么正式的可搜索档案馆Architizer，以及对所有人开放的虚拟剪贴簿Pinterest，借助它们，人们可以分享或搜寻最喜欢的设计和风格。各种各样的建筑博客也在蓬勃发展，比如说ArchDaily，目前，这一博客每个月的独立访问用户数已经达到了260万。

在建筑领域，像所有其他专业工作一样，我们都清楚看到了由技术引领的巨大变化的早期征兆。当加拿大科幻小说作家威廉·吉布森（William Gibson）说：“未来已经来到，只是还没有均匀分布而已。”这句话也许就是他说给专业工作中的技术影响的。

第三章
专业工作的各种共性

前一章里，我们探讨了各大专业领域内所发生的广泛变化，但本书的目标之一就是希望为这些变化找到合理的解释。在书的第二部分，我们将通过各种方式共同来完成这一工作，为这些变化提供理论解释。但在那之前，也就是在本章，我们希望讨论的仍然是比较贴近实际的话题，寻找各种专业工作共同拥有的规律和趋势。

为了梳理这些规律和趋势，我们的分析重点将从前一章的技术继续往外延展。当我们探讨技术进步所带来的广泛影响时，我们也在研究专业工作领域所呈现的更普遍的变化。我们的观察来自于访谈、研究以及咨询工作。对于最后一点，我们从部分以“事务所”形式存在的专业服务提供方（尤其是审计师、律师、税务咨询师以及管理咨询顾问）管理层那里找到了结论。而我们近期发现的一部分趋势——比方说定制服务、常规化、任务分解——会在书的第二部分进行更加严谨的分析，包括更为全面的对专业工作的未来的理论分析。相应的，这一章应当被视为我们在前面章节中的发现和第二部分理论之间的过渡桥梁。

表3.1 规律与趋势

一个时代的终结	
· 向定制服务说再见	· 被绕开的守门人
· 从被动反应性到主动前瞻性	· 花更少的钱，得到更多服务
技术驱动转型	
· 自动化	· 创新
各种新兴技能	
· 学习不同的沟通方式	· 掌握数据
· 与技术建立合作关系	· 多样化
重新部署专业工作	
· 常规化	· 去中介化再中介化
· 任务分解	
新的雇佣关系模式	
· 劳动力套利	· 专业人士助理以及授权委托
· 灵活的自我雇佣形式	· 新的专家
· 用户化	· 机器化
服务接受方拥有更多选择	
· 在线选择	· 在线自助服务
· 个性化定制和大规模定制	· 嵌入式知识
· 在线协作	· 满足潜在需求
专业事务所的关注点	
· 开放市场	· 全球化
· 细分	· 新的业务模式
· 合伙制减少，合并增加	
去神秘化	

表3.1里总结了我们观察到的8种广义规律，并针对其中每一种指出了更加具体和精确的趋势。这些趋势有的部分重叠并且是互相关联。我们的目标并不是提供科学意义上的分类，在目前这个阶段，我们对捕捉各种趋势的主要特征更感兴趣。

尽管我们是针对大部分专业工作提出这些规律和趋势，但并没有某一种专业工作具备所有的特征。大致说起来，我们所研究过的每一种专业工作领域里大约都可以观察到其中一半以上的现象。我们认为，在未来的10年、20年里，各个领域暂时没有观察到的其他规律也将逐渐发生。对于试图理解自己所从事的专业工作未来可能的方向的读者，我们的建议是，尝试去辨别哪些趋势已经在你的工作领域发生，并等待着剩下的变化逐渐变成现实。

对于有关专业工作和专业服务的主流思想来说，这一章里所提到的许多规律和变化都意味着挑战和颠覆。想一想研究专业工作的重要作家大卫H.梅斯特（David H.Maister）所说过的话，在他销量最高的书《专业服务公司的管理》（*Managing the Professional Service Firm*）中，他非常关注专业工作的两大特征，而它们恰恰是专业工作正面临最大挑战的两个方面。第一个特征是人类需要对“专业服务进行高度个性化定制”，第二个特征在于“大多数专业服务包含与客户面对面互动这个重要元素”。梅斯特认为这些特征是公认的，当然十年前这些想法的确是对的。但是如今，出现了非常不同的定制化形式，比如“大规模定制”（不再需要人类来操作，见3.7章节），还出现了“网真（TelePresence）”（不再需要人与人面对面，见3.3章节），这两大特征都已经不再被视为理所当然了。我们挑选了这两个例子来强调一点——横扫各种专业工作领域的变化，敦促我们重新思考这些享受着长久稳定的职业的实质和相关性。

3.1　首先出现的挑战

在讨论最近出现的规律和趋势之前，我们首先需要迎击对于接下来所要叙述的这种观点的一种主要反对意见。一些人认为，尽管前几个章节的案例分析也许可以代表某些根本的变化就在眼前，但事实上它们只是一种例外情况，是次要的，并不能代表全部未来专业工作的整体趋势。这一观点常常以各种伪装面貌出现，其核心论调，是我们所观察到的发展，最终会被时间证明只是一时的高科技潮流，或者纯粹是暂时的现象，而并没有吹响深远变化的号角。专业工作总能进行自我调整，去适应主流的经济和技术压力，适应舆论，只需对现行方法进行常识性调整，无须剧烈变革，秩序就可以得到重建。

然而我们的假设是不同的。我们相信专业工作处于重大转变的阵痛期——第二章提供了许多替代性系统和操作方法的早期版本。它们和如今的专业工作之间并不具备太多相似性，而且在接下去的一二十年间，它们会成为常态。有些人会认为我们的访谈对象或者咨询对象，都已经是类似观点的持有者；这是一群自我选择的煽动者，他们十分自然地预见到一个勇敢的、普通人无法辨认的新世界。但是我们在研究过程中，已经有意地将研究对象延伸到这些先锋人士之外，此外，我们和领导地位会受到新技术严重挑战的现有市场的领导者，以及许多其他人也进行了访谈，所得到的信息是这些领导者同样认为重大的变化即将发生。事实上，颠覆者和现在的从业者之间的主要意见分歧在于这种变化的速度。新的业务提供者期待着中短期内看到巨变，而已经站稳脚跟的服务提供方则认为这一过渡将会更加从容不迫、更加文明有序、更加缓慢。无论专业人士还是服务提供方都认为变化即将发生，只是不确定这种变化是以快速的方式还是将通过更长时间完成进化。对专业工作的未来进行深思之后，很少有人会认为专业工作能够以过去50年的存在形式无限期延续下去。

3.2 一个时代的终结

一开始我们就从全局入手。我们和各种专业工作中处于最前端的人士进行了讨论，钻研各种探讨专业工作未来的书籍和论文，而且每天都和不同专业工作中进行长远思考的领导者一起工作。我们有一种强烈的感觉——专业工作保持目前的组织形式的时代已经趋近终结——包括他们的工作、服务提供方的身份，以及所提供的服务本质，我们正在进入“后专业时代”。

20世纪90年代后期，互联网泡沫盛行之际，人们常说一个“互联网元年”里所发生的明显变化的速度和氛围相当于传统行业在7个普通年度的变化。在专业工作领域，我们相信变化的速度正在变得类似。我们也同样为这些变化的影响范围之大而感到震惊——跨行业，跨地域（尽管这本书主要针对英国和北美地区，但我们对其他国家的了解告诉我们这些趋势将是全球性的）。

这种变化的状态对专业工作领域内不同的从业者带来了各种挑战。许多已经接近职业生涯尾声的专业人士希望他们的工作状态能够维持到最后，变革可以等到自己退休之后。对即将加入的职场新人，他们的父母和职业咨询顾问所给的建议都是关于20世纪的专业工作的，但在“后专业时代”，这些建议对于在未来十年希望从事专业工作的人来说没有多大价值。甚至，教育从业者也不确定应当如何培训下一代专业人士；立法者对于未来将要进行规范的内容十分犹豫，总体上来说，他们坚定地反对各种变化；保险公司对于将要发生巨大变化所带来的新风险没有什么把握。

专业工作领域内的杰出研究者已经开始参与进来，有些在寻找蓝海，也有些人正在“颠覆”自己目前的工作方式。显然，没人愿意在被称为“后专业社会”中落后，所以那些已经落后的人表达时略显婉转，他们称自己（或者为自己找借口）为“紧随变化的第二名”。总结起来说，传统专业工作时代的终结有四种趋势性特点，分别是：向定制服务说再见；被绕开的传统守门人；从被动反应性变成主动前瞻性；花更少的钱，得到更多服务。

向定制服务说再见

几个世纪以来，许多专业工作都是用手艺活的模式来处理的。专家和专业人士——比别人知道得更多的人——对外提供着各种私人定制的服务。

在裁缝的世界里，他们的产品不是“标准现成”的，而是“量体定做”的。对每一位客户来说，他们所接受的服务是一次性的，由个人或者受到信赖的顾问手工定制，其形式类似于艺术家在一张空白的画布上开始一次新的创作。

我们的研究显示，这类定制的专业服务看起来终将从辉煌走向衰败，就像其他手工艺（比如蜡烛制造）在过去几个世纪中所经历的。基本上，所有专业工作中的元素都开始以各种形式变得日常化：检查清单、标准形式材料、各种各样的系统，而且很多都有在线版本。同时，仍然需要人类以传统方式来处理的工作通常不再由个体的手工艺人来执行了，而是通过团队协作，有时候甚至可以通过虚拟网络来实现。随着系统功能越来越强大，需要人类插手的工作将越来越少。

正如我们在20世纪80年代所见证到的“绅士资本主义之死”，在专业服务的定制属性上，我们已经观察到了这种类似的趋势——向定制服务说再见。

被绕开的守门人

过去，当我们需要专业指导的时候，我们向专业人士或专业机构求助，因为他们了解其他人所不了解的事情，我们正是利用他们的知识和经验来解决我们的问题。这样看起来，每种专业工作都像是自己领域里相关实践经验的守门人。

如今，这种运作模式正受到威胁，我们已经开始看到有些工作被从传统专业机构手中夺走。我们看到来自于某些专业工作内部的摩擦，比如说当护士开始承担以前只能由医生操作的工作，或者律师助理开始处理从前属于律师的业务范畴。还有些竞争来自于其他专业领域，比如有些专业机构开始承接其他专业机构的工作。他们甚至讲到要“吃其他人的午餐”——会计师和咨询顾问非常有可能蚕食律师和精算师的业务。在第二章里，我们发现经常需要同时借助拥有不同技术、不同才能和工作方式的人们的能力。执业医生、牧师、教师、审计师等并没有自己开发这些我们提到的辅助系统和软件，反而是数据科学家、过程分析师、知识工程师、系统工程师以及许多其他人士走在前沿从事开发。如今，专业人士仍然提供大量服务，但是假以时日，他们会发现自己的专业功能，正在逐步被这些新的专业人士所取代。许多新的机构正在进入视野——其中包括业务流程外包商、零售品牌、互联网公司、主要的软件和服务供应商。这些服务提供方的共同点在于他们和20世纪的医生、会计师、建筑师及其他专业机构毫无相同之处。

不仅如此，专业领域的人类专家已经不再是实践经验的唯一来源。之前我们举过实例，专业服务的接受方也在分享他们的实践经验——实质上，这种做法跳过了传统的守门人。在不同的平台上（通常是在线平台），人们分享过往的经验，帮助其他人解决类似的问题。这些被我们称为“经验社区”的平台，正在许多专业领域涌现出来（例如，医药领域的PatientsLikeMe和WebMD社区）。更加激进的形式来自于自动生成实践经验的系统和机器，这些都基于一系列高级的技术，诸如大数据和人工智能技术。

在这个充满变数的世界里，专业工作的边界正在被重新界定，不同类型的人和机构正在创造新的实践经验源泉，我们在第一章里所提到的“大交易”不再适用，进入专业王国的钥匙正在发生变化。也许有人不承认这种“颠覆式”的变化，但退一万步讲，最起码，大量的专业知识正开始被其他人所分享。

从被动反应性到主动前瞻性

传统的专业工作本质上是被动反应性的，通常由服务接受方发起委托，专业人士做出响应。这里存在一个悖论——由非专业人士来判断是否需要专业帮助。有时候触发原因可以很明显——例如不能承受的疼痛、一份驱逐令、税务局签发的威胁信或者无法解答的功课——但通常接受方不知道自己是否或者何时应当寻求建议。当他们最终（以及并无任何帮助地）被告知，如果他们早几周寻求帮助将更好，我们在此处看到了行动中的悖论。

看起来每个人都需要成为一名专家来了解是否以及何时应该去寻求专家帮助。这里的风险在于，当你去找专家的时候，问题可能已经发生了本可避免的恶化。为了解决这一问题，专业工作正在变得更加具有主动前瞻性。几年前我们已经在健康领域观察到这个现象，例如对预防性的药物和健康管理进行推广；鼓励人们选择锻炼和健康饮食，以此避免心脏手术；限制在阳光下的曝晒，以此避免因黑色素瘤而进行化疗，等等。相比较解决问题，人们普遍更倾向于避免问题和控制问题。简而言之，他们更希望在悬崖边装上防护栏，而不是在悬崖底部配上救护车。然而传统的被动反应性服务提供方，在追求提高效率的过程中，往往更加专注于让救护车拥有比竞争对手更好的配置，或者保证他们的救护车比竞争者更早抵达问题现场。这些情况都在发生复杂的变化。例如在医疗领域，远程检测系统追踪病人的关键体征，并且在病人意识到出现问题之前迅速做出干预；在教育领域，个性化的学习系统追踪学生的学习进度，对特定的理解难点提供预先警示。在有些专业领域，这种向主动前瞻性转化的表现形式是对风险管理的重视程度提高，而且主动前瞻性可以通过将实践经验“嵌入”到我们的机器、工作方法以及日常活动中来实现。

花更少的钱，得到更多服务

导致变化的一个更加本质的原因，在于所有专业领域所面临的巨大成本压力。所有专业服务的接受方，从大型企业到个人消费者，经费似乎都比较紧张。与此同时，接受方不仅抱怨预算缩水，他们对专业帮助的需求却越来越大。商业活动变得越来越复杂，这意味着人们对于律师、咨询顾问、会计师、税务咨询师和其他各种专业人士的服务需求越来越多。类似的，医院和学校，尤其是公立的，也面临缩水的钱包和日益增长的需求这样的两难境地。我们把这一问题归纳为“花更少的钱，得到更多服务”的挑战。有什么方法可以减少花费，却增加所提供的服务呢？大多数个人和机构都在努力寻找答案。

“花更少的钱，得到更多服务”，这样的挑战有可能被认为是全球经济不景气的产物。然而，根据我们在经济危机前，于2004–2005年所进行的研究咨询工作，我们已经听到专业机构的客户抱怨日渐增长的成本压力了。经济衰退，在我们看来，只是助推加速了前几年已经在逐步形成的趋势而已。这一挑战在经济复苏之后仍然会继续存在。

广义地说，我们看到两种方式可以应对这一挑战——“效率战略”和“协作战略”。前者专注于寻找降低专业工作成本的方法，后者则要求专业服务的用户们联合起来，分享服务并达到分摊成本的目的。然而，这两种战略最终都需要依赖于技术发展。

3.3 技术驱动转型

“技术发展”是我们在专业工作中所遇到的大多数变化的核心驱动力。传统的专业知识、实践经验通常被储存在人们的大脑中、书本上、档案柜里。而现在的趋势是，这些经验知识越来越多地以数据形式存储在许多机器上、系统中、工具里，并以数字形式得到表达。这样一来，经验的处理、分享、使用以及循环利用的方式都变得极为不同。

无论所使用的系统有多复杂，技术发展对专业工作的影响都能统一归纳为两大类——自动化及创新。我们参考了克莱顿·克里斯坦森对技术所做出的影响深远的区分——“持续性”和“颠覆性”。按照克里斯坦森的观点，总体来说，持续性技术为组织或行业的运行提供协助，并且对传统方式进行改良，而颠覆性技术则对行业的传统做法提出了根本性的挑战，并且创造出了变化。在这本书里，当我们用到“自动化”来形容一种技术，通常基本对应着克里斯坦森所说的“持续性”的定义。然而，我们对于克里斯坦森的第二个术语——“颠覆性”，感到有些不安。“颠覆”这个词，在现代的商业著作中被广泛使用，但我们担心它可能会误导人们对于被颠覆的对象以及牵涉的人群的理解。在专业工作中，当颠覆和颠覆性技术被放在专业工作的语境下讨论时，它们通常意味着对传统专业服务提供者（律师、教师、医生以及其他）的工作进行大规模改造。这有时会掩盖故事的另一面——对传统专业工作的颠覆可能为服务接受方带来福音，也就是说，服务变得更加容易获取，价格也变得更加亲民。颠覆这个词听起来有些负面，甚至让我们感到紧张，不想过度强调，但是当我们将服务接受方和其他服务提供方一起纳入考虑的时候，这些变化对社会其实是有建设意义的，而不是颠覆性的（更不会是“破坏性”的）。另外，我们在访谈过程中发现，许多所谓的“颠覆者”并不将自己的创举视为“颠覆性”的。他们把自己所做的事情看成是“一种解放”。因此，在本书中，我们更愿意使用“创新”（我们很快会给出定义）一词，而不是富有感情色彩，并且有些片面的“颠覆”。

自动化

自动化是大多数专业人士所能想到的，与他们所从事的工作具有相关性的技术。他们反思自己目前的工作方式，找出一些效率低下的活动，然后想办法使用计算机方案来替代它们。专业人士的关注点通常都在简化操作手册或行政工作上，而以前的操作方式并没有被抛弃，他们只是为了追求更高效率和降低成本。尽管这类调整可以借助更好的操作系统来实现，但当今在各个专业领域进行的简化工作大多通过技术部署来完成。因此这种自动化对专业服务的提供方式进行了修正，但并没有带来实质性的改变。自动化是大多数专业人士对于技术变化的舒适区间，使他们认识到对于提升目前的工作方式，技术可以做的事情有很多。

许多情况下，自动化针对的都是日常工作、单调的重复劳动。在更加高效的机器的协助下，专业人士就能够得到解放，去专心处理他们那些传统工作。然而自动化也可以具备改革性，想想“远程专业服务”这个概念——专业人士和他们的客户、病人、学生之间的咨询活动，除了传统的面对面会议，也完全可以通过互联网的视频连接来完成。作为一种相对原始的远程连接方式，Skype其实已经被人们这样利用起来了。比如医生使用远程医疗手段来和病人沟通，使用的还是传统的手段，但克服了距离的限制；宗教领袖不需要亲自面见，转而使用在线平台来对参与集会者和潜在皈依者进行传道和劝诱改宗。未来的系统，可能使用“网真”技术（例如高清的桌面对桌面的视频电话会议），将为服务提供方和接受方提供更加优质的电话会议体验。我们把“网真”技术看作是“升级版的Skype”，但是要注意，远程专业服务并没有背离传统专业服务的根本，互动仍然是实时的、（几乎）面对面的。

当然，远程专业服务有时可能没法实现医学上需要进行的身体检查，有些需要强烈的情绪敏感度或商业敏感度的场合也不太适合使用远程方案。但是目前许多专业服务的互动行为并不属于这两大类，而且远程会议又远比物理空间上的面对面要便宜得多。除此以外，远程专业服务还能使许多专业工作的覆盖面变得更加宽广，能够在无法进行面谈的情况下提供服务。

前文中我们还谈起过其他自动化的案例，但这些技术并没有向专业工作的传统方式提出真正的挑战，反而提高了它们的效率。然而自动化并不只是让专业工作变得更加高效，而不对它们产生任何威胁。当自动化的潮流从后勤部门转移到管理部门，从为提高行政工作效率的角色进阶到为专业人士和他们的服务对象之间提供互动的平台，这一转变本身就可以具备革命性。

创新

先让我们聊聊ATM自动取款机。在你想象中，50年前的场景是不是这样的?

如果客户半夜需要现金，他们会来到本地的银行，透过砖墙上的一个大洞往里张望，向一个百无聊赖坐在那里的银行出纳提取50英镑。然后一只手出现在洞口，把相应的钱递给客户，这笔交易就此结束。随着自动取款机的出现，这一人工操作过程实现了自动化，使得我们可以获得便利。这些都是实情吗?当然不是。自动取款机技术并不是针对低效率的、已经存在的银行手工流程，为了将其自动化而开发的，事实上，自动取款机技术创造了全新的银行业务机会——不再需要日间交易所，客户不必非得通过人类出纳进行交易。如此一来，银行和客户之间的互动形式发生了转变。

这个例子说的其实不是自动化，而是创新。自动化的意义在于使用技术来辅助传统模式，而创新则创造了分享实践经验的新方式，这些方式在没有创新系统的情况下原本无法实现（或者根本无法想象）。在研究全球不同行业的技术使用情况时，我们很吃惊地发现——例如制造业和摄影——重大技术对这些行业的影响已经成了确凿的“创新”例证。这些技术（工厂里的机器人和数码相机）在替代传统工作方式的过程中表现非常出色。我们在专业工作领域也开始看到同样的情况。长期来看，大多数将要改造专业工作的技术都会是创新型的技术和系统，它们将创造全新的实践经验分享方式。

总体来说，包括行政性质的和处于第一线的工作，当专业工作中的许多任务都受益于自动化的技术而得到简化和优化时，创新技术的浪潮就已经在向着现行的操作手册和传统做法稳步推进了，而这些创新技术最终将在专业工作领域掀起根本性转变的巨浪。前文中，我们已经讨论过许多这类创新技术了。税务申报软件和自动归档系统代替了需要税务顾问提供意见的传统方式；适应性的学习软件为每个学生个性化定制学习方案和学习内容；在线争端解决系统和文件归集软件通常可以取代传统律师的角色；在线诊断系统让人们在不得不去见传统医生之前，得以尝试解决自己的健康问题；CAD和CAE软件让建筑师可以设计并建造出只有三角尺和计算尺的情况下无法想象或者无法实现的建筑……

技术创新已经从两种非常不同的角度为专业服务接受方创造了价值。一方面，创新系统降低了专业服务的成本，提升了质量，增加了能够受益的人群，因此相比传统方式，服务接受方会更偏好这些新方式。本质上，这些系统取代了专业工作的传统模式。我们承认这是一种威胁，但这在历史上也屡见不鲜。另一方面，有一种不那么具备威胁性但是更加有冲击力的创新形式。有些创新提供新的、不同形式的服务，但并不取代现有的人员和工作方法。它们为那些原本负担不起或不可能获得帮助的人群提供了获取实践经验的渠道。这些创新系统把专业工作的覆盖面延展到那些过去无法获取专家帮助的人群中。

我们把这种现象叫作“释放潜在需求”的实现。比如在教育领域中，“混合式学习”可能会取代课堂学习组织，变成更受欢迎的学习方式——学生们花一部分时间进行线上学习，剩下的时间参加传统的课堂教学。这种创新提供了更高质量的教学，对应了我们所说的第一种价值。但是让我们再想想那些在线学习平台，比如说可汗学院或者部分顶级学府所使用的MOOC，它们能够使人们获得那些他们本来无法接触的最好的教育家和思想家资源，这对目前的接受方来说直接成本很低，甚至成本为零。这就对应了我们所陈述的第二种价值，为从前未得到满足的需求，甚至没有被发现的需求提供能够负担得起的解决方案。

3.4 各种新兴技能

专业人士的工作环境正处于动荡之中，如今的从业者如果希望脱颖而出，就需要投身去学习掌握新的技术和能力：他们需要学习不同的沟通方式，掌握业务所需要的数据，与机器建立合作关系，实现多样化，等等。更简单说起来，未来的专业人士需要掌握这样一项解决一切问题的能力——保持灵活、应对变化。不会再有多少工作可以作为终生职业，职业安全感会越来越少，未来也会变得不那么可预见。快速学习、自我发展、迅速适应新角色和新任务的能力将是未来的重点。

学习不同的沟通方式

几十年前，专业人士使用三种方式来进行沟通——面对面、书面和电话，仅此而已。而如今，沟通方式的选项多了许多，从电子邮件到“网真”技术，从文本信息到社交网络，从实时聊天到在线协作。与此同时，其他系统——比如说传真和电报——已经退出历史舞台。许多上了年纪的专业人士发现自己很难去拥抱新的沟通工具，这是个不争的事实。尽管所有专业人士都开始广泛使用电子邮件和文本信息，但仍然可以察觉到有些专业人士仍然十分抗拒通过社交网络和客户或病人沟通。这就把我们带回到自动化和创新的区别上来。发送电子邮件和文本信息是一种自动化之后的写信方式，而社交网络则是一种创新技术，在这里的语境中，我们的意思是它让人们能够使用以前不可能的方式来进行交流。比较这两者——自动化（使用电子邮件）显得很自然，但创新（使用社交网络）就带有威胁性。

在未来，想要获得成功的专业人士必须去拥抱这些新的沟通方法，尤其是在服务接受方更偏好这些沟通渠道的情况下。如今，许多先锋人士已经在行动了。那些按兵不动的人可能会和他们的潜在客户的需求脱节。拒绝使用电子邮件的律师和税务顾问——在2015年里——发现他们的客户被激怒了，纷纷选择离开了他们。在探讨利用社交网络进行沟通这一点上，我们发现专业人士表现出了1.9章节里提到过的“非理性拒绝主义”。然而现在看起来，拒绝尝试或直接否决一项新技术的做法并不可取。

掌握数据

在很长一段时间里，专业人士认为自己已经掌握的所有信息都很重要——包括来自于书本、技术论文以及案例文件的，但一种不同的需求正在出现，专业人士开始希望掌握和他们业务有关的大量新数据。比如，医生、老师、税务顾问、咨询顾问、审计师发现来自于病人、学生和客户的海量数据集能够带来有价值的分析和观点。举个例子，如果医生能够调用过往病人（不光是医生自己接触过的）的数据集，他们就可以使用这些数据来预测某个特定病人未来的情况。同样的，为大量客户处理过纳税申报的税务顾问能够据此来决定特定行业、特定规模公司的有效平均税率。许多杰出的咨询公司相信，如果他们能够掌握来自行业、市场和细分市场的数据，就能帮助他们从诸多竞争者中脱颖而出。对审计师来说，当他们从统计学抽样的方法转变到百分百测试，和大量数据打交道的能力就成了他们工作的核心竞争力。对于大多数专业工作来说，处理数据的能力在未来不是一个可选项，而是成功的必要条件。曾经需要直视对方的目光来解读专业服务接受方的内心，如今则要通过处理大量数据来找出其中的意义。

对于大多数专业人士来说，都需要用到新工具和新技术来收集并处理这些海量数据。这些数据都属于目前仍然定义模糊的“大数据”“预测分析”“数据挖掘”和“机器学习”等领域。虽然并没有找到精准的词汇去描述这些数据，但重要的是承认正在出现新的业务领域以及需要掌握的各种新技能。目前，各个专业工作领域都在寻找专门的系统开发者和数据分析师，他们希望这些技术人员既明白这个领域，同时又是收集分析数据的行家。此外，专业人士必须在发现、构建、获取以及交换数据集方面拥有更多技巧。所以，专业人士开始接受培训，了解如何有效解读并应用系统的输出结果。

与技术建立合作关系

在计算机面世的早期，大多数专业人士都预测机器可以成为有用的工具——擅长处理数据、有效取代档案柜、迅速生成各类文件，是非常出色的后勤资源。但实际上，人类已经开发出了远比当初设想的更加多才多艺的系统，有些系统甚至已经在专业工作的第一线发挥作用了。现在那些先锋系统早已经走出了后勤工作领域，带着一股迅猛发展的势头，以不同的方式来实现实践经验的分享。

曾经听过太多40岁以上的人们说起，那些如今的小孩子对技术的了解要比他们多得多。但其实通过努力、接受培训，任何人都能够成为一个新系统的高级用户，许多早已退休的耄耋老人如今甚至都成了优先用户。止步不前的专业人士将无法跟上时代的要求，无法利用已经确立地位的效率工具为自己创造价值。所以，专业人士应当直接参与到用于处理和分享实践经验的系统的开发过程中去。人们可能倾向于认为线上活动是其他人的事儿，但下一代的领军专业人士一定会忙于和各种系统开发项目打交道。此外，专业人士还应当更深刻地重新审视他们和技术之间的关系。如果有人坚持认为机器应当像从前那样，扮演后勤行政角色而不应当进入一线工作领域，这就是无视改变即将到来的行为。

人们应该意识到，两种概念正等待着被建立起来，这两种概念都需要新的技能和开放的思想。第一种概念在于机器和系统将扮演合作伙伴的角色，和未来的专业人士并肩作战。这里的挑战在于如何根据人类和机器的相对优势来为他们分配任务。人类和机器一旦联手，将超越没有机器协助的人类专家的表现。这正是埃里克·布莱恩约弗森（Eric Bryonjolfsson）和安德鲁·麦卡菲（Andrew McAfee）在他们所写的《第二次机器革命》（*The Second Machine Age*）中所表达的观点：我们应当“和机器共同前进”，而不是和它们去赛跑。第二种概念则有些让人难以接受。坦然面对事实我们就会发现，有些系统很快就会取代人类目前所从事的工作，换句话说，机器将要取代人类。某种程度上，技术比我们“更聪明”这种想法令人非常不安。我们可以接受机器移动速度更快、更加能够负重，但是我们希望自己能够掌控某些局面，尤其在需要用到脑力的情况下。于是，人类专家将不得不和机器的超级能力达成一致并做出妥协。比这更重要的是，他们必须抓住这个机会来借助技术提高自己的服务水准。

多样化

前文中曾经提到至少两种实现多样化的方式。第一种，专业人士可以利用一系列新技术带来的相关技能，直接把自己的一部分知识通过网络实现分享；第二种多样化的方式则拥有更悠久的历史，即专业人士拓宽自己的能力圈进入其他领域，通常是那些和他们现有技能相邻的领域。许多行业领军人物都正在第二种路线上努力着。接下来，我们将讨论一些多样化现象最明显的专业领域，但我们预计这一趋势将逐步延伸到其他所有专业领域。

横跨多个领域提供专业服务的历史浮浮沉沉，许多服务接受方，特别是专业事务所的客户，总是坚持认为自己的问题没法被清楚地分割成几块独立的服务内容，事实上他们非常期望能够聘请一家机构来完成所有的工作——比方说在并购项目中，一家机构能够解决会计师、律师、融资专家以及并购顾问等各方面的工作。长久以来，受限于专业工作的传统结构和边界，客户的问题不得不被分割成独立的任务再进行处理。采用更加整体的方式来看待问题的需求是非常明确的。日常问题并不像专业工作要求我们做到的那样可以轻易找到清晰边界。在人们寻求帮助的场景中，通常要求许多而不仅仅是一个专家出手援助。

2000年安达信会计师事务所倒闭，随之出台了大量法律法规，直接导致许多专业机构在同时提供多领域服务的模式上倒退了一大步，但这些变化并没有减少由一个服务提供方来集中解决客户大量甚至所有问题的根本价值。由属于同一家机构的不同专业团队进行协作，的确可能带来利益冲突，但其中许多冲突是可以管理的，而且这对客户来说意味着减少了负担——管理存在竞争关系的顾问团队之间的争论和交易成本。

当专业工作的边界变得模糊，人们也更加专注于客户的整体需求时，多领域服务的模式有可能又会再次崛起，并且重新找到其商业价值。20世纪80年代中期，恩斯特·惠尼会计师事务所（Ernst & Whinney，四大会计师事务所安永的前身）曾经在一次广告宣传策划中使用过这样一句标语："我们不仅仅做加法，我们还帮你做乘法。"当时他们采取了和主要竞争对手一致的做法，从单一的会计师事务所转型，将自己的服务范围拓展到更加普遍的业务顾问领域。这预示着他们后来所做的重大业务决定——开展管理咨询、计算机服务，同时大举进军税务和企业咨询服务。现在，安永的企业标语变成了"建设更美好的商业世界"，展现出更宏大的商业抱负。再过几十年，即使多样化的程度仍比不上我们习惯性地称之为会计师事务所的机构，但很可能其他专业机构仍然会选择向多样化发展。

3.5 重新部署专业工作

许多人类专家都抱有一种存在已久的观点——他们的工作是一种手艺，没法简化成核查清单或者事先预设好的各种步骤。然而，研究表明这种观点是有待商榷的，许多专业人士的工作事实上可以被描述成标准化的流程。三大主要趋势反映出这种从手工艺形式向流程化管理的转变，即常规化、去中介化再中介化和任务分解。

常规化

传统上，专业工作带有手工艺性质，提供定制化服务，但是我们在前文里也已经看到，富有创新精神的专业服务提供方正在努力把工作变得常规化——既包括工作的实质内容，也包含提供服务的流程本身。我们使用常规化这个词来统一描述——减少那些高度专业性的任务，用标准化的、事先设计制定好的操作流程取而代之，甚至，这些流程不一定需要计算机系统来执行。这和专业人士的常用说法是一致的，他们也经常提到自己有些工作是常规性的。当他们这么说的时候，就意味着他们有一种规律性的、可重复的方式来完成工作。这种常规化能够帮助专业人士省去大量重复性的劳动。常规化同时也能帮助提升效率并且提高服务质量的稳定性，实现的手段包括核查清单、协议约定、标准文本、计算机算法和在线服务。

在有些领域里，常规化不仅仅是一种可能性和加分项，有时候更是非常必要的。同时身为作家以及医生的阿图·葛文德认为：“临床医生和律师的大量工作，对新从业者来说实在太复杂，无法单纯通过记忆来可靠地执行。”他大力鼓吹应当更多地使用核查清单，特别是那些“在紧急事件发生时容易被忽略的日常事务”。核查清单，也是一种常规化，因为这是“针对最低限度的必要步骤给出提醒，并把它们变得明显易见”。相应的，我们在所有专业领域里都看到了各种形式的常规化尝试。专业工作或活动是否可常规化是一个有趣而且重要的问题。这也是那些先驱者的讨论主题。现如今专业工作，尽管在从业人士眼中都是非日常性的、不能简化的，但实际上却有许多可常规化之处。此前，人们往往进行徒劳的尝试，把某一领域内的工作非黑即白地分成日常性的和非日常性的。然而，这种分类是无用的，因为据此推论哪些工作未来可以用不同的方法来处理并不一定能够得到正确答案，而且如今的非日常性工作，也许在未来就可以变得可常规化。但是要注意，一项任务的不可常规化，并不代表它不能由机器来执行——本书的另一个主题就是机器可以通过完全不同的手段（比如说人类使用逻辑判断，但机器可以使用统计学原理），执行一部分非常规化的任务。

常规化工作另一个激进的表现形式是把实践经验提供给社会。曾经只能由专业人士直接提供的见解和指导都被改造得常规化，随后以在线服务形式呈现给大众。有些系统内嵌了复杂的实践经验模型，但普通用户在使用时并无直观感受，因为互动平台端已经针对普通用户进行了简化。

前文中还提及了内部和外部两种不同的常规化模式。前一种情况指的是为专业人士自己所用的各种纸质核查清单、标准文件、计算机系统。这形成了一种知识和经验的再利用，使得人类专家可以为大量不同的服务接受方，反复提供同样的服务。这种再利用是内部的，只发生在专业人士内部，即供给端。部分服务所需要的时间减少了，一种服务流程可以重复使用在许多客户身上，这样一来专业人士的服务效率就提高了。当指导建议通过在线形式来提供，接受方可以直接获取实践经验，这时知识和经验利用和再利用的主动权就转移到了需求端。这就是外部常规化。一旦建立起某种服务形式，它能够为许多用户所用。在这种方式里，接受方而非提供方成了这种循环方式的主要受益方。

去中介化再中介化

在社会上，我们可以找到许多种中介机构，他们被称为代理人、经纪人或者中间人。这些中介为普通外行人士提供服务，他们的价值体现在能够简化部分流程或服务。比如说旅游代理，扮演着度假者和度假服务提供方之间的中介；保险经纪人则帮助他们的客户从保险公司获取最优惠的保障条款。身为守门人的专业人士同时也扮演着中介的角色，将实践经验提供给缺乏相应经验、技能，同时也不了解如何自行处理相关状况的接受方。

随着网络化的普及，许多中介的工作都开始受到威胁。他们所面临的一大残酷挑战在于——人类如何证明自己所提供的服务价值要优于某些网络形式的服务？如果无法证明自己具备更高的价值，那么中介群体就不可避免地面临去中介化的挑战，意味着他们将被从价值链上抹去。如今安排旅游、购买保险都不再需要人类中介的介入，这已经是一种新的常态，专业人士也面临类似的情况——如果服务接受方可以从网络中获得价格更合理、质量更高或者更加便利的服务，那么专业人士就不得不面对去中介化的挑战。

至少在某种程度上，当在线税务申报软件出现后，税务顾问已经开始面临去中介化的困境。文件汇编系统取代律师；诊断应用取代医生；MOOC取代老师；在线CAD系统取代建筑师；博客主取代记者……这样的去中介化趋势几乎无处不在。

作为回应，有些具有创新精神的专业人士正在创造“再中介化”的机会，为自己在价值链上重新找到一席之地。他们通过新的方式提供服务，举例来说，他们可能参与到为用户直接提供服务的在线系统的开发过程中去。如果没有他们的参与，这些系统就会彻底缺少指引。在税务方面，顾问从合规性工作转向到计划性工作，这是一种再中介化，老师也参与到混合式教学中，从“讲坛上的圣人”变成了“身边的朋友”。

任务分解

历史上大多数专业工作，至少直到最近为止，都是根据偶然因素随机分配的。资深的专业人士常常需要经手一些对他们来说大材小用的事务。与此同时，许多专业人士还抱怨他们深受行政琐事的困扰，而很多行政工作其实完全不需要专业人士亲自操作。其他许多行业，几十年前甚至几个世纪以前有过同样的问题，比方说我们来看看制造业。想一想手提电脑，当我们得知它的不同部件——屏幕、键盘、主板、电池——都由不同的公司，而且还是在不同国家制造的时候，我们并不会感到吃惊。并且，在这些工厂里，我们可以想象到明确的劳动分工，针对每个人的经验水平相应分配的工作内容。我们也都知道供应链管理和物流这两个部门，把制造业内部各种工作无缝衔接起来形成一个整体。

类似的，我们在专业领域也看到一种趋势，我们称之为任务分解以及多源采购。专业工作不再被视为一项不可分割的庞大工程，反而正在被逐步分解（有些人称之为“打散”），把任务进行分解之后，分配给其他能够以更低的成本完成这些任务的人选和系统，同时要保持服务的质量和内容不变。就此我们发现，个人和机构正在寻求相当多元化的服务，而且这些服务提供方常常来自于不同的地区。这就是多源采购。后文中，我们将详细讨论劳动力套利、外包、离岸采购、近岸采购、协力外包，以及许多其他采购方式，如今它们都已经成为常规操作。这不是号召大家来建立压榨专业人士的血汗工厂，而是为了说明专业工作并不一定是不可分割的整体。

在各个专业领域有许多任务分解和多源采购的例子。在建筑领域，“建筑信息模型”系统使建筑师和工程师的工作可以被分解成不同类型的任务，然后由不同专家组成的网络分别执行；在咨询领域，传统的客户开始向不同的专业事务所寻求特定的服务（比如说调查工作）或者聘请组织松散的个人顾问来完成具体的、非常规的项目。大的咨询公司则依靠内部分工——一些日常工作，比如制作幻灯片或者基础调查工作，可以交给别人去完成。新闻业的各大机构开始专注于各自的细分领域：ProPublica专注于调查性新闻报道；Storyful这样的软件专门负责整合；还有服务于各种投稿者的平台提供方，其中比较简单的形式就是各种博客，也有《赫芬顿邮报》之类正式的平台。在教育领域，学生和老师使用的教材出自于许多人的贡献，教育过程中使用的工具和系统也不是由传统的教师所搭建的。在诉讼领域，把文件审核工作单独拿出来交给诉讼程序外包服务方，已经成为许多大型事务所的操作惯例。

3.6　新的雇佣关系模式

特殊的劳动力组织方式是传统专业服务的核心，人类在各个特定领域以专业人士的形式工作着，受到高度信任，接受严格监管，还有一种常见的说法，他们有着一套共同的价值观。许多新的现象——劳动力套利、专业人士助理、授权委托、灵活的自我雇佣形式、新的专家、用户参与以及机器——似乎正在改变并补充着劳动力的组织方式。

劳动力套利

如今专业领域的工作在分工时，有一种常见的趋势，为了享受某些地区低廉的人工成本、运营成本以及资产价格，专业机构通常把工作转移给位于此地的个人和机构。这和把工作分包给不资深的供应商并不一样，这种行为是指在拥有类似资质（甚至更为合格）的个体之间，对工作和任务进行重新分配。劳动力套利现象，比在租金昂贵的城市写字楼里、工资更高的国家里工作着的传统专业人士要求的报酬更低。比如说，在调查过程中我们发现，肯尼亚的建筑师为全球客户起草设计，印度的老师为英国学生提供Skype视频指导——其价格都要远远低于英国和美国。

这里有两大类操作方式。

第一种是“离岸”方式，某机构选择把工作打包派发给劳动力成本更低的中心，比如说马来西亚。在这种模式下，工作仍然由机构内部完成，只不过具体执行方的成本（特别是工资）比较低廉。这种做法比较像特意建造的低成本呼叫中心。类似的，咨询公司的调研部门里常有部分团队身处海外。

第二种是“外包”方式。这种方式之下，工作被转移到机构外部，由独立第三方来执行，他们的实际运作，仍然是在成本更低的地区。比如税务咨询公司就是这样处理部分日常的合规性工作的，医院里也有类似的做法，他们邀请其他国家的放射科医生来查看扫描结果。

无论是“离岸”方式还是“外包”方式，这些做法实质上都是一种劳动力套利。当各个国家开始进一步削减本国人工成本时，只要工作质量能够得到保障，工作就有可能得到重新分配。

专业人士助理以及授权委托

当专业工作被分解成各种任务之后，在工作的质量和内容保持稳定的前提下，人们倾向于把它们分别分配给成本最低的方案。所有领域的专业人士都已经意识到，传统的工作模式下，资深专家经常花费大量精力去处理那些本可以由资历较浅的同行妥善完成的事务。有一种职业我们把它叫作“过程分析师”，他们的工作之一就是去识别谁最适合完成分解后的任务。经过分析，有一点变得很明显，即各个领域内经过充分培训、具备相关知识以及工具的专业人士助理，都能够处理好以前由资深专业人士打理的一部分事务。由此催生了三种不同的情况：

第一种情况，有些任务并不需要技艺娴熟的专家特意花时间精力去处理。这些经过分解的任务交给专业人士助理或者资历较浅的专业人士，他们所拥有的一般经验与知识就足以应付。对此持怀疑态度的专家如果花上一天时间分析一下自己的工作，可能会惶恐地发现他们必须参与的工作内容实际上是如此之少，也就是说，有许多任务是可以委托给别人或者通过其他方式来完成的。

第二类情况，如果我们邀请年轻的专业人士和专业人士助理从事更加专业和复杂的工作，同时提供给他们清晰的步骤、标准、流程，再搭配经验丰富的专家的监督指导，相信工作成果将同样可靠而且具有质量保证。

第三种情况，为专业人士助理配备可以协助他们按照正常标准完成高级工作的技术手段，这样他们和资深专家之间的界限也就变得越来越模糊。

在所有这三类情况中，动用资历较浅的专业人士和专业人士助理，实质上，都是授权委托的一种表现形式。历史上，在许多专业工作中，授权委托的做法并没有真正获得认可，原因通常在于缺少适当的辅助工具，来帮助年轻的专业人士可靠并且自信地完成受托的工作。第二方面是文化上的挑战——专家通常很害怕局面失控，因此对资历较浅的个人所完成的工作总是持怀疑态度。此外，还有流程上的问题，使用过程分析，系统性地分解工作，一些机构能发现将适合进行授权委托的工作分配出去，更加易于实现他们的目标。

关于把工作交付给资历较浅的专业人士还需要指出一点。有些工作具备的特点使得它们更容易被委托、交付给专业人士助理去处理——它们有着清晰的边界，部分能够通过标准化流程来操作——这些特点也使得它们非常适合成为技术（自动化和创新）应用的对象。这也会产生成本上的影响——把工作转交给专业人士助理的确可以节约成本，但全面使用技术可以节省的成本将更加可观。

灵活的自我雇佣形式

在各种专业工作领域中，我们发现专业人士（和专业人士助理）的雇佣模式比起普通公司职员来说，更像承包商的角色，他们可以远程提供服务，有时甚至在家里工作。这一模式常常通过在线平台来实现，专业人士可以进行自我推广，让自己可以被需要相关服务的客户找到，由客户自行选择最适合的服务提供方。各种在线协作工具把专门负责互动的人员的工作变得更加容易——和团队里的其他成员或者和工作的接受方，不再像从前那样依赖面对面交流。这种模式很可能持续发展下去，原因在于这种会面通常在大型、昂贵的建筑里举办，但对服务接受方来说却并没有这种必要，反而显得多余。但对专业人士来说，这常常是他们有意选择的生活方式，他们向往灵活性、自主性，他们希望享受美好的工作与生活之间的平衡，而且这种预期往往超出他们的工作所能提供的水平。

有时候，这些独立的专业人士以个人为单位行动。他们时常会通过一种新的代理商来寻找工作，这些代理商把个体的专业人士直接和客户匹配起来，把他们和寻找临时雇员的大型专业服务提供方对接起来。无论他们如何运作，这些自我雇佣的从业人员都不可避免地需要为这种灵活性付出代价。他们放弃了全职工作的稳定性，他们不再享有稳定的收入，他们也不再为那些提供清晰职业发展机会的机构工作，他们更不可能在同一个机构里度过自己整个职业生涯。相反，他们必须依靠自己，建立起各种才能和能力的组合，从而能够胜任一系列特定任务，而不仅仅是某一项工作。这就是我们之前说的“保持灵活，应对变化”。

除了以个体为单位的专业人士自身的原因之外，专业事务所其实也喜欢这种可以削减全职员工的做法。他们和这些独立的专业人士签订合同，以便他们可以轻松应对业务最为繁重的旺季，也能够控制淡季无法充分利用人力资源的风险。

新的专家

我们在被绕开的守门人的部分已经提起过，一类新的专家正在兴起，他们为实践经验的分享提供了不可取代的作用。在线服务，无论其内容是什么，它们的开发和维护都离不开图形设计师和系统工程师。当线上的内容和专业工作有关，那就还需要动用到知识工程师和过程分析师的才华。如果这些系统在技术上比较超前，那么除刚才提到的这些人员以外，还会需要招聘数据科学家来帮忙。

传统的专业人士并没有充足的资金来自行开发系统。有些爱好者可能会做些尝试，但他们的努力多数以失败收场。在线医疗诊断系统、数字化的文件汇编程序、网页版的税务合规系统等项目，最好不要由有志成为系统工程师的医生、律师、税务师利用闲暇时间来开发。专业人士（我们所讨论的对象）必须要和其他新的专家联手。这是一种新的职业分工，有时传统专业人士会发现这点比较难以接受，因为他们失去了主导地位。

用户化

在传统的专业服务模式下，知识和经验的提供者必然是受过良好训练的人类专家。相比之下，现在出现了一种全新的经验提供者——曾经接受过专业服务的用户。传统专业人士很可能对此深表怀疑，但在开源运动以及“用户生成内容”的精神指引下，我们发现“在线协作”正在成为一种越来越重要的创造及传播实践经验的渠道。当互联网用户们聚集到一起，在各种动机的驱动下，以共享的形式搭建了例如Wikipedia和Linux这样的平台，大量知识和经验类的数据库也以相似的形式不断被创建、运营和维护着。这些资源都是由用户本身为其他众多用户搭建起来的。尽管这些实践经验并非由各领域的人类专家直接提供，但这种形式仍然创造了价值。它把实践中曾经发挥过作用的诀窍和知识变得唾手可得。

在这一阶段我们要指出，专业人士以外的普通人已经开始成为新的实践经验提供方，也就是说，在线社区为专业服务接受方提供了新的选项。

机器化

我们之前提到过专业人士需要和机器建立新的关系。这种变化也可以换种方式来表达——在人类和机器之间，一种新的工作分配方式正在生根发芽。过去，机器负责从事枯燥乏味的工作，把专业人士解放出来，让他们可以专注在需要动用更多脑力和敏捷度的方面去。机器，修辞手法上也好，事实上也好，都被存放到了地下室里，把和服务接受方互动的工作全部留给了人类专家。但是正如第二章所告诉我们的，如今新一代的机器开始发挥作用了，这些系统可以部分甚至全部取代某种人类从事的专业工作。

3.7　服务接受方拥有更多选择

传统上，大多数专业工作的交付形式是由人类专家以面对面的形式，向外行人士完成交付。这是实践经验在印刷工业时代的传播方式。但是，现在正在出现各种新的选择方案。其中最重要的几种包括：在线选择、在线自助服务、个性化和大规模定制、嵌入式知识以及在线协作。这些选项反过来满足了服务接受方的各种“潜在需求”。

在线选择

人们寻找以及选择专业人士的方式正在发生变化，传统做法是根据大众口碑、过往的成功案例、对外公布的能力资格等。这样操作起来会有各种问题，最明显的问题在于外行一般无法判断某个专家是否适合某个项目，也无法判断某项报价是否合理。这种专业服务购买方和提供方之间的信息不对称，在各种网络基础设施的帮助下正在逐步被消除，一些新方法的早期版本已经出现，并且已经开始向传统方式发起挑战了。

首先我们可以借助于在线信誉系统，帮助服务接受方在网络上分享他们的看法——对顾问的专业水平和服务质量进行评价——就像餐厅和酒店的客户在TripAdvisor平台上能够做到的那样。另外还有比价系统，把不同供应商对类似工作的报价和费率放在一起进行对比。第三种是在线拍卖系统，和eBay的概念没有太大不同，但特别适合那些日常的、重复性的任务。对于曾经从服务接受方的无知中获利的专业人士，这些技术都是给他们添麻烦的。反过来对于消费者来说，这些网络服务为他们提供了强大的帮助，但如今这些系统仍然还是早期版本——比如说，医药领域的BetterDoctor和ZocDoc、建筑领域的WeBuildHomes、法律界的Avvo、咨询界的Expert360和Vumero。

在线自助服务

如今为大多数问题寻找信息和指引时，许多人已经把向网络求助变成了一种必要的准备工作，将来，人们甚至会把网络信息视为获取实践经验的寻常合理来源。

许多人，尤其是年长者，仍然会非常自然地以面对面的形式去向其他人类专家咨询问题，但我们所说的在线自助服务的趋势也的确存在。在这种形式下，解决问题和寻求建议将成为一种自助程度越来越高的工作。专业的自助服务可以为人们节约时间，而且服务价格优廉、质量可靠，假以时日，在线辅助功能将变得更加精细成熟，相应的服务深度、广度以及质量都会有巨大进步。目前，一部分在线自助服务资源是由传统专业人士搭建的，另一些则由新的服务供应方提供。其他网络社区也在逐步搭建过程中——接受专业服务以及建议的人群在社区里公布自己过往的成功失败案例。这种趋势的迷人之处并不在于这些在线服务将迅速打败最杰出的人类专家，提供一流的服务（有一天它们可能会做到），而在于它们把传统方式下过分昂贵、无法获得的服务变得平易近人了。这就是我们所说的解放“潜在需求”。身处互联网时代，传统专业服务的接受方正在逐步养成在线寻求自助服务的习惯，因为这样做更方便、更便宜，而且更加有利于加深理解。

就像我们正在逐步接受无人驾驶汽车的概念，我们对无老师教学、无医生治疗、无律师代理、无顾问咨询、无牧师祈祷等的接受程度都变得越来越高，长此以往，我们对在线自助服务的想法一定会发生转变。

个性化定制和大规模定制

专业人士众多担忧之一是专业服务被日常化和数字化之后，大量问题的答案都将变得刻板、标准化。这个观点有一定的道理，因为每个服务对象的状况可能都是独一无二的，因此每个人都需要个性化定制的方案。总体上来说我们认同服务对象具备独特性这样一个前提，但是我们并不赞同他们就此得出的结论，总是需要人类专家来提供专业服务。相反，实践经验的数字化使得大规模定制成为一种可能——使用系统和流程来满足每个服务接受方的特定需求，但同时它又类似于大规模生产，能保证一定的效率。通过利用本书中提到的一些技术，有可能在实现个性化定制效果的同时，把服务成本降低到大规模生产的水平。

例如在法律和税务工作中，计算机文件汇编系统会向用户提出一系列问题，随后基于用户给出的相关答复，选用合适的（或排除）词语、句子、段落，把它们组合成一个精炼的文件，当然这只代表着千万种可能的排列组合之一。这不是一个简单输出标准文件的系统。在这里大规模生产的技巧被运用到创造高度个性化的服务中。这种技术的运用越来越普遍，如教育领域推出的“适应性”学习系统；每个读者按照自己的兴趣订阅“个性化”新闻故事；多种医药新技术（3D打印和基因工程），使得医疗诊断可以根据每个病人的特定情况进行量身打造。

其实我们还看到更为深远的意义——许多专业人士的传统工作方式，借助于有限的标准化和技术，所交付的服务事实上反而更加不可定制、缺乏针对性。和怀疑论者们的直觉相反，新技术使专业服务比以往更加有望达到个性化。这些系统针对接受方的个体情况对症下药，所提供的并非标准性的服务。

嵌入式知识

无论是外行人士还是内行专家，大多数人思考如何将专业知识运用到日常生活中去之时，可能都会认为需要人类专家的介入。比如说，如果有一个医学、法律或者税务问题摆在面前，那么一个有血有肉的顾问应当对此进行思考然后提供建议。因此，专业人士的工作，包含了某种人类翻译的工作——专家对他们当下了解到的情形（比方说，根据不同的症状或证据）进行考量与评估，然后选择某些知识体系加以运用。

一些迹象表明，专业知识正在以完全不同的方式被应用到解决问题的过程中去，这种方式完全不需要人类的介入。实践经验正在被嵌入到机器、系统、流程、工作惯例以及各种常规日常活动中去。

想一想电子纸牌接龙游戏Solitaire。许多年前人们用由物理介质构成的实物纸牌来玩游戏，那时候，人们很容易作弊，尽管我们也不清楚为什么有些人在一场没有对手的个人游戏里连自己都想欺骗。比如说，作弊的人可以把一张红色的9塞到红色的10下面，用实物纸牌的时候很容易实现这个动作。与此相反，在电子版本里，这种违规操作完全不可能实现。如果你尝试这样的违规操作，系统会立刻拒绝并把牌局恢复到原来的状态。这就是把规则嵌入到系统之后的状况。在数字世界里，不遵守游戏规则根本不是一个可选项：这样的尝试没有意义，也不可能实现。

我们在前文里讲过早期的嵌入形式。比如说在医药领域，胰岛素输送泵将来的发展方向是根据传感器的数据自动控制剂量，这样一来可以无须借助医学专家的人工干预。在新闻工作中，传统编辑的工作正在被在线系统所取代，它们根据读者的喜好针对性地推送新闻故事。在宗教世界里，智能手机被重新编程，上网功能受到了限制，这样一来虔诚的犹太人就不需要担心访问到“非洁净”的网站了。

这种向嵌入式专业经验的过渡，会改变人们提取和分享实践经验的方法。在传统模式下，人们通常在相当被动的局面下才会去调用实践经验。潜在的服务接受方有义务去辨认哪些情况下需要动用专家经验，或者可以从中受益；然后负责从众多专业服务资源中找出最佳选项，决定雇用某一个人类专家。在这种情况下，服务接受方对于是否需要以及何时需要专业建议的判断力就变得十分关键。相比之下，如果把专业经验都嵌入到我们的日常生活中去，那么它们就会自动得到调用和应用。正如本章开始所说过的，这样就能帮助服务从被动性向前瞻性转变。

在线协作

专业工作中有三种在线协作类型。第一类，在许多专业领域我们都观察到“经验社区”这种形态。这些都是在线社区，用户生成的内容构成了社区的主体内容，尤其是他们在寻找实践经验的亲身体验中总结出来的成功失败经验。就像计算机出现问题时，用户可以通过互联网从其他人那里获得指点，这些“经验社区”拥有的实践经验可以为许多不同的情况提供类似的帮助。我们在各个专业领域都发现了这样的社区，比如说医疗保健领域的PatientsLikeMe、宗教信仰方面的Beliefnet和

Patheos。

第二类在线协作是“实践社区”。经验社区一般都由外行人创建和维护，而相比之下，实践社区的“居民”通常是专家。比如说，医疗健康领域的QuantiaMD以及教育领域的ShareMyLesson，医生和老师分别在这些平台上分享交流他们的经验和见解。当然，这两类社区也有重叠的状况，比如说，专家和外行共同协作的例子，专家们负责审阅、编辑、补充用户所生成的内容。

第三类是众包社区。许多人（包括专家和非专业人士）都受到邀请，为一个界定清晰的项目或者问题提供解答，一般这些项目规模都比较庞大或者过于复杂，以至于需要许多人共同协作，所以“人民的集体智慧”可能会带来价值。或者项目本身的范围难以界定，只有覆盖面足够宽泛才可能找到合适的答案，比如，建筑领域的WikiHouse和Arcbazar、咨询行业的Open Ideo和WikiStrat 都采用过众包的方式。

满足潜在需求

各种在线服务形式把实践经验变得更加易于获得，而且获取成本更低。我们目前收集的各种证据可以表明用户的“潜在需求”已经开始得到实现。在这里我们所指的情况是——人们本来可以从专业人士的见解中受益，但按照传统方式来操作过于昂贵，令人迷惑、令人望而却步。没有得到满足的专业服务需求应当引起我们所有人的重视——公民、专业人士、政策制定者——更不要说其中所涉及的内容往往如此重要（例如提高健康水平、教育水平、法律服务质量）。

有初步迹象表明，一些用户界面友好、低价甚至免费的系统已经开始发挥作用，为人们提供各种帮助、指导和见解，成了那些负担不起和无法获得的专业服务的有效补充。一些在线服务实现了传统专业工作的自动化以及进一步增强，但其中大多数的在线服务都跳过了守门人的角色。除此以外，它们通常比传统的服务供应商更加平易近人。我们认为这是一场实践经验的解放运动——曾经由专业人士作为守门人守护的知识和经验，如今外行人士可以直接获取并使用了。这根本性地改变了知识的传播方式和专业服务的获取条件。

3.8 专业事务所的关注点

专业服务提供方中的一大部分，比如律师、审计师、税务顾问和咨询顾问，已经各自以“事务所”的架构进行了组合。这些事务所都是以商业实体来运行的，管理理论家对各种事务所形态进行了大量研究。从咨询工作经验中以及与行业领袖所进行的访谈中，我们都清楚地了解到这些专业面临着一系列的问题，而且都是在本章之前所罗列的模式和趋势以外的。在和这些事务所的管理合伙人交谈过程中，以下几点是反复被提到的：开放市场、全球化、细分、新的业务模式、合伙制模式的缺陷以及合并。我们探讨专业工作的未来不可能回避这些问题。

开放市场

开放市场这一想法由来已久了。很长一段时间里，消费者中的积极分子和社会学家、改革派一起控诉专业机构的垄断地位——到处都是无理的限制和明显的反竞争条款。他们还提出，这些专业人士的封闭社区，没有为用户提供充分的选择。因此，许多评论家为修订相关法律法规进行了大量活动，希望能够放宽限制提供专业服务的条款，尤其是什么人、什么样的组织和商业实体可以从事相关行业。这就是对开放市场的要求，它是专业工作分解之后的自然结果。当专业工作被分解成不同的任务，人们发现其中许多活动可以被常规化，从业人士在压力下就不得不承认有些分解后的工作完全可以交给非专业人士去处理。这种压力来自于市场，也来自于监管当局。后者关心的是公平竞争和选择——找不到明显的理由需要保持这些专业事务所的垄断地位。专业机构，无论是身为个体，还是联合起来，都发现以保护服务接受方利益作为理由来维护自己的排他性地位变得越来越困难，而这正是他们曾经被赋予排他性的首要原因。有些工作被重新分配之后，资历较浅的专业人士或者专业人士助理应当获得相关的工作权限。（不仅仅是事务所，我们在各个专业领域都见到过这种现象——比如说，有些国家的护士被正式授权操作某些小手术。）

开放市场和放松管制这两个词汇经常被混淆起来。事实上，它们并非同义词。大多数要求开放市场的支持者仍然希望专业人士受到监管，甚至说，他们希望那些新出现的专业服务提供方也被监管起来。很少有开放市场的鼓吹者提倡完全自由的模式。实际上，人们反而呼吁看到更多适当的监管——只有在对服务接受方明确有益的情况下才拥有排他性，在重大的商业性或者公益性项目中对服务提供方进行监管，取消那些通过层层包装掩饰它们常识本质的任务和活动的监管。这样一来，他们期待着消费者可以拥有更多选择和更低的价格，即便这样对服务提供方来说意味着更多竞争。举例来说，如果专业人士助理参与执行某些任务，他们的工作过程一定会受到监管，没有人可以为所欲为；如果服务价值比较高，或者社会影响比较大，经验相对不足或者知识不够丰富的个人更加需要遵守适当的标准和规则。然而不可避免的，当有些任务由用户完全自助完成时，这就意味着外行人士介入进来了，如何像对专业人士或者专业人士助理一样对他们进行监管确实比较难以想象。

全球化

很少听到大型专业事务所的管理层提起全球化。19世纪中期，现代专业工作诞生之际，服务都是通过面对面来完成的，国际差旅是相对罕见的。后来，通信和交通技术的发展给专业工作带来了巨大的变化，人群、货物、信息得以进行大规模的全球性流动。当我们的社会经济活动都变得全球化之后，专业工作也同样经历了这一变化，但那只是早期阶段。

我们经常听说几大因素正在加速这一全球化进程。首先，大多数规模性的客户在世界各处都拥有运营机构，因此他们希望专业服务能够同时覆盖这些地区。特别是在商业世界，专业人士可能在客户的要求下，飞到世界的任何地方。其次，电子邮件和视频会议把和客户的交流变简单了，只要考虑好时差因素，大家就像在同一幢大楼里。网真这种新形式出现之后，各地之间的实时、同步交流变得更加自然、更加司空见惯。再次，法规的更改也加速了全球化，如今的法规鼓励专业人士跨地区执业。过去，律师、医生和其他专业人士都是深度扎根在他们拿到资质的那些地区的。最后，各种形式的替代性外包渠道也是促成了全球化的重要因素，劳动力套利是非常重要的原因，它鼓励专业服务机构组建雇用海外团队，那些地方的人力成本、运营成本和土地成本都更加低廉。

细分

再说说细分，这一趋势从事务所延伸到许多其他专业工作，尤其是医疗领域。对外行人来说，细分听起来可能是件好事，但对于许多领域的专业人士来说，他们会抱怨自己所接触的内容过于细分。收费最贵、最有才华的专家都在他们的专业领域里从事非常细的工作，和相邻领域的专家没有太多交流，和不相干领域人士之间的接触更是几乎不存在。这样一来难免产生顾虑，担心专业人士看不到全局，无法从全局角度思考问题。不断的细分也影响跨领域合作——假如律师和咨询顾问都没法和自己的同事很好地完成合作，那就更难想象他们如何同自己领域以外的专业人士共同完成团队协作了。

这种细分趋势在本章提到的许多趋势发生之前就已经存在了。随着各个专业领域的进化和从业人数不断增加，专业人士似乎越来越乐于去钻研一些晦涩难懂的课题。为了应对本章提到的某些趋势，例如分解，许多传统专业人士可能会采取一种防御姿态，认为定制化服务才是正确的道路。换句话说，他们倾向于深耕自己的细分领域。这对如今的专业人士来说是一个相对明确的舒适区，然而如果只是一味地继续进行细分，却不对工作方式进行变革，最终可能会把专家都变成外包方。当专家们深入研究细分领域的知识之后，不可否认他们可能会成为相应领域的资深专家，但很可能只适合从事复杂工作中的某些具体模块，还需要其他人（比如新的项目经理）把专家的意见、专业人士助理和在线服务的发现整合到一起。细分领域专家的贡献始终是不可或缺的，但这可能是一个正在萎缩的市场，他们的角色更加类似于后勤技术人员，而不是一线服务提供者。

新的业务模式

目前大多数专业工作的业务模式核心在于以专业人士所付出的时间衡量其服务价值。专业人士的时间是一种稀缺资源，所以服务接受方需要为此付费。大多数专业事务所的操作方式都体现了这点，主流的收费方式就是以小时作为计费单位。此后，许多专业人士开始把这种收费方式作为计算工作价值的基础。尽管这种模式可能会让懒惰和效率低下的人受益，高效高产人士反而因此蒙受损失，但从20世纪70年代至今，这种模式仍然是行业的主流。然而最近，客户对于按小时计费这种做法越来越不满意。当专业人士面临成本压力，客户的话语权逐步增加的情况下，按小时计费的形式开始减少了。未来的客户倾向于为成果而不是投入付费，为所创造的价值而非付出的精力付费。当专业服务变得越来越常规化，甚至可以通过网络获取，以每6分钟为单位来收费（法律界的惯例——把每个小时分成10个单位）就不再行得通了。

大量文献都在研究替代性的收费方案，而且我们的调查显示，按时计费最有可能被固定收费或者按照服务价值、服务成果来计费的模式所取代。相比按时计费模式，在这两种情况下专业人士会更有动力去满足客户的财务需求。然而，具有创新精神的专业事务所管理者认为，过分关注收费模式会遗漏很重要的一点——真正的驱动力不是如何改变专业人士的传统收费方式，而是如何采用新方法用好各种资源。将来的关注点不在于计费模式，而是如何改变工作模式（比如说，引入专业人士助理或者在线服务）。

传统利润分配的金字塔结构同样也正在受到挑战，原先专业事务所（股权合伙人）将年轻的专业人士招聘进来，向他们支付低于事务所对外收费标准的报酬，从中赚取差价。在这种模式下，年轻的专业人士因为他们的年纪和资历总是处于金字塔的底部，他们对事务所利润起到的杠杆作用也就显而易见。把年轻人按照资历分成很多层级，支付足够的报酬，把升职和成为合伙人作为“胡萝卜”，鼓励他们一旦成为股权合伙人，就可以享受到稳定的利润回报——从20世纪80年代早期直到2007年经济崩溃之前，这一方法一直极为有效。但从2007年之后，客户不再那么支持这种模式。许多客户甚至直接抗议，不愿为资历浅的初级员工支付高昂（以小时计算）的费用，因为这些员工处理的都是比较常规性的工作，客户不仅要为他们买单，这些委托工作本身就是对他们的培训。大多数客户都不希望为金字塔塔底的年轻人支付费用。相反，他们更倾向于采用新的方法，比如说更多地使用专业人士助理，或者提高技术解决方案的比重。

合伙制减少，合并增加

收费、利润、业务范围所发生的相关变化有可能引发这一现象——主流的合伙制专业事务所的股权结构渐渐被边缘化。几十年以来，许多专业人士一直把这种形式视为最合适的事务所架构。它恰如其分地反映了拥有某些技能的一群人为了赚取利润而共同开展业务的商业实质。但一旦合伙制成长到一定程度，单个事务所的合伙人可能就超过上千人，原先设想的由几个专业人士一起协作，每天在一张桌子上共享午餐的场景，似乎已经无法实现了。而且，使用合伙制迫使一些专业人士承担本可能与自己无关的法律责任。如果大型跨国企业客户要求这些大型国际性事务所提供专业建议，而且服务对象都是高价值的业务核心问题，服务也都是以商业形式呈现的，那么有一点就令人感到困惑了，为什么这些事务所不能享有和客户同等的有限责任形式的商业保护？不同的受访对象和客户都向我们提起过他们的困惑，专业人士（和他们的家庭）需要为可能素未谋面，或者自己从未去过的国家的同事承担连带或者个别的责任。但如果我们真的不再让巨型事务所承担无限责任，那也同样非常奇怪，因为人们很快就会继续疑惑，究竟小型事务所和独立从业者该承担多少责任才合适？

无论如何，合伙制作为一种商业模式有很多缺陷。最明显的缺陷是，它造成了股权利益和管理之间的混乱，共同决策自然会导致一种低效瘫痪的状态，而且这种股权结构对资本和融资活动没什么吸引力。更重要的一点，当专业工作开始被分解，以新形式来分包，特别是分包方可能是非专业人士，此时并不看重合伙制形式下的传统专业人士的那些精神和方法。用新方法进行分包的任务将由完全不同形式的公司来承接——工业园里的初创企业或在线协作社区等。

世界上最知名的几家专业机构的体量都十分巨大（比如说，埃森哲的员工总数超过30万人，德勤超过20万人），还是有一大批专业人士在小型机构里就职，甚至成了独立从业者。那些没有拥抱技术和其他现代管理手段的小型机构处于专业服务的家庭手工业时代。他们将发现自己越来越难以跟上业内价格和技术的发展势头。结果就是，许多小型机构为了生存只好选择合并，这样一来，它们可以拥有之前无法实现的规模效应。如同其他行业一样，在专业领域中，街边杂货店最终大部分被超市所取代，带来成本和效率优势，但也削弱了人与人之间的连结。对于更倾向于单打独斗的专业人士，他们可能选择加入那些自我雇佣合同人士的行列。

合并不单单只发生在独立从业者或者小型机构之间。更大型的专业事务所也在合并，尤其是律师事务所和精算师机构。没有任何一个领域最终会像会计师这样由四家事务所主导，但我们一定会看到更多国际性的大型专业机构崛起。

合并之后可能还会诞生一批跨行业的事务所。在这之后，一种主要的变化就呼之欲出了——跨行业事务所的审计业务可能会从事务所脱离出来。自从安然帝国倒塌之后，一系列法律法规对于审计师能为他们的审计客户提供的非审计业务进行了限制。最近对此又有了一个重大补充，《欧洲指令》（*European Directive*）对2006年颁布的《法定审计指令》进行了修订。总结来说，这些规则禁止从事审计业务的事务所提供任何可能引起利益冲突的其他业务。公众对审计师通过在审查公司过程中获取的内部情报谋取商业利益是尤其反感的。对比之下，在20世纪80年代，每次审计结束后，审计师写给公司董事会的管理意见书就被视为一种标准的、恰当的手续，借此审计师可以针对审计过程中发现的相关问题提供其他额外服务。

在安然和安达信倒闭之后，法规进一步收紧主要是为了限制几家领先的会计师事务所已经蓬勃发展起来的法律和咨询业务，但其中不合群的其实是审计业务。正是审计工作才导致了咨询顾问、律师和税务师的潜在冲突。因此接下来的几年里，审计业务是最不可能被保留在大型会计师事务所的业务范围里的。这将开启激动人心的合并机会——比如说，在国际律师事务所和税务咨询公司之间。我们认为这是一种可能性，但我们无法估计它的发生概率。

3.9 去神秘化

专业人士和专业工作正在逐步去神秘化，这一点为本章其他规律设定了一个大背景。法学家赫伯特·哈特在他的分析里为专业工作的神秘化和去神秘化做出了阐述：

> 这些词汇主要用来形容那些不公平的、过时的、低效的，甚至可能是有害的社会机构。包括律师事务所在内，它们通常为自己披上神秘的面纱来逃避批判。这样一来，它们掩盖了事情真正的性质和效果，令潜在的改革者感到困惑、望而却步，而那些差劲的机构却可以一直存续下去。神秘的种种表现形式……不仅包括用公开的颂歌、典礼和仪式来进行赞颂，也包括使用外行人无法辨别的古代的服饰和措辞。更重要的是，神秘化甚至还包括宣扬一种信仰：相信这些社会机构是极其复杂的，是法律或者其他社会机构无法理解的。这是一种不可战胜的人类本性，企图改变这些存在已久的机构就必定冒着社会崩塌的风险。

于是这些机构披起了神秘的外衣，保护它们不会受到质疑也无须做出改变。他们使用的语言、习俗、服饰和仪式作为神秘化的利器。政治理论家哈罗德·拉斯基（Harold Laski）用一种相似的语言来形容“如今的专家，习惯于采用类似于原始社会的牧师所使用的崇拜手段；普通人学着牧师那一套，为不知情者塑造出了一个神秘世界”。当我们谈论专业工作的特定情况时，我们不需要比较哈特的法学和拉斯基的政治极端主义来确认这些作者所说的是有意义的。在专业工作中，人们使用特殊的语言是有目共睹的。服务接受方每天都处于困惑、心烦意乱之中，甚至被各种术语弄昏了头——医疗术语、法律用语、新闻文体、咨询词汇、税务术语等。通常这都是为了方便进行合理的速记，尽管对于服务接受方来说会造成许多不便利，但有时候这么做是有意为之，专门为了将接受方排除在外，用神秘化来保护服务提供方。在社会学家眼里，这是一种“社会屏蔽”，是为了保护专业人士的垄断地位所特地设计的。（顺便提一句，社会学家自己也没能独善其身——即使以我们的标准看起来——他们是在用他们那模糊的行话来批评别的专业人士所使用的模糊的行话。）

这章所讨论的各种模式和趋势表明专业工作的神秘面纱即将失效。当专业工作被分解到更加基础的任务层级，其中的活动就相当容易被人们理解了。专业人士的服务不再是某种黑匣子，以前对于非专业人士来说，只有输入（接受方的情况）和输出（专业人士的指导意见）是透明的。当黑匣子里的内容成为“过程分析”工作的研究对象，专业工作的实质就会变得公开透明、易于理解。这样一来，专业工作就不再神秘。他们也无法再宣称这种复杂程度是超出外行理解水平的，把所用到的知识和经验包装成一种超自然或者神秘的力量。同样的，当一部分任务被分割出来，让外行人士自行处理，服务接受方对其中的内涵的理解也会进一步加深。

当人们实实在在需要得到真正的才华、主观积极性、创造性、战略观点和深厚经验的时候，这种需求会变得十分明确，因为人们所提出的要求必须由手工艺方式、传统个性化定制来完成。完成这种工作一定会带来尊重和仰慕，但也许并不会像从前神秘化时期那样带来过度崇拜。

第二部分

理 论

第四章

信息技术

在本书的第一部分里，我们基于第一手研究和其他人的书面作品，为大家罗列了专业工作正在面临各种变化的证据，但是我们并没有深入探讨这些变革的原因。这正是我们在第二部分里希望达到的目标。我们希望为正在发生的情况提供全面系统的解释。我们即将提出一系列理论和模型，用于解释之前所发现的那些证据，再帮助我们预测接下来还会发生什么。

本章一开始我们会聚焦在社会的“信息基础”上，研究过去它是如何影响人类分享实践经验的方式的，以及未来它将如何产生作用。接下来我们会研究技术，讨论制定预测的价值所在。此处的结论将帮助我们探索未来技术的四个重大发展方向。在本章最后部分，我们将介绍过去几十年技术的变化对专业工作所带来的影响，这将成为下一章的基础：在第五章里我们将探讨知识的本质、专业工作的进化发展，以及那些将要取代传统专业方法来创造并传播实践经验的模式。

4.1 信息基础

在日常对话中，人们使用技术这个词汇多过信息技术和IT。对于技术的偏重是可以理解的，因为技术在我们日常生活中所带来的成就是非常显著的。从设计层面到它们所拥有的实力，技术都拥有超凡的魅力，我们也自然会感叹于技术创造者的天赋和心灵手巧。但是仅仅对技术表示关注而忽略了信息这一层面，可能会忽视信息的角色和价值，对整个世界都是如此，对专业工作来说更是如此。

社会的信息基础可以为我们在专业工作领域观察到的或者预计将要发生的变化提供一种合理解释。这个词汇是指信息存储和传递的主流方式。这里所指的信息比较宽泛，包括一系列相关概念——从信息链一端的原始数据涵盖到另一端的知识和经验。以沃尔特·翁（Walter Ong）在《口头文化和写字文化》（*Orality and Literacy*）中的观点作为起点，我们提出人类社会的信息基础模式经历了四个发展阶段。基于此，我们认为在不同的阶段，社会的信息沟通分别依赖于口述、手稿、印刷以及信息技术。我们所关心的重要问题是社会的信息基础在何种程度上影响了实践经验的供给，它们如何被创造出来？如何得到分享？谁可以接触到并理解这些内容？我们的假设用于存储和传递信息的系统，对于实践经验的创造和传播有着重大影响。更准确地说来，信息基础，通过某种不明确的机制，决定了实践经验的数量、复杂程度、来源、获取便利度、更新的频率，以及可以对信息进行可靠应用的人类和其他系统。关于信息与通信系统发展历史的相关文献，包括人类学和社会学，都确认了这一观点。简而言之，我们认为信息基础对实践经验的创造和传播活动产生着深远的影响。

我们接着深入探究信息基础在这四个发展阶段——口述、手稿、印刷以及信息技术中的影响，希望借此对专业工作以及其他领域未来的潜在发展趋势做出预测。

大多数专业人士受邀评论人类从手稿时代到印刷时代的进步时，他们迅速根据直觉承认知识的组织方式在这一转变过程中发生了巨大改变。如今我们正处于从印刷时代转变到信息技术以及互联网时代的过程中，这时专业人士却似乎不那么愿意承认类似的情况正在重新上演。为了帮助大家理解这些变化，接下来我们针对每一个阶段展开分析。

4.2 前印刷以及印刷时代

当我们在电脑前弯腰弓背、在平板上指指画画的时候，很难想象一个没有手稿、印刷和信息技术的社会，也就是所谓的口述时代。沃尔特·翁曾经形象地指出：

> 受过文化教育的人必须费很大的力气，才能想象出依靠口述交流形成的文化是什么样的。也就是说，一种完全不懂书写或者完全不知道书写为何物的文化是什么样的。尝试想象一种文化——从来没有人“查阅”过任何东西。在口述文化里，“查阅某个内容”是一句空话，没有任何实际意义。没有书写形式，单词都没有视觉上的存在形式，即使它们所表达的对象在视觉上是存在的。它们只是声音。

如今，我们查询信息的习惯已经深深地受到互联网的影响，很难想象一种无法随手查阅信息的生活方式。借用沃尔特·翁的思想来表达，很难想象如果“谷歌一下”变成一句空话是什么样的。但是，如果我们暂停一下，想一想只能依靠口述来进行互动交流的情形，就会发现在那个时代获得经验的难度大大增加了。当然有些人类可能会比常人更加勤奋地挖掘自己的记忆潜能，他们可能会拥有更好的记性，但在任何领域显然都无法用某个人的脑袋来装下所有的知识细节。即使是如今专业工作所依赖的知识体系的一小部分，也没有人可以完全记在脑子里。

那时专业经验的数量、复杂程度、详尽程度都远不及现在。人类学家和历史学家都熟知，用如今的理念和眼光去评估过去的社会和那时的社会能力总是艰难的。尽管如此，坐在21世纪的靠椅里，我们可以假设在口述时代里，每个领域的经验都掌握在一小批社会的年长者手里，他们为自己赢得了神秘的地位，因为他们能够轻松利用过往经验以及先人流传下来的真知灼见。他们还会把这些知识教给接班人。在口述时代，正式的专业服务尚未出现，知识流传下来的记录不成体系，可以传播经验的技术还没出现，可供这些年长者共聚一堂的机构也不存在。

把时间再往后推移一点，我们就来到了以手稿作为主流信息形式的时代，沃尔特·翁再次提出了警示：

> 书写……很晚才出现在人类发展历史上。地球上的人类智慧已经存在了大约5万年，但第一份手稿，真正的书写作品，就我们所知，是美索不达米亚的苏美尔人在公元前3500年写下的……事实上，语言是如此压倒性地以口头表达形式存在，在人类历史上被使用过的大量语言——可能存在过上万种——只有106种有足够多的书面材料流传下来，大多数从来没有被写下来过。

在早期社会里，随着手稿的出现，人类的记忆能力就借助于书写和图片形式的记录得到提高了。正如詹姆斯·格雷克（James Gleick）在他所写的《信息简史》（*The Information*）里所描述的，“这种人工的记忆能力是无法估量的”。这样一来，社群的知识和经验数量开始上升，并得到了有效管理。当人们能够使用手稿形式阐述和记录信息，知识和经验就能够以更精准的表述传达给整个社区。这里出现了一种新的复杂性，专家有时会选择用行话或者速记来记录自己的思考成果，这些语言对外行人来说就无法理解了。

在手稿时代，尽管知识已经能够被获取、被修订，但是它们的传播范围仍然受限于手抄誊写的做法，在当时这是唯一可行的复制作品的方法。这样的方式既容易出错，又耗时费力，因此知识传播的难度不低，修改的频率也无法提高。外行人需要接触专家，进而了解他们所掌握的不断进化的知识、概念和行话。早期的守门人同时身兼顾问和问题解决者的角色，他们的确是专家，但并没有加入专业组织。然而这并不意味着没有明确的专业人士。名医希波克拉底、大律师西塞罗，以及犹太学者迈蒙尼德，这些专家在手稿时代已经非常活跃，但是他们并没有接受过当代专业人士那样的教育，他们也没有在现代专业机构所提供的保护伞下工作过。

同业公会是某些特定交易的交会点，在这里可以找到专业工作和专业机构最早期的迹象。许多同业公会都随着印刷技术的兴起而繁盛起来。在15世纪中期，约翰内斯·古腾堡（Johannes Gutenberg）发明了印刷机以及一个铅字印刷系统，自此革新了人类教育以及信仰宗教的方式（《古腾堡版<圣经>》是西方第一本主要的印刷书籍）。印刷同时改变了社会中知识和经验生产、储存和分享的方式。得益于此，学者和研究员能够分享他们的发现和见解，新的想法能够以文件形式被捕捉到并储存起来，然后展开探讨，印刷的文献和书籍也能够简单流转起来。自此，记录在案的信息在数量和复杂程度上都发生了爆炸式的增长。

直觉告诉我们，在印刷社会里，知识应当变得随手可得了。然而正相反，社会需要许多媒介来帮助人们了解、管理、应用被创造出来的大量材料。特别是在19世纪工业革命之后，借助专家的能力来处理经常动态变化着的大量信息和知识的需求变得尤其突出。其中一类专家，也就是如今我们熟知的专业工作团体，就此走向繁荣。

4.3 技术互联网社会

信息技术以及互联网结合在一起已经改变了人类创造、搜寻以及传播信息的习惯。印刷为我们带来了巨大的变化，但几个世纪以来，印刷本身却一直是一项有门槛的营生，需要重型设备以及操作技巧。如今我们只需要使用随处可见的文字处理软件以及激光打印机，就可以创造出高质量的文本，但这些设备在20世纪80年代非常罕见，直到90年代才被广泛应用起来。

如今的大多数人，在公司或者在家，都能够使用一系列技术为他们打印高质量的印刷材料。一连串的技术创新，比如说大批量复印机、可转换格式的文字处理文件、互联网文件转换等，已经改变了我们生成、传播这些文件的方式。我们曾经把这些叫作“桌面出版系统”，但如今这些设备已经变得稀松平常，无须特地为它们贴上标签了。

尽管创造与分享文件的能力得到了提升，然而对所有人来说，这并没有把知识和经验变得更加易于获取和简明易懂。互联网让人们可以轻松接触到大量内容这一点是毋庸置疑的，但是各种网站、社交网络、网络出版机构生成了比以前多得多的文件和网页，其中大多数，对非专业人士来说仍然是无法解读的。当普通用户在网上进行基本搜索时——关于医药、法律、建筑、会计或者其他主题——搜索结果往往是许多可能相关但技术性很强的文件和网页，而不是问题的答案或者提炼过的建议。比如一部在线百科全书，有教育意义也有提示性，但是一般无法针对用户所面临的挑战给出建议、提供忠告，或者指出下一步该怎么做。此外，用户很难分辨这些复杂领域相关的在线资源是否权威可靠。

这一分析导致有些怀疑论者得出结论，他们认为网络和社交媒体对社会有着毁灭性的冲击，创造出堆积成山的信息，增加而非减少了社会对于专业人士的需求——需要他们根据特定场景可靠地解读并运用这些信息。然而这一推论是基于错误的假设，即假设我们已经完全从印刷工业社会进化到技术互联网社会（注意，此处的“技术”主要是指“信息技术”）。我们对此的回应，正如1996年那时所说的，我们仍然处于两个时代之间的漫长过渡期，所谓的“信息过载”是过渡阶段的诸多遗憾之一，但也只是暂时现象。我们同意在这一过渡期，身处传统机构的专业人士仍然是被社会所需要的，外行人士可能已经可以接触到大量知识，但他们无力自行解读。此时，专业人士的角色就像是“桥梁”。然而，当我们完全进化到技术互联网时代，材料的数量和复杂度都不会展现在用户面前，新的技术将对信息进行后台处理，因此就不再需要传统专业人士在普通人和他们所需要运用到特定场景和问题上的实践经验之间扮演翻译官的角色了。

我们在1996年第一次提出这一论点的核心概念，当时将其称为“技术延迟性”：

> 我们在使用计算机技术来捕捉、存储、调用以及再生数据方面的能力，远远超过了我们运用技术来帮助分析、优化、整理在数据处理过程中所生成的海量数据的能力。我们善于取得信息，却不懂得如何合理提炼我们所需要的信息。

技术延迟性描述的是技术专家口中的“数据处理”和“知识处理”之间的延迟。在这样的前提下，我们认为在延迟性被消除前，在知识处理达到和数据处理的同等发展水平之前（把我们从信息管理的困境中解救出来），我们无法进步到一个成熟的技术互联网时代。

换句话来说，我们认为复印、扫描、文字处理、电子邮件从20世纪90年代开始，造成了信息过载的问题，但我们至今没有发明出相应的技术。因此在各种专业技术领域，迅速膨胀的原始素材就像一根消防水龙带，装满了信息不停喷向外行人士。同时，相比20世纪90年代中期，我们如今对专家意见的需求似乎有过之而无不及。我们在提出技术延迟性的同时，也提出了一个预测：

> 我们正在优化知识处理领域的技术，逐步开发系统，用于帮助我们分析和管理由我们自己创造出来的大量信息。这些系统将帮助我们精确找到所有且仅限于和用户特定需求相关的材料。

这一预测当时遭到了许多质疑。然而，我们只需要想想现在谷歌的搜索能力、数据科学各项倡议的成功（例如大数据领域），以及像Waston这样的人工智能系统新浪潮，就能意识到技术的延时性问题正在稳步得到解决。我们那时的预测是“未来25年里，知识处理方面的进步将会十分惊人，并且把我们从过渡期里解救出来”，然后进入所谓的“技术互联网时代”，我们认为，这一预测将会更快得到证实。在专业工作领域，一旦这些技术成型，原始素材的数量、复杂度以及变化性对外行人士的挑战都将变小，因为系统将为他们更加精确地找到他们所需要的相关材料。除此以外，我们日渐强大的系统将开始解决问题并提供建议，不再仅限于取用及展示可能相关的文件。更激进的研究者认为，未来的系统甚至可以预测到人类的需求，甚至在人类意识到问题或机会之前，就相应地提供指导和预警。

就像我们对人类专家寻求指导的要求随着时间发生变化那样，社会的信息结构也从口述时代进化到手稿、印刷时代，因此我们必须明白，当我们进入到一个拥有比从前强大许多的处理能力和沟通技术的世界中，信息结构还会进一步发生变化。专业工作都是以知识为基础的，因此如果我们存储、交互知识的主要方式发生巨变的话，专业工作中所用到的知识的存储和交互方式也会相应发生改变。这不仅是因为现在的专业机构没有好好开发利用新技术，导致它们无法提高效率，而且更因为信息基础所发生的变化其实是更加根本性的。它决定了我们如何组织、如何向社会提供这些由集体创造的知识和经验。

从印刷工业时代进入到技术互联网时代，我们预计人们分享经验的方式将要发生翻天覆地的变化，而且变化的程度将远远超过从手稿时代进入印刷时代那个阶段。

这次变革并没有等着政客或者专业人士来发起。我们已经看到社交网络在推翻政治制度活动中表现出来的强大力量了。我们不应当假设通过网络连接起来的30亿人类，一旦发现改善生活质量和提高生存标准的全套工具就在手边，居然会缺乏动力去改变经验分享的方式。当人们发现例如改善健康、促进教育、增强法律保护这样的事宜都可以通过线上方式来实现，那么无论政策制定者和专业工作人士是否积极支持，这些方式都会受到人们的欢迎。

4.4 对未来的影响

这本书许多地方都表达出了对即将出现的更新、更好的技术的期待。人们通常认为探讨技术的长期趋势十分困难，因为所有重大的进步都是难以预测的，但我们坚信这种未来势不可挡。管理学大师彼得·德鲁克（Peter Drucker）以及无数人都说过，“对于未来，我们唯一知道的事情， 就是未来会变得不一样”。但是，我们强烈反对这种看法——并非不同意“未来会变得不一样”，而是不同意这是“我们唯一知道的事情”。

我们的确看到，为了支持未来不可预测的观点，拥护者能举出很多很好的例子：IBM在1981年把个人电脑推向市场，但20世纪70年代时并没有人预见到这一天；诞生于20世纪90年代的网络也是一次完全突然的“袭击”；类似的，专家们也没有预见到社交媒体的出现，尽管现在它们已经十分风靡了。因为我们没有（有些人认为是无法）预测到这些重要的发展，因此类似的，大家就认为去想象五到十年后的世界是没有意义的。我们将会证明这样的观点是错误的。因为这样我们就会错过重大的飞跃。相反，我们相信有三种值得去尝试的方式可以帮助我们预测技术的未来。

第一，即使未来十年中不再出现像个人电脑、网络、社交媒体这样根本性的技术进步，但只要对现有和新兴技术的潜能进行深度挖掘，同样能够把我们引领到一个非常不同的世界。不能因为我们无法预见任何革命性的变化，就彻底放弃在已有的技术基础上进行推测。比起完全忽略未来，如果参考现有的框架，考虑正在逐步普及的技术，那会让我们找到更好的方向感。虽然我们还是有可能错过下一次变革，但至少可以跟上现有技术的发展步伐。

第二，我们认为找出技术的大方向和大趋势十分重要。我们可能无法精确指出下一代技术应用具体会是什么，但如果我们对人类行为和新系统的各种可能的模式和趋势进行思考，就能够为探讨未来提供有价值的背景信息。未来最不可能发生的就是各种系统仍然保持着今天的模样，然而那些放弃尝试预测未来的人，常常会掉入陷阱，认为未来会一成不变。不愿意尝试探索整体局势，就像开夜车却不愿打开车灯，而对未来进行高质量的预测就像是打开了车灯。当然我们承认，还是有许多我们看不到的东西。甚至我们也同意，在未来20年里将要改变我们生活的许多互联网系统也许都还没有被创造出来。

就这本书而言，还有第三种值得预测的内容，那就是有潜力广泛运用到专业工作中去的那些特定技术。在对这些系统做预测时，我们并不去推测那些高深的理论，比如说“可计算性”或者“后硅时代处理器”等，我们仅仅关注在特定专业领域取得成功的系统，并且认为它们可能有着更广阔的应用前景。

信息技术的指数级发展
日益功能强大的机器
越来越普及的设备
愈发紧密连接的人类

针对我们提到的前两类预测，我们发现并探讨了四种主要的、在某些层面有一定重叠的信息技术四大主要发展。在我们看来，这些是信息技术和互联网系统带来的最重要的发展。这一系列变化结合起来，将改变专业工作的运行方式，以及社会分享实践经验的方式。

4.5 信息技术的指数级发展

身为平板电脑、社交网络、视频会议、在线游戏、流媒体电视以及其他无数系统的用户，我们很少有人会去思考技术层面也就是机器内部所发生的事情。显然，用0和1的体系去思考这些日常用品是非常困难的。但大多数人，对技术问题还是有些模糊概念的——一旦系统变慢，我们无须指导也能做些大胆猜测，比如，我们需要更快的处理器、更多内存、更大的带宽。好消息是全世界的实验室都在投入大量精力去解决这些问题，而且进展十分惊人。我们想先向大家传达一个消息，和许多其他观察者一样，我们都发现了人类在信息技术方面所取得的进展已经让运算能力获得了“指数型增长”，再具体一点，就是大家所知道的摩尔定律。1965年，在戈登·摩尔（Gordon Moore）联合创办英特尔三年之前，他预测说大约每18个月，芯片（集成电路）上的晶体管数量就会增加一倍。更简单的说法是，他预测计算机的处理能力每18个月会翻一倍左右。怀疑论者当时曾经说过，摩尔定律可能只在几年内成立，但如今它仍然适用。事实上，有些人认为如今的计算机运算能力甚至每18个月就可以翻一番。材料科学家、计算机科学家和行业分析师甚至认为摩尔定律在未来几十年内，还能保持成立。严格来说，每个芯片上能容纳的晶体管数量在物理上是有极限的，即使如今实现运算能力翻倍所采用的技术已经不再是摩尔当时所想的硅基合成电路，但人们仍然根据摩尔定律，粗略地预测运算能力每18个月可以翻番。让我们来做一次思维实验，来体会指数增长有多强大。先想象你面前有一张轻盈的纸片，然后开始不断对折这张纸。经过四次对折之后，它会变成信用卡那么厚。这并没有什么特别的。如果这张纸能够被折叠11次，它会变得像一罐健怡可乐那么高。这还是没什么。如果对折21次，它的高度就可以超过大本钟（Big Ben）；对折31次，它就进入外太空了；对折43次，它就可以碰到月球了……如果你能够把这一张纸片对折100次，它的高度将超过930亿光年。如果真的可以如此加速发展，延展到这种规模，那将十分难以想象，但运算能力的确正在不断翻倍。当数学家把这称为“指数级增长”，专业人士可能仅仅认为这是爆炸式的增长。

运算能力的增长已经带来了深远的影响。诺贝尔经济学奖得主迈克尔·斯宾塞（Michael Spence）发现摩尔定律在“计算机时代”（在他眼里，开始于1950年）的前50年里，为人类把运算成本缩减了“大约100亿倍”。雷·库兹韦尔（Ray Kurzweil）在他写的《奇点临近：2045年，当计算机智能超越人类》（*The Singularity is Near When Humans Transcend Biology*）里强调这一切仍将继续。库兹韦尔认为，“信息技术的基本度量遵循着可预测的指数型的发展轨道”。为了解释“指数级发展”，他说：

> 人类所创造的技术的变化节奏正在加快，这些技术的影响力也在指数级增长。“指数级增长”是具有欺骗性的。开始

时几乎无法察觉，又在突然间疯狂爆发——也就是说，如果不去追踪它的轨迹，根本无法形成预判。

让我们来看看这对日常生活意味着什么。想一想库兹韦尔所说的，到2020年，一台普通的桌面机器（售价1000美金左右）将拥有与一个人类大脑大致相当的运算能力。更加令人难以置信的是，他认为到2050年，遵循“指数级增长”的路径，“1000美金的计算机所拥有的运算能力将超过地球上全部人类的脑力之和”。读者可能会认为我们激进，但是如果我们能够预见到那么一天，一台普通计算机的运算能力就能超越所有人类之和，那么专业人士的确应该重新审视一下他们目前的工作方式了。

我们还应当注意这种“指数级增长”并不仅限于运算能力。其他技术——包括硬盘容量、互联网带宽、磁性数据存储器、随机存取存储器——也在以类似的速度发展着。存储卡就是一个很好的实例。2014年，128GB的存储卡已经司空见惯，但10年前的2005年，相对应的存储卡是128MB。这意味着存储容量在10年里增长了1000倍（还稍微多一点）。这换算过来就是每年翻倍，比运算能力的“指数级增长”曲线更加陡峭。梅特卡夫法则的理念也是异曲同工，这个法则认为（总的来说）一个网络对于用户的价值和连接在这个网络里的用户数量的平方成正比。有时这被称作是“网络效应”，意思是随着用户数量的增加，网络的效用呈非线性增长。另外一个例子是库梅定律——每隔18个月计算耗电效率会提高一倍，过去60年以来这一定律一直成立。我们知道并不是所有人都同意库兹韦尔的理论，但是，其他专家和评论员在运算能力“指数级增长”这件事上有着类似的结论。不可否认，并不是信息技术的每次指数级增长都能为系统更新迭代的速度和规模带来飞跃式发展，但一旦持有“指数级增长”观点人士的预测和推论有那么一点接近事实，我们就将迎来一段空前的技术进步时期。我们在这里想传达给专业人士的信息是，尽管我们已经在许多系统中看到了各种非凡的进步，但其实我们刚刚开始“爬坡”，仍然身处于信息技术加速发展的起步阶段。在大多数读者的有生之年里，我们的生活和事业都会被强大的运算能力彻底改变——“云”提供着似乎取之不尽、用之不竭的存储空间，闪电般迅速的沟通交流、史无前例的微型化、组件成本的迅速下降都在发挥着各自的作用。这并不是明年要上市的新iPhone，而是正在发生巨大变革的专业人士和服务对象手中的工具。

在这一章剩下的讨论中，我们会看到这样的“指数级增长”直接的体现是把系统变得更强大，把设备变得更普及，也让人与人之间产生了更多的联系。

4.6 日益功能强大的系统

现在让我们来聊聊技术对于专业工作来说的最重要的特征。可以用一句话来归纳：我们的系统和机器正在变得越来越强大。如果读者读完这本书，关于技术只能记住一个知识点，那么，请记住上面的这句话。当我们想到未来机器的能力时，大体的技术进步发展轨迹是清晰的，而且对专业工作来说有着重要的意义——越来越多曾经需要人类执行的工作，在许多不同系统的帮助下，变得更高效、便宜、简单、迅速以及高质量。而且我们并没有看到终点，新的能力每天都在涌现。

有些专业人士对技术变化的速度和维度提出质疑。他们常常会抱有“技术短视”的偏见。他们倾向于基于目前的技术状况去评估它们可能带来的影响，这样可能会做出过低的评价。当我们谈到由机器代替人类执行任务时，怀疑论专业人士会表示质疑，因为目前的系统并不能完成相关任务。这是目光短浅的行为。此前，我们讨论过一系列跨专业领域的技术创新，最令人吃惊的地方在于，五年前这些系统根本不可能被创造出来。因为当时我们没有必要的技术基础——移动平台、网络带宽、软件或者其他。

此处有一个重要的信号，机器已经不再被局限于那些重复性的机械工作了——比如办公室里的基础行政工作，或现代工厂里的饼干切割工作。许多系统都提醒我们去重新审视一种流行观点：由机器和系统来执行日常工作，由人类来专注处理那些需要灵巧度和智慧的活动。但是，当机器变得越来越能干时，这一边界正在逐渐模糊。有许多方式可以来勾勒这些新出现的、日益强大的机器和系统所拥有的特性。有些人使用“智慧机器”，有些人则习惯用“超级智能”，还有人喜欢用“人工智能”或者更加常见的AI。我们自己也更倾向于使用AI，但是我们认为这些新崛起的系统是AI的第二波浪潮。尽管我们在谈论新系统，但事实上我们并不知晓，也无法了解哪些系统最终将带来最巨大的变化。正如我们之前说过的，我们可以很自信地做出预测，未来20年里能够改变人类生活的有些技术其实还没被发明出来。

为了便于大家理解目前的进步，我们现在一起来研究四种发展趋势，它们可以证明机器正在变得越来越能干。

第一种，机器现在可以深入研究我们的过往经验和识别模式，发现其中的规律，做出精准的预测（大数据）。

第二种，有些系统已经可以处理那些通常被认为需要人类智慧才能操作的任务（IBM的Watson）。

第三种，有些机器可以在物理世界里完成讲究技巧的、精细的手工操作（机器人）。

第四种，有些系统已经可以辨识并且表达情绪（情感计算）。

大量围绕这四个主题的著作已经问世了。我们只是尝试着做个概述，而不是进行学术评估。顺便一提，我们并不认为只有这四个是重要的发展。我们还可以加上“语义网”“搜索算法”或“智能代理”。但是争论哪些技术更重要就偏离主题了——利用各种技术，我们的机器将会变得越来越完善，能够完成越来越多的、曾经被认为是人类专属领域的任务。

大数据

1988年，作为如今“大数据”概念的先驱，哈佛大学的肖沙娜·朱伯夫（Soshana Zuboff）在她那本开创性的著作《智能机器时代》（*In the Age of the Smart Machine*）中写道：“信息技术不仅执行着具体的任务，还带来了一种可能性，创造出一种新方式，使各种活动、对象和流程都变得可见、可知、可分享。”简单说来，她所指的是计算机时代的副产品——大量信息流的价值。比如，早期的存货管理系统所产生的信息可以帮助了解用户购买习惯。朱伯夫把这称为“智能技术提供信息（informating）的能力”。尽管“提供信息”这个词汇并没有广为流传，但现在人们都认为她的主要观点都是正确的，即分析由技术产生的大量数据可以让我们形成有价值的新观点，可以帮助我们在许多领域进行更加可靠的预测。专注于捕捉分析信息的工作如今被通俗地称为“大数据”。这个术语一开始出现时，主要特指对于大量数据进行处理——例如，大型强子对撞机所产生的海量数据。而如今，“大数据”也被用于指代使用相关技术来分析比前者要少得多的信息。有些人也使用“数据分析”“数据科学”或者“预测分析”等词来描述这一分析过程，但所有这些词似乎都代表着同样的内容。无论哪种标签更受欢迎，这方面的专家常常被叫作“数据科学家”。

一直以来大数据是绝对不缺少关注的。有些评论家认为，大数据的能力被夸大了，它的方法也还需要继续发展，这些观点不无道理。但我们无法对目前世界上正处于爆发中的数据量置若罔闻。2010年，谷歌当时的首席执行官埃里克·施密特（Eric Schmidt）曾说过，现在每两天里被创造出来的数据量等同于从人类进入文明社会到2003年之间的总量。按照现在看得到的数据，到2020年，只需要几小时就能生成同样体量的信息。这一飞跃，部分归功于大量涌入网络的视频、图像、音像资料，还有一部分原因在于迅速发展起来的各种平价传感器。关于后者，有一种观点认为到2020年，世界上通过这种传感器产生的数据比重将从2005年的11%上升到42%。这一切导致了海量的数据散落在各处，广大数据科学家的目标就是发明出收集、分析、利用这些数据的方法。大数据领域的成功案例分析很多。其中之一（并非毫无争议）是谷歌 Flu Trends，这个系统可以通过分析关于相似病症的搜索请求归纳其用户所处地区，能够比从前更早地识别出流感的爆发。另一个案例来自于沃尔玛，他们针对每次飓风前顾客的购买行为进行分析，发现手电筒的需求会大幅上升，水果馅饼的需求也同样上升；基于这一发现，他们在下一场暴风雨之前就会增加这些商品的库存。据说自然语言翻译系统和无人驾驶汽车也都是在大数据技术的基础上建立起来的。我们知道有许多方式可以让大数据创造价值，但这方面大多数专家都同意维克托·迈尔–舍恩伯格（Viktor Mayer–Schönberger）以及肯尼斯·库克耶（Kenneth Cukier）的观点：“大数据的核心是预测，把数学应用在大量数据上，以此来进行概率推算。这些系统之所以能够运转良好，是因为它们获取了大量的数据作为预测的基础。”计算机科学家埃里克·西格尔（Eric Siegel）说得更夸张，他认为，“通过疯狂吸收现代社会最强大、最有效的非自然资源——数据，计算机可以自动开发各种新的知识和能力。”如果把这些大数据的观点整合在一起，我们会发现它们在专业工作方面的潜力——成为进行预测、产生新知识的工具。然后，我们必须识别出适用的数据源。我们想到了专业人士在工作过程中所创造出来的数据。这包括他们收集的信息以及他们所提供的指导——医疗记录、法律文件、财务记录、税务申报单、建筑图纸、咨询报告等。在互联网普及以前，甚至互联网时代早期，大多数专业人士对收集、分析数据没有太大兴趣。恰恰相反，大多数专业人士的关注点是他们手头的特定工作，而所产生的数据（即“数据尾气”）倒像是项目结束之后立即可以丢弃的东西。某种程度上，这些数据大多由学术界去收集、研究，这些数据是传统专业工作方式下的副产品。大数据领域的工作成果，可能会为我们揭示出以前没有被专业人士辨识出来的各种规律、相互关系以及观点。这可能会形成某种新的实践经验，也可能为预测提供有价值的线索。这和专业人士随口一说“以前我们也见过这种情况，这有可能……”是不一样的。对大数据加以应用，应当能够发现新趋势、挖掘新知识，而从前专业人士对此并未留意或并不知道。这样一来，数据就成了“可供学习的无价经验大集合”。在医学领域，已经有大量数据集将症状和诊断联系起来做分析；在法律事务中将事实规律和司法判决联系起来；在教学中将学生表现和教学方法联系起来。当技术变得越来越精细复杂，这些数据能够提供从业人士无法提供的医学诊断、法律预测、教育见解。

通过大数据技术产生的新知识属于我们所说的“实践经验”的范畴，不仅包括专业人士自己所创造和应用的那些知识，还应当包括系统和机器所创造出来的知识。判断某一知识是否属于实践经验，并不应该依据它的来源——不管是人类大脑还是数据、软件——而应该看它是否能被用来解决一些特定问题。我们预期以大数据技术为基础的系统将能够以人类相当的水准，甚至高于人类的水准进行推论、给出建议、提供指导。

在此需要强调的是，这些高性能的系统并不会去模仿或者复制人类的工作模式。某个系统将病人的症状和数据库内的千万病例进行对比诊断，这种做法和一个普通人类医生进行鉴别诊断完全不同。系统可能会将某个案件的情况同数以万计的过往案例进行比对，以此来预测法院的裁决，但普通人类律师则不是这样工作的。大数据技术并没有，也不会把专业人士的工作方式变得更加自动化。相反，通过收集和利用大量过往经验，这种技术把以前不可能采取的方法变为现实。用人工智能领域数十年来的领军人——帕特里克·温斯顿（Patrick Winston）的话来说，“有许多可以实现智慧的途径，它们和人类的方式并不一定相同”。

IBM Watson

我们把IBM的Waston系统看作人工智能方面的里程碑，它不是按照人类解决问题的思路来设计的。某种程度上，开发Watson是为了证明机器的确可以拥有高度智能。这个系统以IBM的创始人托马斯·约翰.沃森（Thomas J.Watson Sr.）来命名，开发目标是为了参加美国的一个电视竞赛节目——Jeopardy。这代表了IBM在20世纪80年代被称为“博弈”的AI分支方面做出的最新贡献。之前，IBM还开发过深蓝（Deep Blue），这个计算机曾经在1997年击败过国际象棋世界冠军加里·卡斯帕罗夫（Garry Kasparov）。在20世纪80年代早期，这种系统似乎是不可实现的。大多数国际象棋系统方面的研究人员都清楚认识到，世界上最杰出的棋手似乎都会有创造性的、直觉性的、战略性的跳跃等奇招，连棋手本身都很难说清这些招数的道理，更别说那些试图开发系统的人了。当然最终，在计算能力指数级增长的助力下，通过蛮力计算，这个系统战胜了最厉害的人类棋手，主要秘诀在于计算机会提前预测许多步——和人类的思维模式并不一样。认为这些会下国际象棋的机器所采用的招数和人类思路不同那还情有可原，但如果因此而大肆贬低这些系统的能力就犯下了我们所提过的AI谬误了——这种错误的观点认为开发出专家级甚至更高水准的系统的唯一方法就是复制人类专家的思考过程。这种错误也常常出现在针对Waston的各种评论里。

当然Waston的开发工作是另一种挑战。为了在Jeopardy节目现场能有出色表现，参赛选手必须拥有范围广阔而且具备深度的知识储备，而这正是20世纪80年代时AI批评家对计算机能力提出的质疑。如今这场对弈已经广为人知，2011年1月14日，在一场Jeopardy的电视直播里，Waston击败了两位有史以来最厉害的人类参赛选手，这的确算得上是一项杰出的成就。这个计算机系统，有条不紊地应答着世界上的任何问题，并且比最擅长此事的人类更加精准迅速。无论怎么歌颂这一成就都不过分。对我们来说，它代表着AI第二波浪潮的到来。参加Jeopardy的Watson版本存储了超过2亿页的文件，内置了大量AI工具和技术，包括自然语言处理、机器学习、语音合成、博弈、信息检索、智能检索、知识处理和推理以及许多其他工具。我们再强调一次，这种AI，和20世纪80年代的专家系统那一批AI是完全不同的。回归到信息技术“指数级增长”的话题，有趣且值得一提的是，在2011年，Waston所使用的硬件据说占了一个卧室那么大的面积，而目前它的硬件尺寸相当于三个比萨盒子。到2020年，Waston的硬件可能就只有一个智能手机那么大了。

我们希望读者花点时间去想一想，如果把Waston这一类的技术应用到各种专业技术领域，将能带来哪些跳跃性的影响。IBM已经在准备进行这一跳跃了。在他们的网站上，他们特别说明，“Waston已经开始学习专业人士的语言，接受专家培训来学习从事各种行业的工作”。IBM还谈到“Watson生态系统”，即一个正在开发各种基于Waston的应用程序的社区或组织。律师、医生、银行家、保险公司、教育工作者都已经参与到其中。除了巨大的商业价值以外，2014年早期，IBM还计划在10年里投资1亿美金用Watson来帮助发展非洲的医疗和教育事业。值得注意的是，医疗保健领域是IBM计划应用Waston的主要领域之一，已经出现了各种基于Waston的系统，可以进行诊断、准备治疗计划、进行高标准的研究。尽管IBM和负责该项目的医疗专家对此保持谨慎态度，但目前，在一些任务上Waston已经比人类表现更出色了。

我们预计用不了多久，更多任务将由Waston来执行。目前已经有许多技术可以去支持其他专业工作开发强大的系统。这样一天终会到来——用户可以通过互联网，用自然语言向计算机请教大多数专业问题，并且能够得到合理的答复、有价值的建议、语句优美的支持性文档，而这一切都和人类专家所能提供的服务标准看齐。

机器人

1495年，在意大利，达·芬奇设计且极可能建造了——西方世界的第一个人形机器人。机器人这个单词，来自于捷克语中的robota，意思是苦差事或者奴役。更近的起源来自于捷克作家卡雷尔·恰佩克（Karel Čapek）的剧本，他于1921年首次将这个单词用于他的剧本《罗莎姆万能机器人》（*Rossum's Universal Robots*）中。从那时起，人类对各种“人造人类”（包括半机械人、人形机器人、类人）产生了巨大的兴趣，它们在各种西方文学作品和戏剧中占据了重要的地位。总体来说，机器人这个词汇现在被用来形容某些由软件驱动的机电系统。有时候，也并不总是这样，这些机器人是自治的，也就是它们可以不受人类干预，独立完成自身的工作。但是直到目前为止，这些机器对我们日常生活的直接影响还是有限的。比如说20世纪80年代之际，在学术研究领域，机器人是众多AI课题中比较低调的分支，那时商业世界里占据主流的是工业机器人——它们体积庞大且功能单一，从事焊接、锻接、螺栓连接、喷漆或组装等工作。典型的应用场景是汽车制造业的工厂中。过去十年中，机器人领域所取得的进步是巨大的，美国经济学家弗兰克·利维（Frank Levy）和理查德·默南（Richard Murnane）也一定会表示同意这一点。他们在2004年写下了一本重要的著作《新劳动分工》（*The New Division of Labour*），在书里他们提出了问题：有哪些工作计算机可以完成得比人类更好（以及反过来有哪些工作人类可以完成得比计算机更好？）？有哪些工作将得以幸存下去？他们认为计算机导致“人类工作性质产生了巨变”，并且它们会不断地在“越来越宽泛的领域里取代人类，而且这个清单每年都在增长”，但他们并没有预测计算机将要取代所有的工作。当时他们认为驾驶是超出计算机能力范畴的任务之一。他们说“难以想象”卡车司机有朝一日会被计算机取代。短短十年后，谷歌就已经开发出一支自动驾驶车队。十年内，机器人已经从“车辆制造者变成了驾驶员”，是不是特别意义非凡？到2014年底，谷歌无人驾驶车的行驶里程已经接近113万千米，期间只出了一次事故（据说肇事方是一辆人类驾驶的车辆）。在美国已经有四个州以及华盛顿特区通过立法，允许无人驾驶车辆上路。到2020年，大多数车辆制造商都准备生产和销售无人驾驶车辆了。我们猜测，在某个时候，人们回顾过去时会吃惊地发现“太让人惊讶了，从前人类居然需要自己开车”。

其他各种高级机器人也层出不穷。每年，制造业要安装20万个新机器人（在2015年150万个存量机器人的基础上）。值得一提的是美国的亚马逊公司，2014年他们在10个仓库里使用了15000多个机器人。这支机器人部队负责取下货架上的商品，把它们交给人类雇员。让机器人来从事这些工作更安全可靠也更经济高效。然而，专业人士可能还是很难正视机器人对他们的工作产生直接影响的现实。

我们认为，机器人和专业人士工作有三方面的相关性。第一个方面，对于那些需要手工技巧和精细操作的专业服务（像外科手术、牙医、兽医以及建筑），机器人的参与度将不断提升，甚至取代如今人类的活动。医疗和外科手术领域已经显露出这股潜力——从在医院里负责分配药物、分发纱布的机器人到帮助纽约的外科医生为法国的病人执行远程手术的Zeus手术机器人。仿生假肢技术（Prosthetics）也属于这一范畴。MIT媒体实验室的研究员大卫·罗斯（David Rose）认为，“仿生假肢技术拓展了我们的身体机能，提升了我们的感官能力，以及手脚的灵活度……帮助我们内化了计算机的能力。它变成了我们的一部分，以至于它就是我们”。假以时日，机器元件会变得像我们身体的自然延伸。

第二个方面，与机器人技术和专业人士工作直接相关的细分领域——“机器人感知”有关。这使机器人拥有了诸如检测人类的生理状态及变化的能力。就像我们后面在“情感计算”章节里会讨论的，这将让机器有能力辨别、回应用户的情绪状态。除此以外，机器人感知使得机器能够听得见（信号处理）、看得到（图片处理）、摸得着（压力和图案处理），并且能够识别方位、速度、温度、气压、光线、风力、湿度以及声音。简单说起来就是，机器可以和物理世界进行互动了。

第三个方面可以被称为“陪伴者”。这类系统的代表之一——Paro的商业版本早在2004年就已经面世了。Paro是一种海豹宝宝外形的治疗型机器人，它可爱的外观设计是为了安抚病人的情绪。我们明白并不是所有人都需要一个机器海豹，但是过去十年间，这类系统已经被开发出来，并且从医疗角度做了改进，它们可以为病人提供持续性的陪伴。其核心想法之一是希望借助机器人来照顾老年人。有很多不同的系统，其中有些可以帮助举起重物，有些可以从地板上捡起掉落的东西，有些可以帮助老人洗碗，有些则负责提供陪伴甚至能够表达同理心。如果配合使用之前提到过的感知设备，比如说织进病人衣服里的传感器，这些机器人陪伴者可以和它们的帮助对象进行互动。这里还有一点更加有共性——机器人可能会变成传播实践经验的标准界面或工具。人们不再坐在屏幕前思考应当在谷歌里输入什么搜索条件，而会有一种新常态——和某种机器人陪伴者聊天，向它提问。有些人会把这种类型的机器人当作“可靠的参谋”。

最近与这三种机器人相关的技术基础都有了非常重大的进步。机器人已经大跨步地从工业制造领域进军到精细应用领域了——这些机器变得更小型、更便宜、更灵活、自动化、可移动、多用途，同时也变得更灵巧、更有感知力、能提供更好的陪伴，但这些都只是热身活动。机器人的全球市场规模预计将从2010年的150亿美元增长到2025年的670亿美元。实际上，机器人让人多少有些惶恐，许多人对于机器能够成为富有同理心的陪伴者，甚至可以适应周围环境这样的想法感到不安。我们在此触碰到了日本的机器人专家森政弘（Masahiro Mori）在1970年提出的“恐怖谷”概念。这个概念说的是，机器人越像人类，我们对机器人的情感回应就越积极。但是这种正面回馈只会持续到某一特定程度——

因为当机器人的特征和行为变得与人类十分类似时，我们通常会体验到厌恶的情绪。这一分析中有弗洛伊德的影响，但同时也犯下了AI谬误。我们应该保持开放的心态去拥抱新方式，当自己接受来自外部的同理心时，好好去体会这份宽慰。这并不困难——很明显，我们已经对机器形成了情感依赖。根据大卫·罗斯的观察“设计师们在创造机器人时所使用的小花招之一……就是利用人类心理上的幼态持续——可爱”。我们对水汪汪的大眼睛和银铃般的笑声毫无抵抗力。这把我们引领到另一个相关领域——机器似乎能够表达情绪。

情感计算

1997年，罗莎琳德·皮卡德（Rosalind W. Picard）在她那本开创性的著作《情感计算》（*Affective Computing*）里解释说，她正在“呼唤计算机领域的变革，她认为我们遗漏了计算机智能方程式里的一个重要变量……计算机能够认知并表达情感”。她的意思是，在我们的系统和机器能够处理情绪之前，它们将很难以人类同等智力水平去参与活动、执行任务。

几乎20年过去了，如今情绪机器的概念开始流行起来。在《纽约客》杂志上，拉斐·卡查杜里恩（Raffi Khatchadourian）写过“计算机如今能够超越人类，它们能更好地分辨出礼节性微笑和自发快乐时的真心微笑，它们还能够更精确地辨认出伪装和真实的疼痛”，语音专家已经开发出软件，“它能够通过扫描一位女性和一个小孩之间的对话，来识别这位女性是否是一位母亲”。他还提到了智能手机“经过改造，可以被用来探测压力、孤单、抑郁等情绪，甚至成为情感感知机器”。尽管所有这些都可能使人联想起伍迪·艾伦（Woody Allen）——他说过“我这辈子和机械产品从来不合拍”——然而情感计算已经站稳脚跟，成为了一门学科。它是计算机和心理学之间的桥梁，它的研究方向是调查、研究、设计、开发、评估相关的系统，希望这些系统能够辨认、翻译、回应、生成人类的情绪。这个领域并不广为人知，许多技术专家也忽略了它。尽管如此，最近出版的《牛津情感计算手册》（*Oxford Handbook of Affective Computing*）的篇幅已经超过了500页。就像我们在之前所说的，这个学科正在“迅速成长”中。情感计算所关注的核心是能够识别和表达情感的系统。因此，它并不是一个孤立的“帝国”。它和机器人的某些分支有重合之处。识别人类情绪的传感器通常都安装在机器人设备上，而表达情绪的系统本身往往就是某种机器人。许多专业人士都说解读以及回应病人、客户、学生的能力对他们的日常工作很关键。但是一个计算机系统究竟要怎么来识别人类的种种情绪呢？在实际操作中，基本上都是通过各种传感器去鉴定评估各种生理指标和变化，来实现自动辨识人类的情绪状态。比如，通过脸部表情来传达的情绪，可以通过计算机进行脸部分析；身体的移动可以通过陀螺仪传感器来测量；身体姿势可以通过压力传感座椅来识别；皮肤有导电性——电极可以捕捉到汗液中的各种元素或者电阻的变化；情绪状态也可以通过人类的眨眼模式、头部倾斜角度和速度、点头、心跳、肌肉紧张程度、呼吸频率以及脑电波活动得知。这样一来衍生出无数细分专业，比如声音学（分析声音的技术）、眼神学（研究眼球运动）、基于语法的情绪识别，以及可能最有争议的——幽默感识别等。所有这些创新对专业人士都有着重大的影响，比如，想象一下某个系统能够在一群学生中识别出厌烦、困惑或挫败的情绪。另一方面，用于表达情绪的系统以一套工具包作为基础。开发者面临的挑战之一是制作“话语生成系统”，也称为“语音合成器”或者“人工语音机”，这些系统需要使用声音来表达众多情绪。

这项技术的挑战在于设计出能够模仿、表达同情并且和互动对象进行和谐沟通的机器。为身体和脸部表情进行计算机建模是得到采用的技术手段之一。更加具有野心的技术开发方向是“赋予形体的会话代理”（Embodied Conversational Agents，ECA）。这些都是人类用户的聊天伙伴，具有类似于人类的沟通能力。有些是可以活动的虚拟人类或机器人，可以通过对话以及会话以外的行为和人类进行社交互动，并且会使用适当的声音、声调、面部表情、姿势变化以及手势。把文化价值和社会规范搭建到这些拟人化的代理和机器人里去的工作正在不断进行中，这样一来，它们的情绪反应就能把与文化相关的变量考虑进去了。

这些系统为了识别和表达情绪，需要调用情绪数据库里的海量数据。为了实现这一目标，情感计算已经开始和大数据联手合作了。这意味着情感计算的大型数据库正在构建中，部分数据来自于已有的数据集，部分正在通过众包方式进行采集。数据本身可以以各种形态存在着，有些是纯文本，还有许多视听格式的数据。但最重要的是，这些数据并不针对某个社会群体，它们希望做到跨文化和跨语言。简而言之，大量的数据被收集存储起来，投入使用的数据越多，就意味着机器可以更好地去识别和生成人类的情绪。

针对情感计算的工作并没有到达顶峰。所有在这巨大的、不断延展的技术世界里探索的人们，都渴望系统能够变得更加人性化、易于使用。相应的，与识别、响应、生成人类情绪相关系统的投资也在不断增加。与大数据、AI、机器人的影响相类似，情感计算让我们对于机器将变得越来越能干这一前景充满了信心。

4.7 日益普及的设备

不久之前，计算机的运算能力很大程度上取决于它所占据的空间。只有那些被安放在恒温房间里的大型机器才能完成高强度运算。供应商和高级用户提到大型主机时都带着敬畏，这是一种只有少数有实力的机构才能负担得起的大型机器。但如今，这些大型主机的运算和存储能力已经被手持设备轻松超越了。

20世纪七八十年代，摩尔定律一再得到证明，大型主机被微型计算机所取代，随后再被家用个人电脑所取代。进入80年代中期，第一批可携带的计算机以笔记本电脑的形式出现，虽然比如今常见的现代版本要厚重许多。那时我们用“便携式”这个词来形容它们，但它们看上去像工具箱，分量也像。后来出现了更轻的笔记本电脑（我的第一台笔记本电脑硬盘只有10MB；如今我们一台电脑的重量大概只有原来那台的三分之一，但容量达到了1TB——30年里增长了100,000倍）。

如今比笔记本电脑更加常见的是手持设备，它们主要以手机和上网设备的形式出现。全世界现在有超过60亿的移动电话用户。在这些用户里，大约有20亿人使用的是可以连接互联网的智能手机，这一数字到

2020年时预计将超过40亿。换句话说，世界上使用移动电话的人数将要超过使用牙刷的人（说明“普遍运算”的同时，也说明了牙齿卫生的现状）。同时，作为介于笔记本电脑和智能手机之间的产品，平板电脑正在变得越来越流行（尽管小型平板电脑和大屏幕手机的界限已经非常模糊）。总会有些人没有上网的条件，但是当计算机的可携带性和价格变得越来越亲民，这样的人群会逐渐消失。比如说，在英国和美国，绝大多数人都已经有上网的条件了。仅仅手持设备这一项所引发的变化已经随处可见，但当我们谈起“日益普及的设备”，我们还同时包含了“物联网”现象。无论是称之为“普适计算”或是“普遍运算”，这里的想法就是把处理器、传感器、互联网接入等，预装到实体对象里，就像是把可联网的微小电脑植入到日常用品里去：想象有一个可以查询火车时间的闹钟，万一火车发生晚点，它能够让主人多睡一会儿；一把能够联网查询天气预报的雨伞，如果预报将有降雨，它就会在大门旁发亮通知主人；能够联网更新版本的电子书；能够监测土壤湿度并按需补充水分的花盆；能够监控食物储藏数量并且进行相应预定的冰箱；能够远程开启以及调节的热水器、电灯、恒温器，等等。

计算机运算能力和互联网接入还可以被编织进衣服，或者被整合到其他可穿戴物品中去。因此，我们可以想象这样一种外套：当主人在脸书网上收到其他人点赞时，外套会给主人一个小小的拥抱，或者能够测量距离、消耗热量、心率并且把数据传输给手持设备的T恤衫。拥有图形界面的互联网手表也已经面世，简单的利用传感器监测身体活动的健身手环在今天更是随处可见。对于喜欢极限运动的人，如今的护目镜不仅可以用来提供物理防护，还植入了加速计、陀螺仪、GPS定位系统以及蓝牙。同样还有整合在眼镜上的光学头戴显示器，比如谷歌Glass。但是为什么止步于眼镜呢？有人正在研发直接把影像投射在眼睛视网膜上的技术（用户会看到物体悬浮在自己眼前）。视网膜显示技术指向了另一种嵌入方式，这种提议在最近的一次会议上让我们感到诚惶诚恐。一位八十多岁的老人在演讲过后找到了我们，愉快地向我们吐露心声“如今我连上了互联网”。一开始，我们以为他只是在表达自己终于加入了全世界30亿的网民大军。他一定是发现了我们的无动于衷，因为接下来他拍拍自己的胸口，带着一份拥有高科技玩意儿的自豪感告诉我们，“我的起搏器是和医院联网的，他们远程监控着我的心脏”。这位先生是微型联网处理器的早期尝试者，这种处理器通常被植入人体。把迷你电路装进人类或者动物的血肉之躯——测量、监控、配药、收集并传输信息给专家、病人或者其他系统。商业世界也在使用类似的技术。比如，通用电气公司的“工业互联网”——把传感器装到机器上，把大量数据传送到云端，把物联网和大数据结合到了一起。以上这些变革，就是我们所指的日益普及的设备。首先，平板电脑和手持设备的数量都在迅速增加，意味着更多人可以通过互联网来获取实践经验。其次，同样显著的变化在于，微小尺寸的处理器和通信部件被安装到机器上、建筑物里、人类动物身上、衣服上以及各种日常用品上，这些应用为专业人士提供了种种帮助（其中当然包括医生、牙医、兽医、眼科医生以及建筑师）。据估计，到2020年，联网设备的数量会达到400亿到500亿部，这会让我们再次见证指数级的增长。1943年，IBM的创立者托马斯·约翰·沃森曾经说过“这世界大概需要五台电脑”。六年后，一本知名期刊《大众机械》（*Popular Mechanics*）预言说“未来计算机的分量可能会比1.5吨更轻”。由此看来，我们已经走过何其漫长的一段路。

4.8 愈发紧密连接的人类

当连接到同一个互联网的人数几乎达到30亿的时候，会引发重大的变化。在下文中，我们罗列了许多人类互相连接之后所做的事情。毫无疑问这个清单无法穷举所有可能性，但我们主要关注那些对专业工作产生影响的方面。这些类别之间有许多重合的部分。我们的目的在于让大家对网络世界所发生的事情有所知晓，并非要提供一个无懈可击的分类清单。

沟通
搜索
社交
分享
组建社区
协作
众包
竞争
交易

首先，网络世界让人类可以借助新方式，更大规模地进行各种沟通。目前电子邮件和其他形式的在线信息传递非常高效，语音呼叫（传统电话）的重要性正在降低。比方说2014年，每天人类要发送1960亿封邮件（实际上，平均到每个人身上也有28封）。把这些方法跟视频通话（Skype）和网真（正在稳步发展）放在一起考虑，可以很清楚地看到专业人士和共事方以及服务对象之间的沟通方式正在发生改变。现代的专业工作是在一个由书信往来、面对面会议、固定电话主导的时代发展起来的，但在21世纪，这三大经典沟通手段已经过时。专业人士的工作惯例也已经完成相应的转型了。网页带来的影响也同样巨大，它已经成为大多数人搜索问题时的首选端口了。谷歌几乎无所不能，图书馆和百科全书——这些专业人士在19世纪、20世纪的首要信息来源——已经在很大程度上被谷歌取代了。

然而，一场更大的革命正在上演，新一代的互联网用户，和他们的前辈非常不同。

早期，也就是在20世纪90年代，人们只是网站运营方选择提供的内容的被动接受方。而现在，用户则直接参与并做出贡献。读者也可以是作者，接受方也可以是参与者，用户通过不断增加的各种系统生成内容，再提供给其他人。比如说，人们开发出了各种平台让用户可以进行在线社交。这些系统——最著名的是脸书网，拥有13.9亿用户（地球上每6个人里就有1个脸书网用户）——为那些希望便利地、频繁地保持联系的人们提供场所。用户使用社交平台的强度让多数40岁以上的人感到困惑。通常说来，用户会发布关于自己的信息——新闻、照片、更新、观点以及其他——世界各地的朋友圈子都可以看到。通过这种方式，社交网络已经主导了亿万人的业余生活。连接之后，使用社交网络的人类，通常也会进行分享——照片、视频、幻灯片等。这不是一个可以忽视的活动。每分钟里，超过300小时的视频资料会被上传到YouTube（在线视频短片资源库），这项服务目前拥有超过10亿名用户。互联网用户们分享他们的想法、思想和经验——无论是琐碎的，还是生死攸关的——这一切都是在线完成的。其中有些是通过博客来完成。早在2011年就已经有1.8亿条博文了。在推特这样的社交平台，大约2.88亿人通过不超过140个字的短文来分享信息——平均下来，每天的推文大概有5亿条。许多基于网络的互动都是短暂的、稍纵即逝的，搭建在线社区正在成为一种常态。之前已经介绍过脸书网，已经成了许多类似社区的大本营，LinkedIn也是如此，它常常被称为“成年人的脸书网”。这个网络针对的是职场人群，拥有3.32亿用户。脸书网和LinkedIn都是相当普遍的平台，向所有互联网用户都开放。除此以外，我们也看到不断涌现的各种经验社区——有着共同兴趣爱好的人们在线上聚集起来（工作或者兴趣爱好相关），以异常透明的方式来分享他们的日常经验、见解、成功、失败、希望、失望以及抱负。比如说在Patients Like Me上，医疗服务的接受者根据自身经验，彼此分享各种建议和指导。有时候专业人士还会对外行的经验进行补充。可汗学院就是个很好的例子，学生在接受老师正规指导的同时也互相学习。还有些社区设置了准入门槛，只接受专业人士加入——所谓的实践社区。医药领域的Sermo和法律领域的Legal OnRamp都是非常好的例子。在这种模式下，用户数量会相对较少，因为这些社区并没有向公众开放。这将会成为专业人士们的无价知识宝库，传播着各种艰深课题或者令人感兴趣的技术领域的思想。

人类实现连接之后，最为激动人心的成果也许就是我们能够实现大规模在线协作了。想一想“维基”的概念。维基一词来自于夏威夷语（wikiwiki，意思是迅速），在维基的网站上，每个用户都能够直接修改和增加内容。最为知名的维基网站应该是Wikipedia（维基百科），“所有人都可以编辑的免费百科全书”。维基百科收集了用280种语言写成的3500万篇词条。据说它每个月有接近5亿人次的访问量，有超过69000名主要在线贡献者，长期对各种信息进行完善，并且添加互相参照和引用信息。这种很大程度上自发的行为被称为“大规模协作”。一开始许多怀疑论者并不认为维基百科能够成为值得信赖的信息源，如今它已经成为一种被广泛接受的可靠知识库，而这些信息都来自于一群自查自检的热心人士。大规模协作的核心概念在于，大量互联网用户因为共同的目标而聚集到一起，共同去协作完成一些相当规模的项目。在软件领域也可以找到颇为知名的实例。比如说Linux，这一最为广泛使用的操作系统，就是10,000名开发人员大规模协作的成果。他们已经一起写了超过1700万条代码。大规模协作不仅能够带来稳健、精确、及时的信息，而且并不受限于那些传统的学术或者发布方法。编辑们通常很少会介入，大量的信息和知识通过革命性的方式被组织成文件和软件形式。贡献者持续性地修改和补充，作为一种审核，保证了信息的时效性。

当然，完成连接的人类所开展的合作、协作不一定非得是大规模的。21世纪的工作场景中，中等规模的在线合作也十分常见。15年前，如果专业机构想开发他们自己的在线工作平台，几乎要花费100万英镑以上，用去至少半年的时间。如今这种在线共享平台使用现成的软件，花上几分钟就能设置好。这样一来，即使身处不同国家，人们也很容易成为复杂文献的共同作者。

众包是另一种相关的生产形式。许多人被邀请参与完成一些具体的项目，但项目的完成又不完全取决于某些个人或者传统机构。一种常见的做法是，把大型任务分解成便于管理的子项目，再邀请用户来完成这些子项目。众包利用人们聚合而成的网络来解决具体问题，完成细分工作，甚至为某些提议进行融资。我们再次看到，这些都具备了高度的协作性。各种重担得到了分担：一个问题、一件工作，或者一笔开销被分解开来，一群人共同挑起了担子。众包和大规模协作的概念有一定的重合，但一个众包项目往往具备更加清晰的任务范围和时间表，同时个人或机构明确委托并邀请其他人参与贡献。现在有许多公司专门从事众包业务。比如说CrowdFlower，据说有几百万人可以一起工作，去清理不完整的或者一团糟的数据包；Mechanical Turk是一项亚马逊网络服务，可以通过它向互联网用户发送需求来完成目前计算机做不到的事情；在Watsi网站上，病患可以向所有捐款人募集医疗费用。

这种社交、分享、社区以及协作所显现出来的无私本质是令人震惊的。表面上看，这种合作精神驳斥了关于人性的流行观点——假定大多数人类是自利的。再进一步，这似乎也在挑战古典经济学思想——假定人类都是追求自身利益最大化的，如果看不到明显直接的回报，人们不会为其他人做出贡献。网络上的学术评论界的领军人物尤查·本科勒（Yochai Benkler）在他的著作《企鹅与怪兽》（*The Penguin and the Leviathan*）中，努力为这种明显的慷慨行为寻找合理解释——“合作精神战胜了自利的念头”。他这么说：

> 互联网已经使得社会性的、非市场化的行为从工业经济时代的边缘，转而成了信息经济时代这个连接起来的世界的真

正核心。信息和新闻、知识和文化、以计算机为媒介的社会经济活动，已经成为了我们生活方方面面的基石——从追求民主和全球公正，到商业媒体领域的新潮流，再到最先进经济体的顶尖创新。互联网已经颠覆了信息的创造方式以及人类社会的知识基础。

究竟是什么激励着人们表现出这些“非市场化”的行为？尤查·本科勒对此的解释是一个有用的起点：“人们免费贡献出自己的时间和精力，因为他们认为自己在做正确的事，因为他们认为贡献是公平的，也因为这样可以加强他们的身份感和社区归属感。另外还有一点很重要，因为有趣。”但是，并非所有的网络都支持合作。有些网络反而创造条件并鼓励人们互相竞争。供应方利用网络列出他们的产品和服务，使得自己和其他竞争者一起参与排名，也让接受方能够借此搜索到他们。我们在医药领域看到的BetterDoctor和ZocDoc就是这种类型。在其他网站上，接受方可以主动将服务方进行对比。比如说在Kaggle上，接受方提供数据给这里的统计员们，由统计员们互相竞争来提供最好的分析。InnoCentive使用的是众包精神，邀请人们互相竞争，为一系列难题提供解决方案。

最后一点，这些连接起来的人类，在网络上进行大量的交易。我们在此并不单指在线零售购物，尽管这类交易已经占到英国零售总额的13%到15%。更加值得注意的是，如今交易和交换的直接参与者都是个人，供应链上满是各种批发商、零售商或者其他中间渠道。eBay作为一个在线拍卖和购物网站，是这方面最好的例子。eBay成立于1995年，拥有将近1.5亿活跃交易者，既有偶发性的也有成熟的用户，在这样一个电子交易市场里进行购买和销售活动。光是2012年第四季度，就有价值191亿美元的货物在eBay上完成交易。目前有超过7亿种商品在eBay上等待出售。在这里看不到实物市场，也看不到任何存货的踪迹。eBay同时也是一种很好的服务形式，解放了所谓的“潜在需求”。目前eBay上所完成的交易活动，并不是因为eBay把所有事情变得更简单之后，用户改变了他们在互联网时代前的行为转而开始使用eBay。但事实远非如此，eBay其实是为1.5亿用户中的许多人创造了一个全新的市场。它帮助释放并且满足了潜在的交易需求，而这些需求从前并不明确存在。

与在线零售交易系统有着紧密联系的是，许多在线服务都使用信誉评价系统，客户可以为供应商打分（有时也反过来）。这是一种鼓励诚信经营的有效手段。目前，许多专业服务领域都已经使用在线信誉系统了。同样，在一般的交易中或特定的专业服务领域，在线比价系统也受到潜在客户的高度欢迎。在网上搜索商品或服务的最低价格已经成为一种普遍现象；反过来，这也可能促成一笔在线交易，或者帮助客户在与传统供应商进行面对面谈判时更有底气。

总之，当将近30亿人通过同一个网络将彼此连接到了一起，他们的沟通方式和搜索习惯都会变得和互联网时代之前非常不一样。除此以外，人们还能够用新的方式进行社交、分享、组建社区、合作、众包、竞争以及交易，这些活动的规模在虚拟世界里是无可比拟的。像推特、脸书网、eBay以及YouTube这样的系统和服务，都成了家喻户晓的名字，它们都是人类完成连接后所创造的杰出服务案例。这些服务20年前都不存在，但如今有几十亿人在使用这些服务。它们已经改变了，并且还会继续改变我们的生活和工作方式。《HOW时代：方式决定一切》（*How:Why How We Do Anything Means Everything*）一书的作者多弗·塞德曼（Dov Seidman）说得对，“人与人之间的连接永远不会减弱”。有两个简单的预测使得人与人之间的连接可能会更加紧密。第一个预测是互联网用户的数量将会持续增加；第二个预测更重要，即大多数联网用户对于本章所讨论的以及类似的系统的依赖程度会稳步增加。

4.9 纵观五十载

离完成对信息技术及其对专业人士相关影响的理解还差最后一步。一部分是针对那些可能会这么说的人，“我们见过这世面——20世纪80年代——没什么新鲜的”一部分是为了帮我们形成一个概念——技术在50年里对专业工作所产生的各种影响。

首先让我们倒回到20世纪80年代，想一想那时各种专业工作领域的专家系统和人工智能。在那十年间，我正参与到人工智能和法律的核心开发工作中。对于人工智能来说，这是激动人心的时期，这也是从那时起就被叫作GOFAI（出色的老式人工智能）的鼎盛时期。人工智能这个术语是1955年由约翰·麦卡锡（John McCarthy）正式提出的，在接下来的30年里，许多系统、方法、技术都被归纳到这个大范畴里（以下括号里是20世纪80年代中期所使用的对应名称）：处理并翻译自然语言（自然语言处理）；识别所说的单词（语音识别）；玩复杂的游戏比如国际象棋（博弈）；在物理世界里识别图片和物体（视觉和知觉）；从范例和先例里学习（机器学习）；能够自己生成程序的计算机程序（自动程序设计）；对人类用户进行复杂教育（智能计算机辅助教学）；设计开发出能够模仿人类肢体运动的机器（机器人）；智能解决问题以及推理（智能知识型系统或专家系统）。我当时在牛津大学的项目所关注的就是最后这个类别的理论和逻辑层面——专家系统在法律领域的应用。我们对这些概念进行梳理，因为计算机应用程序能够——至少原则上有能力以人类专家同等或更高的标准——解决法律问题并提供法律建议。1988年，我们从实验室出来走进市场，共同参与开发世界上第一台商业化的法律领域的专家系统。它是法律这个复杂领域的第一个电子法律顾问。最不寻常的是，尽管这样说有点自吹自擂，我们创建了一个问题解决方案，它在各种重大方面的表现要好过律师（这个领域的专家），也就是它知识的来源。完成那个项目之后，我们的兴趣拓展到了税务专家系统以及为审计师设计的系统。再一次，我们深度参与了这些能够以高水平完成专家任务的系统的开发工作。同时，我们也密切关注着正在取得重大进步的医学领域。这些早期的成功非常振奋人心。

然后我们就进入了“人工智能的冬天”，在这一时期AI的发展似乎停滞了。显然在专业工作中，30年过去了，这类专家操作系统远不如我们当时所预期的发展得顺利。出了什么问题？为什么从那时起，我们在法律、税务、审计领域所看到的专家系统如此之少？为什么这一伟大的愿望没有成为现实？这和商业化程度有关——这些系统的开发成本都非常高昂（为了开发系统，专家需要投入大量时间），当律师和会计师事务所的利润都越来越丰厚的时候，整个行业没有理由去拥抱创新科技，来损害他们的连续胜利。然而，如果就此简单地认为这些系统没有市场那就太缺乏远见了。我们认为还有另一种解释，即用特定的角度来观察技术和专家决策方式的发展历史。按照这种观点，根据专家系统所采用的核心技术来评估其可用性是非常局限的。换个角度想一想，可以用两种非常不同的方式来描绘专业工作领域的专家系统。第一种被我们称为“建筑学”——根据所使用的特定方法和技术对系统进行分类。比如说，20世纪80年代，人们对在系统里构建知识结构的各种方式的相对优势有过大量的辩论（有些人认为“逻辑编程”要胜过“语义网络”）。当评论员和学术界争辩说法律、税务、审计领域的专家系统已经失败的时候，他们所指的常常就是，从“建筑学”上来说，基于20世纪80年代的技术所开发的大多数系统，其实从来没有真正离开过实验室。但还可以用第二种方法来定义专家系统，那就是“功能性”。基于这种观点，这也是我们更加认可的角度，即我们对系统的描述与技术无关，而是基于它所能实现的功能。我们对于专家系统的功能性定义从20世纪80年代中期起，基本是这样的：“使用计算机技术，使得稀缺的专家经验和知识能够被更多人更容易获取。”因此，问题的重点并不在于所使用的技术，而在于系统能实现的功能。如果我们接受这种功能性定义，那么如今所取得的相关进步就显得更加积极了。我们来聊聊许多已经可以在网上找到的专业服务。最朴实的那些使用的技巧包括核查清单、流程图以及常见问答，复杂的专家经验如今对所有网络用户开放，并且附带解释，而且常常不收取任何费用。然而，20世纪80年代，当我们研究人工智能和法律的时候，根本无法想象这些系统，显然也是因为那时万维网根本还没有被发明出来。尽管它们并没有使用到我们那时所研究的技术，但它们满足了我们对专家系统的功能性定义，使稀缺的专家经验得到了普及。我们并不认为这些系统就是专家系统或者人工智能。相反，我们认为我们正在从各种方面利用信息技术，就像20世纪80年代的我们在探索如何在专业工作领域中利用计算机。随着技术开发和吸收速度不断加快，移动设备上的应用程序越来越普及，专业内容、指导以及材料都会比我们在20世纪80年代能够预见到的更加唾手可得。

我们还有一个观点：网页的发明，把针对专业工作领域计算机的开发重点，从人工智能和专家系统方向转移到了系统进化（许许多多网站）——工作方式完全被颠覆。虽然还处于早期阶段，但无论使用哪种核心技术，这批新的系统和服务已经证明了它们对非专业人士以及专业人士的巨大价值。它们的业务水平可能还不及专家，但它们已经非常具有实用价值了。

把主流的网站先放在一边，我们现在可以发现，为了大幅提升第一批为专业工作开发的人工智能系统（专家系统）的服务水平，所需要的不仅仅是更强大的系统，更需要变换思路。总的来说，第一批专业工作领域的人工智能开发团队——从20世纪50年代至80年代——试图明白人类智慧所包含的知识和推理过程，并且试图通过计算机系统来复制它们。20世纪80年代的主流方法是以某种方法（通过“知识获取”或“知识工程学”方法）从人类专家的脑袋里挖掘宝藏，然后把他们的知识和经验装到系统里，通常使用决策树的结构，方便为用户提供导航。他们取得的成果是非常惊人的，但是商业或实际应用却相当有限。我们相信下一批人工智能系统不会基于GOFAI当年的技术和研究成果。我们期待着更加充满抱负的应用，而且来自于非常不同的设计理念和概念。

为了掌握非常可能出现的方法上的变化，我们很有必要来探究以下两种可以使得机器在专业工作中表现得更智能的方法。第一种方法是把人类的知识都变成代码，然后装进系统。这种方式，我们说过，正是20世纪70年代至80年代专家系统的做法；第二种方法是让系统拥有足够的能力来完成专业工作。从技术角度来看，第二种方式更有野心——开发出可以处理原始素材的系统。该系统无须预设任何解决问题的路径，仍然能够高水平完成任务。这些系统真的会变得非常强大，我们期待它们逐步被专业工作领域接受。大数据和Watson都是这方面有力的实证。

对于人工智能在专业工作的前景展望已经广泛成为现实了。拿语音识别举例，20世纪80年代的观点是，为了让计算机识别语音，在某种程度上，它需要理解单词所处的语境，这样一来，计算机就需要对周围世界具备整体理解。比方说，对于两句同样发音但意思不同的口语，“She is a tanker.（她是一艘油轮）”，以及“She is at anchor.（她正抛锚停泊着）”，只有了解语境，计算机才能辨别这两个句子分别的意思。因为人类的语言辨识能力是基于语境的，因此曾经的观点认为人工智能最终也将依靠模拟人类的智慧，学习人类处理信息以及考虑周围环境的方式来实现。这将要求系统具备常识以及通识。但是，语音识别最终却是通过蛮力运算、海量数据存取能力以及统计学来实现的。这意味着，比如说，一个好的语音识别系统听到这样一句话“My last visit to the office took two hours too long.（我上一次回办公室路上花了两个小时，太久了）”，能够正确拼写出发音相同的“to”“two”和“too”。它能够做到这些并不是因为它像人类一样理解使用这些单词的语境，而是因为它能够根据统计数据来判断，“to”比“two”或“too”更有可能和“the office”连在一起使用。这种统计概率通过在数据库里进行迅速搜索、排序来计算完成。这是大数据的一个早期实例，机器翻译的开发思路也是类似的（如今已经广为采用，比如谷歌翻译）。

相似的，许多其他方面的人工智能，也是借助蛮力运算以及海量数据存取能力，而不是通过模拟人类思考过程，来帮助机器去完成那些通常被认为需要一定智慧才能完成的任务。推而广之，我们认为专业工作领域的系统进化也将由蛮力计算来推动，把巨大体量的历史数据作为运算基础。这些系统将提供高质量的建议和指导，但是它们并不像熟练的专家那样去推论或工作；不会去模拟人类思考和推论的过程；更不会拥有常识或通识。这些系统将表现出色，但是它们和人类实现智能的方式是不一样的。

在这种观点之下，我们应当重新审视人工智能。对于许多评论家来说，人工智能的冬天只是AI死亡终结的婉转说法而已，但现在看起来AI并没有过时。它只是进入了冬眠期，储存着能量，在地底下安静缓慢地工作着，等待着相关技术发展起来，直到足以满足早期AI科学家们的最初想象。在过去几年里，寒冬过去，冰雪消融，我们看到了一系列重大进展——大数据、Waston、机器人、情感计算——我们相信这些都将推动AI新一轮的发展。

总的来说，从20世纪70年代后期开始，专业人士的工作随着信息检索系统的出现开始计算机化。然后到了80年代，专业工作的第一代AI系统出现了，主要关注点在于专家系统相关的技术。在20世纪90年代的十年里，重心又转移到了知识管理，专业人士不再满足于存储、取用原始素材，他们还管理起了专有技术和工作实践经验。进入2000年，谷歌成了专业人士首选的搜索习惯，甚至发展成了从业人员搜索素材、解决问题时不可或缺的工具。21世纪前十年，我们期待着大数据和搜索方面取得巨大进步。而我们认为，进入2020年以后，专业工作领域将会产生并采用新一代的AI系统。

第五章

知识的创造与传播

第二章、第三章里，我们讨论了专业工作所发生的变化；第四章，我们结合信息架构和技术进步来解释这些变化产生的原因。现在我们开始进入本书的理论核心，在这一章里，我们会把这些观察和论点集中起来。我们设计了一个模型来演示专业工作是如何进化的。然后，基于我们至今所说所做的，把视角从专业工作转移到那些未来将要取代它们的人群和系统上来。

总的来说，本章的目的在于带领大家探讨人类如何处理社会上的某种特定知识。当然，我们在探寻这一概念的道路上并不孤单。几个世纪以来，各方面的学者都把心思花在知识上。比如，哲学家专注于认识论，他们会问一些根本的问题，“知识是什么”“我们怎么才能认知事物”或者“关于哪方面的知识我们是确信的”；社会学家研究知识和权力、文化、阶层之间的关系；律师处理关于知识的所有权、如何保护以及分享方面的问题；知识理论家思考知识、信息和数据之间的互相关系。我们为所有这些研究角度着迷，但它们大多超出了我们平日所言的工作的范畴，我们所关注的特定形式的知识是第一章所介绍的实践经验。

接下来我们将讨论这个概念，看看我们目前是如何创造与分享这些知识的，未来又能够做出哪些改变。我们希望能够向大家展示，在技术互联网时代，知识自身的不少经济特征，使得扩大传播范围、低成本创造与传播这些知识不仅都可能被实现，而且十分值得去做。

5.1　知识的经济特征

实践经验，在我们的概念里，指的是解决问题所需要用到的知识，而传统上这些问题只能靠专业人士才能解决，比如说用于应对健康困扰或者解决税务问题的相关知识。对于专业工作来说，这些实践经验由正式知识、专有技术、经验、专业人士的技巧共同组合而成。但是专业工作并不是实践经验的唯一来源。在本书中，我们认为新的实践经验来源于正在崭露头角的事物——各种日益完善的机器，无论是自动运作的还是由其他非专业用户所操作的。这样一来我们就无须传统专业人士直接介入，就可以独立解决许多难题。

但是任何种类的实践经验，不论它的起源是什么，都是某种形式的知识。知识是一种有趣的“怪物”，有着它独有的特征。我们创造处理知识的手段，与我们创造处理物质产品的方法十分不同。经济学家的伟大贡献之一在于为我们展示了造成这些差别的知识的四大特征。这些特征解释了为什么当社会从印刷工业时代进入技术互联网时代，对专业工作和其工作内容的冲击尤其巨大。现在让我们来聊聊这些特征。

大多数物质产品，即商品是具有竞争性（rival）的，意思是如果它们被一些人消耗了，那么留给另一些人的商品就变少了。如果有人咬了一口巧克力，那么别人能够吃到的巧克力就变少了；如果有人开车去旅行，对后面的驾驶员来说油箱里的燃料就减少了。当人们消费商品时，就产生了所谓的竞争性。但是，知识并没有竞争性，这是知识区别于物质产品的第一个明显的特征。如果我们使用某些知识来解决问题，那么可供后人使用的知识并不会因此减少。律师并不会由于为一个客户起草了合同，而损耗他的见解；为另一个客户准备其他合同时，他也并不会因此而变得无知。医生也不会因为每次诊断而遗忘自己的医学知识。记者不会因为写了许多文章而影响他的分析和交流能力。和大多数商品不同，知识不会因为每次使用而耗竭或者减损。

有的人也许会指出，律师无法同时接待多个客户，医生也无法同时接待多位病人。这样一来，他们可能会说，我们所提出的知识的非竞争性并非完全正确。这其实是一个错误，但是对我们有帮助。他们的错误在于把专业人士所取用的并不具备竞争性的知识本身，和人们传播这些知识的方式混淆了起来——这些知识在传播过程中必须是一对一、面对面的互动，在这点上我们同意他们的观点，但这样的传播方式实际上具有非常大的局限性。

大多数商品还是排他性的（excludable）。这意味着除非人们付费，否则他们无法对商品消费。例如，糖果店的店主在顾客买单之前，可以不让他们吃店里的糖。店主所需要做的就是不把糖果给顾客。知识的第二个特征在于它基本上没有排他性（非排他性），意思是即使别人没有付费，也很难阻止他们使用知识。如果一位律师为客户起草了一份基本遗嘱，客户就掌握了本来属于这位律师的一部分知识，这种情况下，律师很难阻止客户向其他人分享其中的知识；如果医生向病人说明了如何治疗一种简单的疾病，那么他就没什么办法不让病人去和其他人交流这份见解；如果记者把突发新闻告诉身边的朋友，也会面临类似的困境。他们很难去限制别人分享知识，也很难加入限制性条款来使得每次传播都需要付费。因此，律师、医生、记者无法阻止别人使用自己的知识，即便他们并没有付出相应的费用。

但是知识在特定场合和条件下，也可能具有排他性。想一想可口可乐的神秘配方——这是公司里极少数人所掌握的知识。而且这种特定的知识是许多人（包括竞争对手）趋之若鹜的，好在它被成功保护起来了。总体来说，尽管有着以上的例子，专业工作仍然比较成功地把自己领域相关的专有知识保护起来了。在第一章里我们探讨过，这是大交易的要素之一。但我们应当注意，如果想要坚守住大交易的那些主张，必须不断去抵抗不收取任何费用进行知识分享的趋势。

知识的第三个特征和第一个有关。我们已经注意到知识是非竞争性的，每次使用并不会消耗它。在解决问题过程中对知识的利用、循环利用往往能够帮助知识增值（more valuable），而不是减值。老师知道如何上一堂课，咨询顾问了解经营业务的门道，医生懂得应当如何应对某些症状，记者明白如何调查事件并加以报道——这些知识在每一次调用过程中，会不断成长、不断变得更加丰富。经济学家把这种现象称为巨人的肩膀效应（Shoulders of Giants Effect）——正如牛顿对世界的认知是建立在许多前辈的基础上的[①]，其他各种类型的知识也都一样。换句话说，对于现有知识的反复利用通常能够创造出新的知识来。

知识的第四种特征在于它的可数字化（digitized）。这意味着我们

① 牛顿说过，“如果说我看得比别人更远些，那是因为我站在巨人的肩膀上”。尽管据说当时牛顿说出这样的话是出于讽刺罗伯特·胡克，而非因为谦逊。

可以把知识转换成数字形式，然后用电子化手段来运算处理。把知识数字化说得再正式一点，就是我们可以用现代电子学语言“二进制数字”，由0和1组成的二元信号来表述知识。不过知识的大规模数字化，是最近才发生的。库克耶和迈尔-舍恩伯格发现，直到2000年，世界上只有25%的信息以数字形式存储着。但到了2015年，这一比例已经上升到了98%。反过来，商品是无法被数字化的。我们可以用照片来捕捉它们的图像，用文字来描述它们，然后把这些图片和文字转换成数字形式。这正是我们为物品拍摄数码照片，或者使用文字处理软件为某个物体撰写介绍时所做的事情。但是物品本身无法被数字化，只有它的介绍可以被数字化。商品的这种特性引导谷歌的首席经济学家哈尔·范里安（Hal Ronald Varian），把商品区分为可以进行数字化的“信息商品”，和无法被数字化的“工业商品”。借助这种区分，知识在本书的分析语境中特指实践经验，被明确地归类为信息商品。然而，出于前三个原因，我们要小心对待这第四个特征。

首先，我们并不是说所有类型的知识都可以被数字化。正如我们在第一章里说过的，有些专业工作相关的实践经验是不可言喻的——一般来说，人们仍然没有找到合适的语言来清晰表达这些知识，更不用说用二进制数字来记录它们了。专业人士用来解决问题的有些知识看来的确无法“从他们的脑袋里拿出来”，再将它们转换成数字形式。

其次，我们也并不认为一旦知识被数字化了，用于处理信息的技术就一定知道或理解这些0和1所表达的意思。关于机器与思考的问题，我们将在后文中进一步说明。

最后，也是最重要的一点，我们并不认为技术在解决问题的过程中所面对的挑战,和专业人士解决同样问题时所需要动用的实践经验是完全一致的。解决任何一件专业工作都可以有多种路径，向专业人士求助这样的传统方式并不是唯一出路。如果不这么认为的话，有可能犯下AI谬误——错误地认为解决目前由人类专家处理的问题的唯一途径就是先弄明白人类专家的方法，然后机器完全复制人类的解决方案，这种观点过于以人类为中心。当机器变得越来越能干时，机器所拥有并运用的实践经验可能与人类完全不同。

对于那些正在担心无法把所有人类专家脑海里的知识都进行数字化的人来说，最后这一点应该尤其让他们感到宽慰。如同我们之前提到过的，有些知识可能比较隐性，无法用语言描述。比方说，如果让泰格·伍兹（Tiger Woods）解释如何把高尔夫球打得比别人远，他可能会把一些他在挥杆瞬间产生的个人见地分享给我们，也许还能告诉我们几个小窍门。但我们猜想，他无法清晰地表达整个复杂的知识体系。其实他在高尔夫球界的地位是由长久积累起来的各种灵感、直觉和肌肉反应共同成就的。这其中的许多都是无意识行为，通过重复练习和使用来进行反复灌输，有些隐藏得如此之深以至于伍兹自己都没有意识到。但是这些都无法阻止我们造出一个机械吊臂，把球击打得比伍兹更远、飞行路线更完美——这就是运用不同的方法，去解决同一个问题。

总结一下，知识有四大特征，实践经验作为一种特定的知识，也具备着这四大特征：非竞争性，每次使用并不减少别人可以使用的份额；非排他性的倾向，很难阻止不付费的人使用；累积性，在知识的使用和再利用过程中会产生新的知识；可数字化，我们通常可以把知识变成机器可处理的二进制数字。

5.2 知识和专业工作

长久以来，所有专业工作都承认知识在他们工作中所占据的核心地位。通过教育和培训来掌握知识始终是专业工作的一项重点，同时专业人士还需要借助渊博的知识在同行中脱颖而出。但是，当专业人士被告知他们身处于“知识产业”时，不知为何，这一术语无法引起他们的共鸣。类似的，如果专业人士听说他们处在“知识经济”的中心，他们也并不为之所动。

在思考“知识经济”时，有一个简单区别常常被忽略——一方面，有些行业存在的目的就是为了提供知识；另一方面，有些行业高度依赖知识以及提供知识的其他行业。例如，制造业和零售业都属于后一类行业阵营，它们的运营模式通过开创和应用创新性的想法、新鲜思维、新的工作实践、创造性的技术运用以及更加系统性的管理得到加强提升。一家公司依靠这类知识就能够在同行竞争中胜出。但是利用知识从竞争中脱颖而出的企业，与以创造传播知识本身为业务的公司相比，主要的区别在于：对专业工作来说，知识，不仅是帮助提升竞争力的道具，更是行业所提供的产品本身。专业人士拥有其他人并不掌握的知识，他们的角色在很大程度上就是去开发、提炼并且让人们能够使用到这些知识。

如果知识的确是专业工作的核心，那就出现了两个问题。首先，专业人士在自己所处的组织内部，对知识进行创造、捕捉、培育和再利用的做法是否行之有效？在讨论知识特征的过程中，我们了解到知识可以被使用和再利用，新的知识也可能由此被创造出来（非竞争性和累积性）。专业工作应当好好利用这些特征。其次，则是本书的核心问题，也是这章的主题——有没有不一样而且更好的方式来创造知识，并且提供给社会，这种新方法能否完全不需要传统专业机构的介入？

第一个问题是“知识管理”领域研究人士的主要关注点。这些细分领域的专家为人们提供建议，让相关知识得到更有效的管理。表面上看，知识管理在各种专业工作中都有自己的一方天地：医生们有自己的协议，律师们有着案件先例，管理咨询顾问有自己的方法论，审计师有各种核查清单，税务顾问和会计师有预先设计好的电子表格，等等。评论家在谈到知识管理在专业工作中的应用时充满信心，对于形形色色的知识他们会关注：谁（关于组织内谁对某些特定话题了解最多的信息）；什么（具体的技术知识以及概念）；怎样（如何进行一些活动的具体流程）；何地（关于某个具体问题，去哪里寻求帮助、指导，以及专业经验）；为什么（解释各种概念、活动、流程、服务背后的原理）；何时（应当采取行动或者克制自我的最佳时机）。在知识管理领域思考更为深入的专家和评论家承认，专业表现不仅仅由那些正式的、已发表的、明确的知识来决定。他们苦苦思索知识能否变得不言而喻，而专业人士的本能反应和直觉是否能够被清晰地表达出来。

然而，更深层次的检视揭示出一个事实，许多主流专业人士普遍都不愿意分享和再使用他们的知识。坦率地说，专业人士倾向于不向其他同行分享自己所掌握的知识。我们发现，对许多专业工作来说，分享知识是一件反文化的事情。经过培训和部署，专业人士更享受独立工作。即使在大型专业机构里，这些员工事实上也是个体的从业人员，因为机缘巧合来到了同一家机构，共享同一个品牌。比方说，大多数专业机构的奖励系统，无论人力资源部如何抗议，都倾向于鼓励个人成就，而不是团队贡献。再进一步，这里还涉及让人不舒服的信任和信心方面的问题——许多专家并不信任同事能够正确使用他们的知识，另一些人则是为此感到紧张，生怕他们的成果被别人怀疑，因此暴露了他们的无知。在商业上也是这样，知识管理对于追求利润的专业工作来说其实是行不通的，因为他们的收费是基于所花费的时间。如果同行都这样做，愉快地用自己低下的效率向客户收着钱，这些客户也并没有抗议，那为什么要去拥抱知识管理这种工具来减少重复劳动，减少收费的时间呢？

总而言之，知识管理并不成功。它并没有满意地解答我们的第一个问题——专业人士对知识进行创造、捕捉、培育、再利用的做法是否有效？此外，知识管理的专家几乎无法回答我们的第二个问题——是否有更好的方式来创造知识，并且提供给社会，这种新方法能否完全不需要传统专业机构的介入？直到最近，知识管理几乎都是一个完全面向内部的功能，致力于搭建专业机构内部或同一企业从业者的知识平台以及分享平台。如此一来他们的关注点必然受限，他们并没有认识到传统的知识管理手段，创造分享方式，可能都只是临时的过渡方案。接下来的章节里，让我们通过观察专业工作的演化，一起来看看接下来可能会发生什么。

5.3　专业工作的演化

当许多从业人员和评论家提到如今专业工作的商品化或者商品属性，说明他们已经把眼光放到了传统专业工作之外。这里所用到的专业术语并不精准，但概念本身已经足够清晰——大多数领域的专业工作的日常部分已经被精简成标准化操作，因此曾经需要人类专家来执行的任务可以由知识不那么渊博的，甚至是外行人士，在适当的流程和系统的支持下去完成。

在许多关于商品化的讨论中，这种现象被认为是具有威胁性的，尤其是对那些按小时收费的专业人士（原先带来可观收入的工作不再需要这么多时间去完成，也不必非得由传统的专家去完成）。有时商品化也被认为是令人讨厌的，因为在把服务变得日常化的过程中，它将会或者已经降低了服务的价值。如果一部分专业工作中的任务可以被商品化，那么许多传统的专业人士，尤其是怀疑论者和受威胁的人群，倾向于轻视这些任务的重要性，不再把这些活动放在心上。但是就这样放弃这些商品化的工作其实低估了它们的价值——站在接受方、客户或者消费者的角度，这通常是件好事，降低了服务成本，提高了便利度，也保证了更高水平、更加一致的服务质量。

商品化这个术语已经在各种文献里被使用过度了。它所包含的负面暗示以及丰富的语意已经使这个词变得模糊，不再那么有效。然而我们需要思考的是，在此时转换思路是否会更有帮助。这正是我们要提供的——我们要为大家介绍一种人类专家所从事的专业工作的演化模式。图5.1描绘了这种模式。它展示了专业工作成果交付的四个演化阶段：手工制作、标准化、系统化、外化交付（最后一步又分成了三类）。宽泛地说起来，我们认为市场的力量、技术的进步以及人类的智慧共同推动着专业工作遵循图中的模式从左往右移动。一开始人类专家以手工方式提供服务，经历不同的发展阶段，到了适当的时候，大量实践经验将通过互联网以各种方式被提供给社会。我们认为这种从左至右的变化将会发生在所有专业工作领域里，并掀起一次根本性的转型。尽管我们认为这个讲法没什么用处，但这种背离手工制作的情况的确代表着专业工作的商品化，当然从传统到商品的转换并不是一蹴而就的，其实它有着复杂的转变过程。

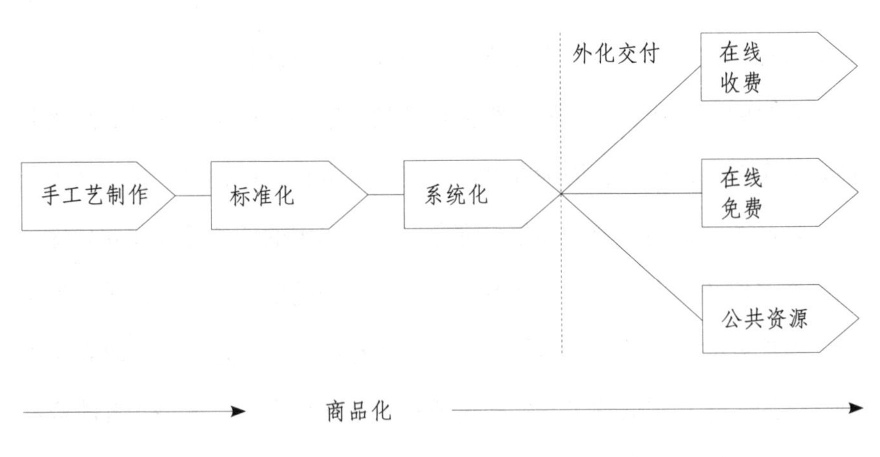

图5.1 专业工作的演化过程

跟所有模型一样，这种演化过程，显然只是事实的简化版本。比如，我们承认有些类别是彼此交叉重叠的；也并非所有专业工作的演化过程都是清晰的、线性的。有些工作可能永远也不会演化到某些特定阶段；有些工作在早期可能不会进化，但到了后期可能会产生突变，等等。但是，它是一种有用的简化。除了它的局限性以外，我们在向众多专业工作推介这个模型以及它的早期版本时体验到了鼓舞人心的效果，它似乎捕捉到了变化的实质和趋势以及专业工作所拥有的选择。我们希望这个模型能够帮助专业人士去解释、预测他们在各自领域内所见到的各种变迁，其次它能够为横跨不同专业工作的比较分析统一用词和概念框架。

这个模型还有一个特征应当从一开始就牢记在心。我们想表达的并不是每种专业工作的具体组成部分——比如，如何治疗一位病患，如何解决客户的法律争端，如何去教一节课，如何审计一家公司的财务数据，如何为读者报道一起调查或故事——其挑战在于为每项工作找到它们在模型中所处的位置。我们所主张的是，任何一份专业工作都可能被分解成不同的任务，然后可以把它们归属到模型中最适合的位置上去。接下来，在本章“5.6分解专业工作”这部分里，我们会更详细地讨论这个话题，但是很有必要在我们展开讨论前把这点记在心上。

四步演化之路中的第一步描述了专业工作被当作一门手艺来操作与交付的时代。对于许多专业人士和观察者来说，这正是专业工作的精髓所在。按照这种观点，专业人士都是手艺人。利用他们各自的实践经验，通常还需要高度的耐心和专注，他们每次都会根据情况从零开始制订方案，针对客户、病人、学生或者顾客自身的特定情况打造服务内容。典型的情况下，这样的方法需要专业人士和服务接受方之间进行面对面（通常一对一）互动。法庭上的律师，手术室里的外科医生，提供辅导的教授，首席财务官的税务顾问，起草头条新闻的记者，翻看账务明细的审计师——所有这些情况中，我们都联想到了一位拥有知识和经验的专家，从无到有创造一个解决方案或者一项服务，就像一个艺术家在一幅空白画布上进行创作，或者一位裁缝在制作一套定制西服。这种专业人士的形象正是很多代年轻人（以及他们的父母）所希望成为的样子。这也正是各种学术论文对于专业工作的预设概念。这同样还是各种文学作品、戏剧和电视剧里的专业人士形象——在法律领域，我们有能言善辩的鲁波尔（Rumpole）以及无懈可击的阿提克斯·芬奇（Atticus Finch）；在医药领域，我们有脾气暴躁却又无比杰出的诊断医生格瑞利·豪斯（Gregory House）；在教育领域，有大家熟知的荷兰先生（Mr. Holland）和约翰·基廷（John Keating）这两位启人心智的老师；巨蟒剧团（Monty Python）则对令人生厌的注册会计师进行了讽贬。尽管这些虚构的角色以及由此表达的对专业工作的认知带着惊悚、浪漫、振奋人心的色彩，但我们相信如今许多专业工作并不再是一门手艺了。并且，在未来几年里，这种定制形式的受欢迎程度很可能也很有必要持续降温。

我们并不认为专业工作的手工艺成分会完全消失。实际上是指大量从前需要手工完成的工作，现在都已经用非常不同的方式来完成了。而且，当成本压力上升，同时出现了更加强大的系统，曾经需要人类专家参与的各种任务将变得简单，初级员工使用适当的系统就可以胜任，有时甚至完全无须人类介入。

我们可以再次用传统手工艺行业做个类比。回顾历史可以帮助大家理解。在伦敦有许多十分繁荣的同业公会（Livery Companies）。这些组织可以被追溯回古代的同业公会（guild），早期它们重点关注如何对贸易进行规范。如今这类机构还有110家，其中历史最为悠久的是成立于1394年，如今位于伦敦五金巷（Ironmongers Lane）的绸布商人同业公会（Mercers' Company）。绸布商人们经营的都是高档服装和丝绸，1888年出现了最后一名学徒，自那时起，和许多其他同业公会一样，绸布商也已经从贸易转型做慈善和教育了。但是绸布贸易商们的命运十分有启发性。交通和通信手段的进步、工业机器带来的影响、人造纤维的发明、大型零售市场的问世、影响力日益增强的时尚行业——这些因素改造了绸布商们的世界，动摇了他们赖以安身立命的小村经济和手工艺人模式。同样的命运也降临在许多其他属于同业公会的行业身上——例如鞋匠（使用优质皮革），蜡烛制造者（把动物脂肪制作成蜡烛），车轮制造者。他们的原始工作方式，以及无数其他手工艺人的工作方式都被革新了。但是有趣的是，人类对于这些产品贸易的需求——衣服、物料、蜡烛、车轮——并没有消失。情况恰恰相反，如今这些传统贸易的交易量比以往任何时候都要大。结论是，市场力量和技术进步把这些手工艺人从我们的日常生活中逐步抹去了。

专业工作中的手工艺元素不断减少已经不是新闻了。演化之路的第二步——标准化，也已经得到了许多专业领域的拥护，因为他们的拥护者有意识地避免对既有项目的操作方式进行颠覆性的改革：管理咨询顾问使用方法论（应用于系统开发和项目管理）；律师使用各种模板和案例；医生需要遵守规程；教师参考上一年度的笔记；审计师、税务顾问和精算师都采用标准核查清单。

当谈论标准化时，我们设想了两种途径来把实践经验变得日常化，以供日后取用：从流程角度，提供核查清单、流程手册、标准指引；从实质工作角度，使用内容可重复使用的标准格式文件。历史上，这种从手艺形式向标准化的转型并不总是纯粹由成本压力驱动的，甚至成本都不是主要考虑因素。更深层次的原因在阿图·葛文德所写的《清单革命》（*The Checklist Manifesto*）中得到了很好的阐述：

> 这就是我们在21世纪开端所面临的情形：我们累积了数量惊人的诀窍和知识。我们把这些内容托付给一部分受过顶尖培训、拥有精湛技艺，并且勤恳工作的人。借助这种方式，我们的确达成了卓越的成就。尽管如此，这些诀窍和知识并不易于管理。本可避免的失败屡见不鲜，更不要提各个领域中打击人的泄气事儿了——从医药到财务领域，从商业世界到政府事务。其中的原因越来越明显：我们所掌握的知识量和复杂程度超出了个人的能力范围，个人无法正确、安全、可靠地传递这些知识。

葛文德通过医药行业的例子让大家理解这一观点：

> 世界卫生组织国际病症分类第九版中的疾病数量已经上升到13000多种……临床医生可以开的药品数量达到约6000种，医疗和外科手术种类达到4000种……在如此庞大的数量面前，（个人）很难做出所有正确的选择。

即便世界顶尖专家也无法仅仅通过培训和记忆，就把工作做到天衣无缝。对于专业人士来说，标准化并不一定带来那些对专业工作商品化发表评论的人士所担心的后果，也就是说，专业活动与任务的价值和地位将会被削弱。相反，我们通过标准化来预防那些本可避免的错误，来保证我们工作中的一致性，防止重复劳动。除此以外，我们经常通过标准化来评估工作的质量——当一群律师、医生、会计或者教师共同协作，参与制订标准流程和材料，通过对这些专家的经验和知识进行提炼，所得到的工具常常能够使得普通专业人士比杰出专家做到更好。事实上，标准化在专业工作中已经十分普遍。我们再次强调标准化并不会完全取代手艺形式。这些能够被日常化的特定任务反而都是由手艺人从各种活动中鉴别出来的，随之被加以改造并变得更加高效。

从手艺活儿转变到标准化尤其需要用到最初讲过的知识的两大特征。首先，它利用了知识的非竞争性——比方说，一个给定的清单或者标准指引可以被复制，被许多专业人士重复使用也丝毫不会受到减损。第二，它利用了知识的可累积性——清单和标准指引使用次数越多，就越容易发现其中的错误或遗漏，越有可能想到并做出相应改进，工具的价值也因此得到提升。

在未来，随着新技术不断面世，专业工作领域将引入越来越复杂的标准化手段，借此进一步利用标准化的各种益处。正是技术催生了那些工具，让人们得以享受到标准化带来的好处。此时进入了我们所说的第三阶段，专业工作变得系统化了。我们在这里所指的并不是那些已经存在数十年的支持性后勤软件（文字处理、数据库、电子邮件等）。我们所关注的反而是那些特地为辅助人类专家完成专业任务，甚至完全为取代他们所研发的系统。标准化的主要目标是减少各种工作量，引入可重复的常规手续，而系统化的主要目标在于把更复杂的技术应用到这些工作中去。我们在这一阶段所指的系统化主要针对专业工作机构内部会用到的，并不包括服务接受方能够用到的各种工具和系统（这些将在第四阶段也就是最后阶段进行讨论）。

在有些专业工作领域，技术可以辅助人类完成各种手工任务，同时提高精巧和精确度。这方面的实例有外科手术中的机器人，以及建筑领域的CAD软件。在专业工作领域里，系统其实被更广泛地用来把标准和流程变得数字化，而这正是我们演化过程第二阶段的特征。这些系统有时候仅仅是电子核查清单，就像审计工作中常用的那些。有些是更有抱负的工作流工具，把工作量大、重复性较高的专业工作变得数字化。有些系统则再进一步，以不同的方式把实践经验直接运用到具体的任务中。在税务领域，这些系统让从业人士可以在线填写自动生成税务局认可的申报表；在法律领域，文件汇编系统会向用户提一些问题，基于问题的答案生成一份草稿；在教育界，个性化学习系统帮助教师为学生们定制学习材料；医学领域有各种诊断工具；会计行业已经使用系统电子化了大部分审计工作……这些应用的运作方式比细节本身重要得多，它们所实现的远不止储存标准流程和文件（演化第二阶段）供人类使用。在某种程度上它们执行了人类专家的工作，即通过和用户进行互动，进行了实质性的输出。

从标准化向系统化的这次演变利用了知识的三大特征。它利用了知识的非竞争性和可累积性——这些工具可以被不断重复使用，其中所包含的知识也不会有任何减损，但工具本身却越用越增值。通过不断使用系统，可以发现不足之处并做出改进。通过重复操作，我们会发现系统的缺陷和极限，会遇到故障和报错，我们将为此进行相应的创新和完善。不过系统化也依赖于知识的另一特征——它可以被数字化。这些工具和系统使用的实践经验都以数字形式来描述，不再收藏在某些专业人士的脑袋或者文件柜里。实践经验因此得以被存储、取用、修改、运用、分享——这大幅提高了便利性，不像从前那样受制于要和手工艺人面对面交流所造成的瓶颈。接下来，实践经验的数字化特征为第四阶段做好了准备。

5.4 向外化交付演化

我们使用外化交付这个词来代表演化进程的第四阶段。在这一阶段，人类专家的实践经验通过互联网提供给非专业人士。正如图5.1所画的，我们认为外化交付可以通过三种方式实现——在线收费、在线免费和公共资源。前面两者与后者之间的区别在于谁拥有并控制着这些外化的资料。尽管这种分类会带来一些艰涩困难的知识产权法律相关的问题，但这样简化处理有助于我们解释问题。

在专业人士（或者他们所属的机构）发现有利可图，决定动手外化交付实践经验的情况下，在线收费模式就有机会繁荣起来。提供收费在线服务的专业人士属于这一类。不可避免的，这些专业人士会同时保留系统和内容的所有权和掌控力。

如果专业人士并不是为了获得某种订阅，但是仍然希望保留对内容的控制，这样的系统可以被归类为在线免费模式。用户并不需要支付任何费用，但这些服务通过其他间接收入来维持（比如说收集用户数据并开发其商业价值），或者由其他机构来资助（比如政府或慈善机构）。专业机构可能仍然希望保留对内容的控制，但它们有可能会妥协，通过对所有权进行部分授权，同意用户对材料进行复制。

以公共资源形式进行外化交付时，各种内容都成为这样一种资源——即使做不到所有人，但能让社会的大多数成员，都可以免费使用、再利用并且有权分享。把实践经验变成公共资源的动机在于让知识变得更加广为人知。为了实现这种目标，知识提供方允许其他人视情况而言，对内容进行编辑、增减、分享并且再利用。专业人士和其他人一样，对内容的所有权和控制权做出了重大让步，使全民都从中受益。

大部分专业人士对在线收费和在线免费服务的概念都比较熟悉，但公共资源模式就不那么为人所知了。这是一个正式名词，特指被一群人共享的资源。劳伦斯·莱斯格（Lawrence Lessig），哈佛大学法学教授，在《思想的未来：网络时代公共、知识领域的警世喻言》（*The Future of Ideas*）这本书里给出了几个有趣又简单的例子。比如说，许多社区公园和公共街道都是公共资源，任何人都不能阻止别人在其间散步；伟大的思想，例如爱因斯坦的相对论，所有人都可以去学习（或者试图理解），没有人能够阻挡其他人去研习。在享用这些资源时，我们无须获得某些人的同意。此时，整个团体共享着相关的所有权和控制权。在我们这本书的语境里，我们所谈论的公共资源是实践经验。管理以这种形式存在的资源是个难题，政治经济学家埃莉诺·奥斯特罗姆（Elinor Ostrom）曾因为她对公共资源，及其所对应的难题（被称为公共资源困境）的相关理论，获得了诺贝尔经济学奖。

从完整性的角度，这三种外化交付并没有涵盖在线提供实践经验的所有形式，但它们有着代表性，指出了传统专业领域正在发生的各种演化。其他并不遵循这一路径的服务包括经验社区形式，以及由机器产生的知识形态。

外化交付三种形式中的任意一种形态，都有两种实现方式。我们把第一种称为“打开金库”。这一想法主张把内部系统——就是专业人士日常所使用的那些系统——向互联网用户开放。守门人或多或少需要开放对专业知识的限制，至少向公众开放自己一部分的实践经验。比如，已经被专业机构采用的系统可以通过互联网，以在线服务的形式直接开放权限给客户。本着这种精神，一些会计师事务所、咨询公司、律师事务所以及税务咨询公司都已经把他们的资源公布到网上。再先进些的内部系统也能够被用于外化交付，例如，税务事务所向客户提供他们内部所使用的工具；律师事务所把文件汇编工具提供给他们的用户。税务和律师事务所的系统和其中的内容，如此一来都被一并打包提供给客户，大致说来，也就是让用户便利地享受到自己动手的自助式服务。

然而，专业领域所开发的、向大家提供的在线资源通常并非来自于机构内部所使用的程序或系统。相反，它们是为了让终端用户可以直接在线操作而设计的，这是外化交付的第二种实现方式。教育领域的在线学习系统、个人税务申报系统、大部分在线法律文件汇编系统、健康咨询系统、商业诊断系统都属于这类。这里的外化交付不再基于既有的内部系统，而是把专家们所掌握的部分实践经验以一种标准形式呈现出来。

现在让我们再来回顾一下整个演化过程，显然在如图5.1自左向右的过程中，专业人士的工作本质发生了变化。在图表的最左边，以手工艺形式交付的服务通常由可信的顾问、杰出专家或思想领袖来提供，然而网上的实践经验通常来自于集体智慧的提炼。同时在整个过程中，不同的技术被行业采用。通常越往右边，相应的技术水平和创新程度越高。它们的创新性正如我们在第三章中所提到的，体现在它们挑战了甚至取代了传统手艺方式。

因此，从情感、心理上，传统专业人士、咨询顾问的舒适地带都位于左端，越往右他们越不适应。换句话说，可以想象当我们逐步远离手工艺阶段，比较保守的专业人士会越来越不同意我们的观点。多数领域的个人从业者更愿意相信所有专业领域的重大变革都早该发生了——除了他们自己的领域。各方面的传统已经深深扎根，过去的工作方法也无处不在，大部分专业人士都很难想象他们的知识和经验——也就是实践经验——能够以完全不同的形式存在。医生有可能接受法律和咨询业务的转型，审计师可能真心支持新闻业和教育业的改革，但所有专业人士共同的偏见在于无法想象自己身处的行业将面临彻底重组。这是我们特别提过的请求，而这点非常重要，因为至少从历史来看，专业工作的变化多来自于内部。如果专业人士无法认识到他们自己的领域需要做出重大调整，他们就不会拥护变化。再说得直白一点，如果医生、律师、会计师和老师都感受到了新工作方式所造成的威胁，他们就更不乐意、也没热情站出来要求消灭自己的工作了。

传统专业人士普遍愿意待在图表左端，但也有例外。当有人要求专家（特别是律师、会计师、咨询顾问、税务顾问，以及其他时间等同于金钱的人士）把按小时计费模式改成固定费用服务时，他们的想法就变了。在商业环境中，从图表左端向右端移动显然可以降低成本、提高效率，从而提高利润率。无论如何，除了来自服务提供方自我维系以及自私自利的目标，还有着更加强大的力量。暂且不谈外化交付这三种形式各自的自有驱动力，我们认为各种经济和技术因素会驱动许多专业工作向演化过程的右端发展。

其中第一点就是成本。通常说来，沿着路径从左往右时，完成专业工作的成本相应下降。这是因为大部分情况下，任务被标准化和系统化之后，比起手工艺时代每次从零开始是节约成本的。一旦创造标准化、系统化流程的初始成本被消化，接下来再次提供服务的成本——边际成本——就趋近于零。这是因为实践经验在得到清晰表述后，尤其是一旦完成数字化，其复制就变得异常简单，这可以把提供额外服务的成本变得非常低。想象一下，复制一份电子文档、一条电子音乐或者一组数码照片，再发送给朋友是多么易如反掌。如果实践经验以数字形式存放，那也会变得同样方便。当我们从左端演化到右端时，处理实践经验相关的固定成本分布也发生了变化。在左端，这些成本主要来自于专业机构，由它们独立承担——它们按照以手艺形式完成专业工作的模式，为所需的办公场所和设备进行投资。但是当我们向右端过渡时，这些资本性投入就由服务接受方来分担了。

在从左向右的过程中，复制实践经验的成本趋近于零，固定成本也得到了分摊，服务价格也不太可能维持在左端的水平。当我们向右移动时，如果竞争足够充分，那么提供每一份服务的价格将逐步接近它相应的成本，也就是边际成本。像我们之前提到过的，这一成本几乎可以忽略不计，那么相应的服务价格也将逐步接近于零。专业人士理所当然会担心他们的服务价格变成零。因此对于专业机构来说，从左端进化到右端是一把双刃剑——既能够降低成本，但同时可能压低价格。这样一来，利润就很不确定了。卡尔·夏皮洛（Carl Shapiro）和哈尔·范里安，两位信息经济学方面的专家已经注意到这两个方面：

因为复制信息的边际成本非常低，如果由市场规律来决定的话，信息产品的价格也应当很低。这将会使得信息产品变得具备市场吸引力——低复制成本——也使它们从经济角度陷入危险的境地。

从左往右的演化过程中，追求利润的机构有两种战略路线可以选择。首先可以选择限制竞争（比如说差异化竞争），这样可以维持较高的价格。另一个选择是在低利润的情况下，增加工作量。这让专业人士产生了另一种担忧——把专业工作全部简化成数字形式，降低了专业工作的价值，同时也削弱了人类专家所能做出的贡献。这是对于商品化趋势的常见反对意见之一。

另一方面，专业工作从个性定制向更高性价比演化的这种趋势，对服务接受方，也就是服务的需求方来说有着重大意义。我们所处的时代正把高品质的专业服务变得高不可攀，因此现在我们可以更精确地说——大部分居民和机构，都在异常艰难地支付着专业机构以传统手工定制模式所提供的服务费用。全世界大公司的CEO和CFO经常抱怨高昂的律师费、会计费用、审计费、管理以及税务咨询费用。这种抱怨通常并非否认专业顾问所能带来的价值，反而是针对专业人士工作效率以及松散的组织发出的不满。无论这种直觉判断或者怀疑是否有足够依据，全世界的管理层都在要求大幅削减专业服务相关支出，尽管他们的工作量反而在增加（尤其受不断增加和持续变化的法规所影响）。同时，中小企业承认他们常常必须自己动手完成许多专业工作，虽然偶尔为之且缺乏指导，但他们根本无力支付外部顾问的费用，也聘请不起内部专业人士。对于这些企业来说，专业工作是靠零星资金来完成的。对个人消费者来说，传统专业人士那高昂的收费水平，更是足以让大多数人望而却步。每个专业领域都有他们特有的问题。比如说，全世界的医疗服务都在因为成本攀高而服务费用高涨；如果让老师和教授都以传统方式来运营高质量的学校和大学，人们普遍认为教育经费是不充足的。

当我们沿着演化路径从左往右，专业工作的成本越来越有望被降低，这时我们相信自然会产生一种强大的市场推力。这种需求不光来自于如今疲于应付账单的客户。我们预计外化交付模式还能够满足潜在需求。这对应着大量有望受益于专业指导，但却负担不起相关费用的、未被满足的需求。沿着演化路径往右前行还有一种好处——总的来说，手工艺成分越低，专业工作的成本就越容易确定。当专业人士采用传统服务形式，整个流程相当开放，没什么限制。询问艺术家、音乐家完成一件伟大作品需要多长时间是很不恰当的。同样的，在专业人士创造服务成果的过程中，询问工作时间表也不合适。事实上，的确很难对专业人士在处理复杂、高难度任务时，所需要动用的创造力、创新想法以及战略观点给出限制。但是当任务变得标准化、系统化之后，服务提供方能够更准确地预估工作量。如果标准和系统已经存在，那么它们在实际应用中的比重就相对固定，而不确定变量——人类的介入——其重要程度就下降了。

服务接受方所组成的市场力量会推动专业工作往右端演化，其中还有一个不那么明显的原因。许多经验丰富的专业人士看到我们的理论，直觉反应就是在路径右端，工作质量无法得到保证。手艺形式被认为是最精细、最尖端的专业手法，几乎被专业阶层奉为神明，在预算允许的情况下，绝对是首推方案，但是目前至少在某些任务上，在线专业服务无论是服务质量、一致性、速度还是便利度，都已经明显胜过传统手艺模式。

比如说德勤针对英国注册公司所开发的税务合规系统。这一应用从超过250名税务专家所掌握的专业知识中进行提炼，能够轻松超越任何一名个体专家的工作质量。类似的，出色的演说家和顶尖专家所做的世界一流讲座，通过在线形式呈现给所有的在线课程用户时，所能达到的效果会远远超过不那么专业、以课时进行考核的老师。或者再看看IBM的Watson，至少在某些情况下，它能够打败以传统模式和病人沟通的许多内科医生。当专业人士不断向右端演化时，他们把自己所掌握的专业知识进行了外化交付，相应提升了服务质量。

总而言之，作为服务接受方的人群有着充分的理由，要求服务提供方从左向右做出改变：不但能够节省费用，而且费用可以变得更透明，服务质量通常还能得到优化。因此市场将会推动许多专业人士远离手艺模式。有些专业人士会非常不愿接受这种变化，但具有创新精神的人就不需要别人敦促。

采用新技术能够提升效率这是毋庸置疑的，但如果仅仅把技术看成应对成本压力的措施就未免显得片面了。另一种动机则来自于人类的天性——好奇心、发明、改良——似乎激励着所有专业领域的创新者挑战传统，探索尝试那些能够辅助甚至全面取代人类的技术。近来，在专业领域的先锋人士中，即便并非所有评论家都同样乐观，但拥抱新技术蔚然成风。相比起来，有些专业人士则因为特别乏味的原因开始采用新技术——他们不想成为落后人群。即使最为保守的专业人士都在逐步进化，以免在技术被社会广为采纳后，他们的工作方式变成了“老皇历”。因此，即便有些人行动迟缓，专业人士最终仍然会拥抱个人电脑、网络、电子邮件、平板电脑以及未来的新技术。

5.5 解放专业知识：工艺品变成公共资源

实践经验按照外化交付模式公布到网络之后，大量机会涌现出来。在传统模式下，无论是否经过标准化和系统化的改良，专业人士仍然是他们所掌握的专业知识的守门人。标准化和系统化可能会改善工作效率，但专业人士牢牢把握着通往实践经验的门锁和钥匙。作为守门人，作为交互接口，专业人士对试图接触实践经验及其知识来源的人士保持着高度警惕。

如果一部分实践经验能够在线上完成创造与分享，那我们可以想象，大量知识将被发布到网络上。专业人士无法再将它们牢牢控制在自己的大脑里，限制在出版物和标准操作流程里，或者仅仅把它们用于内部系统和工具。此时，外行人士可以直接接触到它们。基于非竞争特性，反复使用也不会对知识造成损耗。基于可积累性，使用者还能够进行分享、调整和修订，反而更有助于知识得到补充和增值。只有当实践经验以这种方式被外化交付之后，我们才能够充分利用知识的这些特性。在印刷工业时代，这些特性无法被唤醒，大部分也没法实现，但在技术互联网时代，知识以数字形式存在，因此得到了解放。

然而，各领域的知识解放程度其实各不相同。如果专业机构把实践经验打包成可以付费预定的线上服务，其实算是一种比较初级的解放。此时内容并不是免费提供的，尽管比起通过和专业人士接触获取信息已经方便许多，但古老的守门人角色仍然存在。如果专业知识真正做到了免费分享，那就是进一步的解放，但通常这些用户也无非是信息的被动接受方——提供方控制着内容，并且控制着这些内容何时以及是否可以被复制使用。

最彻底的解放就是把知识变成一种公共资源，由专业机构以外的人拥有并控制这些信息，并且可以进行二次开发和再利用。第三种选择代表了专业知识最全面、最根本的解放，终结了一个时代——先是由人类专家轮流拥有并控制实践经验，后期则组成了各种专业机构集体掌握这一特权。这种形式的解放基于知识的另一个经济特性——非排他性，也就意味着很难阻止人们在不付费的情况下继续传播知识。如果这一波解放来势如此凶猛，那我们就应该顺势而为。

人类社会究竟会更青睐第三种全面解放、第二种部分放开模式，还是第一种最小限度做法，是一个综合了商业、政治和道德考量的复杂问题。我们还不如问问自己，究竟什么样的激励机制能够推动专业人士选择第三种，也就是最彻底的解放形式。

5.6 分解专业工作

在这里让我们稍作暂停，澄清一下。我们并不是说，在日常工作中，专业人士和协助其管理工作量的人们的挑战在于把每个特定的项目、合同和服务一一对应到演化过程的不同阶段上。这并不现实。比如说，很少情况下能够把客户或者病人的问题简单用标准化的手段来解决。用于解决问题的专业工作——咨询、谈判、指导、写作、建议等——都并不是无法分割的整体。每件工作其实都是由许多不同的任务、流程和活动构成。如果参考我们的演化路径，其实真正的问题在于——在需要专业人士意见的场合下，如何把工作进行分割、拆解，使得细分后的工作在演化的四个阶段上找到最佳平衡组合？

再说得具体些，我们希望把专业工作进行分解，变成各种任务——可辨认的、清晰的独立模块。完成分解后的下一步挑战就是为每种类型的任务匹配最有效的完成方式，需要考虑任务本身的性质、人类介入程度、分解后的任务是否能够方便地进行汇总，以及如何为用户提供具备整体一致性的服务。如何把专业工作分解成不同的任务并没有固定的方法。通常分解得来的任务和原来的工作生命周期高度对应。但是有些情况下，分解任务的过程就会发现异常和矛盾，需要重新设计整个工作架构，最终结果和原来的做法就大相径庭了。我们把负责拆解专业工作，冷静评估构建任务体系的人称作流程分析师，他们是未来专业人士的社会角色之一。

照此思路，人们不再认为工作不可分割，这样一来就能想办法把每件专业工作变得更高效。它还有第二个作用——帮助我们思考专业工作的未来是什么样的。在日常会话中，当我们讨论不同人的工作时，我们常常说的是不同的职业。当我们提到专业人士时，所指的包括律师、医生、老师、记者、会计师等。但是，职业这个概念并不那么具有启发性。这个叫法没什么用处，就像工作这个词没太大意义一样。对于任何领域来说，职业本身也不是不可分割的整体。如果想对专业工作的明天进行思考，那研究各种职业的实际内容才是有意义的，应当专注分析他们的职业究竟由哪些具体任务构成。

这里更深层的问题是，工作中任何改变通常都发生在具体任务层面，而非笼统地与某种职业相关。试想如果我们引入一种新技术，把专业人士的一些工作变得计算机化，接下来会发生什么？医生可能会发现远程心脏检测仪器能够减少面对面检查的频次。但如果说这会消灭医生职业，那就太夸大其词也有失准确了。有些新技术还能帮助专业人士创新，采用新的工作方式可以解放医生，让他们有更多时间去从事研究工作，那这一领域，也显然产生了变化，但我们并不认为新工作就此被“创造”出来了。所以，从职业高度来讨论这两种变化是不合适的。

我们想表达的意思是，有时候医生职业的确变得不一样了。在具体任务层面研究问题的话，条理会变得更加清晰。实际情况是，医生们需要执行的任务变得不一样了。在我们的例子里，一种新的技术抢走了他们的一种特定任务（面对面检查心脏）。但医生也会有一种新任务，或者如果他们从前从事研究工作的话，就可以花更多精力在既有事务上。这就是为什么职业这个词太宽泛。在任务层面探讨问题更有助于我们了解真相。

当然，如果其他人或者新技术拿走的任务达到一定数量，那专业人士可能真的就失业了。这种情况下，可以说某个职业被消灭了，但如果是为了清楚思考任何职业的未来和可持续性，我们都应该想着具体的任务，并以此为起点。正如医生这个例子所表明的，职业的变化最初起源于任务层面的变动与调整。他们失去了一部分任务（其他人或者机器取代了他们），也获得了一些新的任务。这对未来有着深远的影响。

这样思考还有一个更为实际的原因。如果我们使用职业思维，而不是任务思维，我们会更乐于把专业工作想象成人工的、自给自足的独立空间。比方说，法律问题就应该全部由传统律师来解决，健康问题由医生来应对，等等。但其实，客户和病人的问题通常超越了职业边界。更为全面的做法是按照分解后的任务，而不是职业来评估专业工作。以任务为基础进行分解这一做法有着它的传统。许多经典社会理论学家都深耕过这个课题，尽管当时他们的研究对象是制造业，而非专业工作，他们所使用的词汇是“劳动分工”。21世纪早期，经济学领域诞生了一个重要的想法，其代表人物是麻省理工学院的一位经济学教授大卫·奥托尔（David Autor）。从法律职业的角度，我们从20世纪90年代中期就开始采用类似做法了。1996年我们首次在《法律的未来》（*The Future of Law*）里提出以任务为单位来分析法律工作。2000年我们在《改造法律》（*Transforming the Law*）里把这一思路变得更加正式，我们提出法律工作应当被“分解，把这些经过分解的任务交给律师事务所以外的其他服务方，性价比可能会提高”。2008年，我们又在《律师职业终结了？》（*The End of Lawyers?*）里用到了这个概念，在本书的讨论里我们沿用了同样的方法：

> 我认为任何法律职业或者法律工作类别都可以被分解，也就是说，可以被细分为各种任务、流程、活动……我用“任务”这个词比较笼统地概括了任务、流程和活动。任务是可以被辨认的、相对清晰的独立模块。

5.7 经验的创造与传播：七种模式

有些专业人士无法接受在网络上（以任何形式）公布自己所掌握的知识这种做法。有些人甚至不愿意将自己的专业知识标准化或系统化，而一味希望保留传统做法。但是终归会有先锋人士出现，在网络世界积极尝试各种机会，他们可能会找到一种更赚钱的业务，或许也可能提高自己的服务质量。

实践经验总是来自于人类专家，一个人不断操练某种专业技能，成为一名专家，将他的实践经验标准化，然后加以系统化，最终就可以实现外化交付了。当然也并非所有的实践经验都来自于人类。基于我们在前几章所呈现的不断发展的技术手段、本章早先探讨过的知识特性，以及已经被投入使用的新系统和新工具，事实已经很清楚——实践经验可以通过其他方式被创造以及传播。除了专业人士以外，普通人以及专业人士的助手，借助各种机器、系统和工具，或独自工作，或通过网络、在线社区进行协作。所有人都在各施所长，着手解决专业性的问题，而这些问题过去都是交给专业人士打理的。

根据以上情况，我们可以找到两种全新的、特征明显的实践经验的创造方式。第一种来自于非专业人士，第二种则来自于人类的帮手——系统及工具。从某种意义上说，这也创造了两股新的劳动力，它们有望替代传统专业人士的工作：第一种情况下，工作可以被重新分配给不同类型的人；第二种情况下，工作可以被交给机器。因此，对专业工作未来的发展进行预测，不能只研究传统意义上的专家，必须将这两种新的劳动力一起考虑进来。

在部分场景中，这两种全新的经验创造方式和传统的专业工作之间有着明确的边界，它们各自的工作内容完全不搭界。但在有些情况下，一些大胆的专业人士和机构会采用这些新的手段来取代人类专家的工作。我们已经看到的实例包括：IDEO设计公司开始尝试在线社区模式，让设计师和普通人一起工作；Rocketship Education采用了由程序员设计的学习系统，来辅助传统的教学工作；《福布斯》杂志社和美联社已经使用了由人工智能专家设计的软件来发表部分新闻，作为对传统工作方式的补充。专业机构仅仅由各种人类专家，比如咨询师、教师、记者等构成的时代已经过去。当然以上提到的混搭协作形式显然还没有成为时代的主流。总体而言，专业工作目前仍然坚定采用传统模式，从人类专家手里获取各种实践经验。

然而，我们的目标不止于此，我们的研究对象将超越传统专业工作，超越这些专业人士所掌控的实践经验的边界。我们汇总了本书中诸多的观点和证据，希望在更宽泛的范畴内，探讨创造与传播实践经验的方式。学习经济学家的表达习惯，我们将创造与传播实践经验的模式归纳为七种。

传统模式

专家网络模式

专业人士助理模式

知识工程模式

经验社区模式

内嵌知识模式

机器生成模式

其中，传统模式代表了目前专业人士的主流工作模式，其余六种都是可供选择的替代方案。随着近年来技术的不断进步，这六种模式都具备可行性，起码指日可待。我们明白这些模式并不同等适用于所有专业领域。有些特性，比如一对一的互动，可能仅适用于某种工种（比如医药，但并不适用于新闻工作）。尽管细节可能不尽相同，我们期待所有模式都能在合适的领域里生根发芽，并且因地制宜发挥价值。

传统模式

第一种创造传播模式就是传统模式。一般说来，人类专家提供服务的形式通常是实时的、需要面对面互动的工作报酬基于所花费的服务时间。目前各种专业服务主要都采用这一方式。这种传统模式下，相关的实践经验都来自于人类。基于不同的情况，专业人士可能并不需要借助额外的研究或准备，已然拥有足够的经验来独立完成服务；但他们也常常需要引用外部信息源、网络信息以及同事的见解来完成工作。换句话说，实践经验往往以个人专家的经验和培训作为基础，为了完成工作按需制作，甚至有时现场即兴创作而成。通常专家会使用行业内学术圈所发布的数据、机构内部的知识储备，或者业内广泛使用的信息系统。

为某种场景个性化制定的建议、指导和服务一般都是针对特定客户的具体需求。因此，其中的知识都是为了每个用户特地提炼的。这种服务往往需要通过面对面讨论、演示、书面报告（打印的或电子版的），或者电话视频探讨来完成。大多由人类专家通过一对一的形式来完成服务。尽管服务期间获得的知识以及所做的研究可以为后续的工作服务，但所形成的成果通常并不是为了再利用。按照第三章的说法，辅助传统模式的那些技术，其实是自动化工具而非真正的创新。实际上它们是用来简化长久以来的传统工作方法的技术，但并没有向现状提出挑战，更谈不上进行变革。工作内容本身是劳动密集型的，常常需要高级专家和低级别的专家一起工作。传统模式下的专业服务是被动的，也就是说主动权总是掌握在客户、病人或者学生手里，因此需要非专业人士自行辨别是否需要、何时需要外部专家的帮助。对于知识产权的所有权，除非事先清楚约定将进行转移，否则通常情况下专业人士保留相关权利。

如果你想亲眼见见传统模式，那你可以去拜访几乎任意一家医院、学校、律师事务所或宗教场所。

专家网络模式

创造传播实践经验的第二种模式叫作专家网络模式。人类专家需要参与其中，但与传统模式相比，其不同之处在于，专家不再单枪匹马工作，他们有相对稳定的组织和团体，加入专家网络以虚拟团队的形式一起工作。这种模式下，实践经验仍然来自于人类，而且目标仍然是通过定制服务满足客户的特定需求。然而它和传统模式的差别是相当大的，不止一位专业人士参与其中，他们是流动的、互相沟通的，他们轮流针对客户的需求提供自己的服务。

在这种模式下，专业人士们通过互联网而非实体机构，正式或非正式地聚集到一起。专家团队，大多都是自由职业者，使用在线平台沟通互动，组建临时联盟解决客户的特定问题。专家网络的规模和构成不尽相同，有以个人身份参与的，也有大型团队。成员之间通过各种方式互动。有时是互相协作性质的，团队成员齐心解决一个共同的挑战。但更常见的是竞争关系，网络中的个人专家分别提出方案，以供比较选择。这些专业人士彼此之间并不一定认识，他们在工作过程中并不需要面对面接触，尽管有时也会见面。这些专业人士并不是传统意义上的白领，也不是蓝领工人。为了更好凸显他们的特色，我们乐意称他们为“开领”工人。

在这种模式下，和服务接受方的互动方式也变得不一样。他们的工作范围、复杂程度和时间要求变得很不一样。和传统模式相比，服务变得即兴、需要迅速响应，专业人士变得“随时待命”或“仅在需要时出现”。这种安排对响应速度要求很高，因此简短独立的工作包就比长期复杂的项目更适用。客户识别出特定的问题，个人专家受到召唤、组建团队，任务完成后直接就地解散。各种安排和关系都是临时的。在线选择扮演了很重要的角色，客户会使用个性化的搜索引擎寻找合适的服务提供方，基于客户体验评分系统做出选择，有时候会打电话给工作人员来帮忙组建团队。在服务交付过程中，技术很关键。这算创新而非自动化。它使得传统专业人士能够聚集起来，互相协作，以团队为单位提供服务，而这种结构以前是无法实现的。印刷工业时代里不可能实现的人才和实践经验的组合变成现实。和传统模式不同，服务成果不需要总是和客户面对面交付，但又真正做到了即时沟通。服务本身还属于被动的，客户提出需求，服务提供方并不会主动提醒。

除非协议明确约定转移所有权，否则专家网络里的人们大多会保留服务内容的知识产权。但是，这一模式的平台（如果是一个独立实体的话）并不属于或受控于那些参与工作的专家们。

这种模式以许多形式存在。人们在BetterDoctor和ZocDoc这类搜索引擎上浏览医生清单；10 EQS和Axiom Law帮助人们组建临时咨询顾问和律师团队；作家和记者利用社交网络保持沟通，与读者、传统新闻机构进行互动；还有在线项目管理系统，比如说建筑领域的BIM。

专业人士助理模式

接下来是专业人士助理模式。它和传统模式类似，通过一对一咨询方式完成服务。但服务提供方不是专家，而是在专业领域内经过培训的初级人员。这些人员在没有指导的情况下无法独立可靠完成所有工作。事实是，这些初级人员可以借助那些通常由专家设计的程序和系统，以此大幅提升他们的服务质量。这和目前市面上的律师助理和护理人员是两回事，他们的职责是独立操作一部分有清晰界定的工作。而在这一模式下，专业人士助理的能力得到程序和系统的增援，帮助他们进入那些以前由专家掌管的领域。这种模式下的知识成果也就成了一种组合，助理们的技巧加上标准化、系统化之后的专业知识。这是一种共同努力的结果，通过开发辅助工具来帮助专业人士助理。这些辅助工具的开发者是经验丰富的专业人士，他们拥有可观的知识和经验储备，加以提炼形成程序及系统，为助理们的工作提供帮助。这些标准都具备普适性，让助理们可以应用到不同的客户和项目上。仅仅依靠程序和系统，没法为服务接受方直接提供个性化方案，但结合专业人士助理的技能之后，就能精准完成任务了。

服务形式很可能是一对一的。互动通过人类来完成，可能以即时对话形式，也可能以专门的文档或者建议来交付。实际工作的内容通常不会被再利用，也不会被其他人使用——律师助理，使用恰当的工具，交付定制化的服务（尽管助理们所使用的标准和系统，其工作原理具有高度普适性）。

为专业人士助理提供支持的技术分为两类。第一类技术类似于传统模式，对传统咨询流程进行自动化改造。第二类技术，超越自动化现有流程的程度，为助理提供可以部分复制人类专家能力的高级系统。随着时间积累，这些系统会变得越来越强大。时机成熟之际，助理的知识就能由机器来创造（见本章最后一个模式）。实际交付服务的人类助理比起传统专家来说，通常更具备成本优势。除此以外，助理模式要求专业人士投入精力来准备流程、开发系统。通常助理们的服务是按照固定费用，而不是计时方式计费的。和传统模式类似，助理模式的服务通常也是被动等待召唤的。服务过程中所产生的知识产权，除非另有约定，否则将会由开发程序系统的专家和提供服务的助理共同享有。

Waston和护士联合工作就是一种助理模式。初级教师由顶级在线课程、在线学习系统共同辅助，就能够大幅提升课程水平。自由职业者博主使用标准模板，根据社交网络的信息，把他的作品发布到在线平台上，也属于这种模式。

知识工程模式

第四种模式叫作知识工程模式。此时，用户可以通过在线系统直接接触到实践经验。这一模式最早出现在20世纪80年代，当时的主流人工智能系统就是这样的理念。

在知识的创造过程中有两个任务。第一个任务，需要识别出既定专业领域内有条理的、证据充分的知识，这些通常可以从教科书里找到，然后把这些知识以某种形式整合到系统里。第二个任务，也是更重要的任务，是去挖掘专家们所掌握的知识精华。在人工智能领域，这被称为知识启发。人类专家所给出的知识通常缺少结构性，也比较随便——基于经验。专家能力高低其实都是实践技能水平的体现。有时候专家会觉得他们的知识讲不清道不明，更像是本能反应和直觉。但是通过内省思考，在知识工程师的帮助下，他们会发现知识原来是可以被设计成模型的。从专家身上总结的经验也被加到系统里，与之前已经录入的书面知识一起，供资历较浅的专家或外行人士查询。

这种模式下知识的呈现形式具备高度普适性，人们可以把它们应用到各种不同的情景中，因此系统里的知识并没有经过个性化打造。系统里的知识结构更像是一棵大型的决策树，用户可以通过一些问答互动，在这棵树上自行上下求索。说到底，用户根据具体的指导进行操作也是一种个性化方案，我们在前文中曾经介绍过——大规模定制。

在知识工程模式下，实践经验通过在线自助方式进行交付和传播。用户不需要和人类直接接触，就可以自行取用系统里的实践经验。知识工程模式实现了一对多的专业服务交付模式。从这个角度看，它与传统模式、专业人士助理模式相比做出了重大的改进。在后面这两种模式下，每次都要针对用户需求从零开始准备，而且服务成果是一次性的。一旦知识经过工程设计，同一批资料就能为不同用户的各种情况提供服务。内容本身，正如之前提到的，也不由人类专家，而是通过某种在线服务形式来交付。

知识经验经过系统性梳理发布到网络上就成为了一种共享内容。知识可以被反复利用，不像在传统模式和专业人士助理模式下，知识都是一次性的，很少被循环利用。帮助实现知识工程模式的技术是属于创新性的，因为它们创造了一种全新的实践经验分享方式。换句话说，这些系统并不是简单地把传统专业服务变得自动化了而已。专业人士或助理们，本来是需要参与服务的，如今他们的角色被架空了——不再需要他们直接参与到提供服务的价值链上。

知识工程模式的开发与交付需要三类人的参与：课题专家，他们的实践经验将被收纳到系统里；知识工程师，负责对实践经验进行梳理和表述；在线服务提供方，进行系统整合，让用户能够接触到实践经验。参与到系统开发过程中的个人，有些会收取费用，有些则免费参与。同样的，有些在线服务收取低廉的甚至是零费用，但另一些平台则收取相当高昂的费用。

这类在线系统有时提供被动响应型的服务，比方说用户意识到他们有问题需要求助。不过，这些系统也可以，至少理论上，采用更加积极主动的服务形式，比如说发布在线提醒或者风险预警。在知识工程模式下，实践经验相关的知识产权通常属于那些搭建平台的人（知识的源头、人类专家，都不一定会成为所有人或者共有人，甚至或许不会参与利益分配）。

第二章里我们提到过不少知识工程模式的案例：自助医疗诊断系统，自助服务式税务申报软件，在线合同起草工具等。

经验社区模式

第五种模式是经验社区模式，这和实践经验获取方式的进化趋势是一致的——协同获取——借助从前接受过专业服务的人，或者靠自己钻研解决过问题的非专业人士的力量。因此这些人都有实力去分享那些为他们所用的技巧、方法、观点和知识。有一群坚定的参与者，他们不断地编辑、补充、更新这些经验集合，就像Wikipedia和Linux的运作方式。在这种模式下，人类通过各种方式创造出系统里的内容，而并非那些拥有资深经验的专家。

另一种方式是，问题和挑战出现之后，向众多社区成员发出召唤，每个成员为解决问题做出适度贡献。这是众包的一种体现形式。按照这种方法拼凑起来的内容和知识工程模式比起来，会显得缺乏结构性，普适性也较差；如果和传统模式比较，又显得不那么专注。因为缺少专家的参与，答案比较缺乏条理，定制程度偏低，但是由于收集到大量详细的经验，又能够给人个性化定制内容的感觉。

我们再次发现，传统的顾问被去中介化了。这种特殊的实践经验的交付方式通常参照一对一的服务，但当经验成果公之于众，其他人都可以详细阅读并加以利用，那么，它就转变成了一种多对多的服务。虽然人类还是扮演着社区的核心，负责产生内容，但最终的交付肯定是在线的，不需要人类参与了。内容本身此时成了一种共享资源，社区成员对内容会积极出力，也会经常从中取用内容，内容开始以公共资源形式存在。

促成这一模式的技术，宽泛说来，属于社交网络范畴，让非专业人士能够互相协作，创造共享的经验集合。这些系统并没有对传统专业领域的工作方法进行自动化改造。其实这些系统是非常具有创新性的，成就了多年前根本无法想象的实践经验共享方式。

表面上看，这一模式的人力成本应当是很低的——通常，知识由志愿者来创造并传播。但是，这些内容以及它们的用途是具备社会及经济重要性的，因此一定程度的专家审核和编辑指导是有必要的。大多数情况下，系统的投稿者并不指望得到报酬，用户也没有付费意愿。大多数服务都会是应对用户所面对的问题或状况的，不过也可以清楚看到社区可以提供更具有主动性的指导。在特定社区里，成员们通过日常互动，一般十分了解社区所具备的能力，这样就可以更早地意识到自己所需要的帮助以及社区所能提供的协助。当我们通过社区众包形式获取实践经验，相关的知识产权很有可能并不属于投稿人士，而是采取共享模式，也许可以参考知识共享组织（Creative Commons）的知识产权制度。

第二章提供过一些实例：医药领域的PatientsLikeMe；教育界的Edmodo；神学领域的BeliefNet；新闻界的GlobalVoices；咨询行业的OpenIDEO；税务行业的AnswerXchange；建筑界的WikiHouse。

内嵌知识模式

内嵌知识模式是我们介绍的第六种模式，需要将实践经验提炼成某种形式，再把它构建到机器、系统、流程、工作方法、物体，甚至人类和动物中去。总的来说，这种模式让知识变成某一主体的组成成分，或者主机的一部分。这种设定不需要特别调用，它自动被启用。举个例子，宗教定制款的智能手机被预设只能进行有限的上网浏览活动，这样一来严于律己的信徒们就无须担心自己会点开“非洁净”网站。另一个例子是智能建筑，它们安装有传感器和系统，能够按照环境法案的规定去测定并调节室温，这样就用不着麻烦律师和合规专家了。如今，这些系统里的设置条件基本都是根据知识工程模式创造出来的——使用人类给出的知识作为源头，再借助传统的知识启发技巧进行系统化梳理，完成清晰的表述（尽管未来的知识可能由系统来创造——见最后一个模式）。不过其传播方式就和知识工程模式非常不一样了。知识并不是储存在某种在线系统里供人取用，而是像之前所说的，它们已经被设计嵌入到环境里（虽然众所周知，知识有时候被存储在本身已经联网的物体上）。

这一模式本身就是“大规模定制”强有力的实证。尽管基础是以通用的设计去应对各种不同的环境，但在实际操作中，可以针对特定情况进行微调，去适应每个主体的独特需求。因为每个系统都将被安装到许多个主体上，这又实现了一对多的服务可能性。这意味着同样的知识集合可以被重复利用多次。这种情况下，实践经验既不由人类来交付，也不以在线形式存在。实际上，专业知识和交付方式都被巧妙地隐去了，用户有可能并不知情。

系统内嵌的知识并不联网，也不会大范围发布，因此不会成为共享资源，但对于各种主机来说，它就是一种共享资源。这种模式所用到的技术，再强调一遍，并不能优化提高传统模式或专业人士助理模式的自动化程度。这一模式下的大部分技术都具有高度创新性，改造了知识的存在形式和应用方式，实现了技术发明前完全不可能实现或者无法想象的效果。

这一模式所需要的人力资源和知识工程模式类似，内容来自于课题专家，知识工程师对其进行设计，再由技术专家和工程师实现交付。这些系统的开发成本很可能会很高，开发人员无疑会期待相应的报酬，主机拥有者也会对内嵌的知识收取相应的费用。知识内嵌有一个明显的好处，就是可以设置预警机制，这么一来知识不仅能用于解决已经发生的问题，也能够第一时间遏制问题的发生或升级。在内嵌模式下，交付机制及其内嵌的一般知识的所有权，很有可能会保留在经销商的手里。

大部分专业领域都可以找到内嵌模式的例子。比如说医药领域里，起搏器监测病人的心脏，然后将数据传递给远程的中央系统；税务审计领域，“代理人”负责过滤财务系统数据，无须人类干预，就能指出其中的例外和反常现象。

机器生成模式

第七种，也是最后一种，叫作机器生成模式。此时，实践经验由机器而非人类生成。虽然内容生成模式非常清晰，但如何进行传播却不那么明确。正如我们在本书中对于技术的明天所持的观点，终有一天，日渐完善的机器能够自行生成实践经验，并将其运用于解决那些原本专属于人类专家领域的问题。无论这一目标是通过大数据、人工智能、智能搜索，还是尚未问世的技术来达成，机器的工作方式将与人类大不相同。

现在对机器生成模式所能实现的功能进行推测还为时过早。可以想象这些机器生成的知识可能会包含大量具备广泛应用潜力的通用信息，也可能会具体到特定特殊情景下的个性化观点。人类或机器都可以把机器生成的知识运用到实际操作中去。基于机器生成内容的服务可以是一对一，也可以是一对多的。这些系统所生成的实践经验能够为人类专家或他们的助理所用，同样也可以被某种在线服务、某些内嵌模式所采用。机器的所有者，可以决定是否要向用户收取内容的使用费。

这里所用到的技术完全都是创新性的。尽管早期的人工智能期望复制人类大脑、思维和推理模式，但未来这类系统不会再局限于把人类的工作方法自动化，它们会变得无比强大。否认这种可能性就犯下了AI谬误。

即使在此模式下，人类并没有参与服务交付，他们在其中也扮演着各种角色，首先就是设计这一系统，需要的技能包括系统工程学、数据科学、各个专题的相关知识。和内嵌模式一样，生成知识的系统开发成本会相当可观，因此开发人员会指望获得一些回报。

当这些机器变得越来越能干，人们的期望值也就越来越高，希望它们不仅能应对已发生的问题，最好还能提示用户何时应当求助，甚至帮助避免问题发生。看得长远些，有些问题尚待解答。当生成的内容可以被重复利用时，谁将拥有系统所输出的成果？这些知识产权是否仍将属于少数富有的个人或公司，就此把他们塑造成新的守门人，又或许把这些知识全部变成公共资源？某种程度上，这些问题的答案将决定这些服务是否会收费。

我们所能想到的最有可能的实际应用情形包括：在医药领域进行诊断，分析财务信息，设计建筑，预测法院裁决等。对于机器这样运作，有些人会感到不安。下一章里我们将为这种担忧，包括其他因为系统部分或完全取代专家而产生的顾虑做出解答。

第三部分
影 响

第六章

反对意见与焦虑情绪

现在让我们开始讨论更为实际的问题。概括说来，至今为止的故事都是这样的——专业工作是一种现行方案，用来应对人类社会普遍存在的一个问题，换句话说，每个人的专业知识都不足以解决生活中所有的挑战。我们的认知都是有限的，因此我们需要医生、律师、老师、建筑师以及其他专业人士的帮助，因为他们拥有我们在日常生活中需要具备的实践经验。在印刷工业时代，专业机构成为守门人的角色，周旋在个人、组织以及他们需要使用的知识和经验之间。在本书的前两部分，我们讨论了专业工作领域所发生的变化，我们发明了各种理论（主要都是技术和经济方面的），由此对未来引导出的推论是——在成熟的技术互联网时代，日益完善的机器可以自主运作或者在非专业用户的配合下，完成许多曾经具有排他性、专属于专业人士的工作。我们并不指望一夜之间会发生大爆炸式的改革，同样我们也不认为这是一场四平八稳的进化，最终安稳过渡到后专业时代。事实上，我们认为在人类社会组织分享经验方面会发生一场“增量式转型”，一路磕磕绊绊逐步取代传统专业机构。尽管变化本身是渐进式的，但它最终带来的影响将是彻底的、颠覆一切的。

在结论篇里我们详细说明了，我们认为这场转型是十分令人同情的。传统的专业大厦即将崩塌——它们过于昂贵、高不可攀，再加上许多其他缺陷，以及我们之前说过的其他原因，这场变革其实早就该发生了。

在和主流专业人士的对话中，每每应对我们的观点，有两个词不断被提起——“是的”“但是”。有时候，我们会遇到专业人士的诡辩——他们同意我们的观点适用于其他所有专业，除了自己所在的领域。更重要的是，其中许多人对技术的广泛应用真心表示焦虑，既担心它们取代人类，也担心它们提高了非专业人士的专业技能水平。

这一章里，我们将专注于探究并回应那些最重大的反对意见和焦虑情绪。其中一部分属于某些特定专业领域，其他的则适用范围更广。重点的顾虑或感叹在于抛弃专业工作的一些传统。目前专业工作的许多特性都很受欢迎，或被认为过于重要以至于无法丢弃。我们试图找出最被人们珍视的那些要素，思考它们为什么受到重视，再仔细考虑它们是否真的必不可少、如此值得保护（以至于带来放慢转型步伐、缩小影响范围的代价）。

我们一共会讨论八类顾虑。

第一，人们担忧将失去值得信赖的机构——没有这些专业机构，我们要如何保护自己免受冒牌专家的欺骗?

第二，专业机构所拥有的道德品质将不复存在——如果所有专业领域都得到解放，我们能否安心让市场和市场价值观占据主导地位?

第三，人们将失去那些老式的行事方式——我们是否需要保护传统的专业技能和手艺?

第四，人们为无法当面接触而感到不自在——保留面对面互动是否重要？

第五，同理心——机器如何与用户产生共鸣？

第六，所剩下的工作将是什么样的——未来是否还存在有意义的、能让人实现抱负的工作？

第七，引入新的模式会让正在学习的专家们无所适从——当机器已经在执行本属于他们的日常工作，他们要如何继续成长下去呢？

第八，未来的角色——未来的专业人士能干什么，我们要把他们往什么方向培养？

但其实，我们认为以上这些忧虑都来自于三种错误的认知。我们明白这一章不可能回应所有针对书中所描绘的未来可能存在的反对意见和焦虑情绪，我们只是挑出了其中最为常见的。也有一些更为普遍的顾虑，我们应当尽早正面应对，比如说，隐私、保密、安全性这些值得关注的问题。关于在线服务，比如说在线专业指导，其相关的法律责任也是一个复杂的话题。系统出错时，谁来负责——软件开发方、课题专家还是网络服务提供方？那些在线免责申明通常强调所提供的都是常规指导，不可应用于特定情景中，这一做法的法律影响又是什么？另一方面，什么情况下一个专业人士需要负法律责任，比如未使用或未提供在线服务？关于这些话题有许多学术文献，但这一问题超越了我们的研究范畴，同样不在讨论范围内的是互联网的阴暗面，我们承认有许多在线资源推动、甚至促成了许多犯罪活动。我们毫不轻视一些问题的影响力以及所造成的威胁，但它们不作为本书的讨论对象。

6.1 信任、可靠、准信任

第一种反对意见主张，“如果没有了专业机构，我们就失去了作为备选方案的值得信赖的机构，他们有能力解决问题、交付服务”。这是基于无法信任新方法的反对意见。其他人或系统可以代替专业机构，但对于他们所提供的指导，操作中的可靠性和安全性无法保障。这一反对意见通常来自于职业道德的不可或缺性。此处的道德（ethics）有时决定了某种行为，从社会道德品格角度，究竟是好是坏？或者，道德有时等同于法规对于专业人士行为的约束条件。我们在这里所讲的是第一种情况。

信任

任何人都不可能成为所有方面的专家，能成为某方面专家就已经是很大的成就了。人类的认知都是有限的。当我们面对一个无法解决的问题时，目前，我们仰仗别人的经验。我们大多数人都没有能力建造自己的家具、修理自家的管道、为电气系统接线等，所有的人类活动都会有同样的问题。因此，我们需要木匠、水管工、电气工程师，以及无数拥有其他相关经验的人。这就是目前社会的知识分工，意味着任何人都不需要无所不知。但是当我们需要用到医药或法律方面的知识，那就不太一样了——需要用到的知识通常更复杂，误操作的后果也会更严重，通常很难明白需要哪方面的知识，以及使用该知识后的真正影响。

专业机构成了这类问题的传统解决方案。我们信任这些机构的成员，他们的行为既受到官方约束（比如说成员需要经过机构认证），也受到非官方约束（行为准则），不会利用所掌握的内部信息来牟利。就像人们认为购买二手车时附带的保修条款是一种质量保证（根据这个，人们相信这车不是以次充好的），或者天然气工程师所持有的从业执照（让人相信他们所进行的维修并不危险），专业机构自身的声誉和地位也有影响力。事实上，专业机构的成员身份是某种机构标志，反映出成员的行为是可信的，听从他们的观点和指导是安全的。

因信任而起的反对意见就是这么来的。没有专业机构，我们就找不到值得信赖的人或系统来帮助我们解决最为复杂的问题了，再没有人可以阻碍冒牌专家和他的朋友来占我们的便宜。多年前，医学杂志《柳叶刀》（*Lancet*）就警告过我们“假冒伪劣毫无疑问‘是门大生意’，而且冒牌货知道怎么卖掉他的货品”。为了保护我们免受新出现的、肆无忌惮的机构利用，我们应当保留那些专业机构，拒绝任何改变和转型。

但是，我们有理由对这一反对意见保持谨慎。理由之一，我们已经看到有些先锋系统和人类之间建立起了信任关系，而这种信任并未和任何专业机构挂钩。在教育领域，学生信赖可汗学院这样的在线平台，即使这里许多知名的老师都没有经过任何认证；在新闻领域，享有盛誉的作者在社交媒体上拥有大量信任他们的粉丝（在推特上获得蓝标认证），但他们不需要加入任何报业集团；在税务方面，人们信赖并使用税务申报软件TurboTax，即便他们从未和注册会计师面对面坐下来，一起研究他们的特定税务问题。这种新的信任关系已经在专业领域发展起来，并且在各个领域不断自我复制着。

当然，新诞生的机构中的确有些可能背叛这种信任。那些选择信任这些新机构的人无法确保自己做出了正确的选择。不过如果在谷歌上稍作搜索就会发现，传统专业机构也曾多次背叛过它们所背负的信任。英国律师管理局（Solicitors Regulation Authority）聘用了大约400名全职员工，专门处理各种关于失职的投诉和指控。英格兰威尔士医学总会（General Medical Council of England and Wales）每年几乎花费三千万英镑来判断某些注册医师是否“适合行医”。这些开销并不属于个例。仅仅从属于某一官方机构，并不能保证这些专业机构廉洁正直。这种反对意见暗示着专业机构对于可信赖的行为具有垄断地位——只有他们有能力让人信赖，其他人没有。但实际情况是，我们并不明白为什么社会的劳动分工还会导致道德行为的分工。专业知识和端正行为并不完美同步。认为只有某些人具备让人可信的品行无疑是个错误。

可靠

由于缺乏信任而产生的反对意见很难成立，还有更为实质的原因，在技术互联网时代，信任本身可能就是一种苛求。想一想，当我们认为只能信任专业机构时，这里的信任一词可能包含两层意思——其一指专业机构值得信赖，其二认为它们是可靠的。两者之间的区别，正如哲学家娜塔莉·戈尔德（Natalie Gold）所说的，“当我们说某人是可靠的，通常指的是他或她的服务水平能够达到预期。”而另一方面，戈尔德认为值得信赖所包含的意义要远远超过可靠。它可能是一种道德品质。评价某人值得信赖时，远不止在表示他或她很可靠。这个词还包含了道德判断——这人身上有些好的品质，而且拥有良好的动机。如果想真正理解这种差异，试想一下如果朋友评价你值得信赖，和他们夸你可靠比起来，是不是前者让你感觉更好？这显然是更为慷慨的赞美。

日常对话中，在不同的情况下，信任这个词的两种意思我们都会用到。有时候当我们说起信任某人的时候，是一种轻度的用法，意思是这个人是可靠的。换个语境，我们的语气可能就比较强烈，不仅评价某个人可靠，同时也认为他/她有着优良品性和良好动机。

专业机构认为它们拥有值得信赖的地位。机构成员自认为他们不仅是可靠的，同时也拥有正直的品行和无私的动机。对于许多观察者和服务提供方来说，这种强烈的信任是专业工作必不可少的特点。专业人士拥有出色的道德水准，把客户的利益放在他们自身利益之上，这些都很重要。而且正式说来，按照法律，许多专业人士都对客户负有受信责任或者诚信义务。这种信赖的态度构成了值得信赖的顾问这样的词组，并且变成了许多专业事务所的流行用语。它不仅仅帮助专业人士与客户建立了良好的个人关系，同时还让专业人士显得拥有解决各种商业问题的丰富经验。从概念上讲，值得信赖的顾问和见过大场面的人有很多相通之处，他们都无法被收买，都是你的私人商业顾问。

因缺乏信任而来的反对意见表明专业机构，以及我们认为它们值得信赖这样一种状态，是解决我们的根本挑战（每个人都需要面对无力自行解决的问题）的唯一途径。我们仍然坚信这是错误的。我们的基本需求只是可靠的结果。当然，我们不希望那些提供帮助的人和系统带有欺诈性质，或者有违法操作，但我们同样不需要它们被无私奉献精神所驱动。这种要求过于严苛了。我们最关心的问题并不在于无私精神或满足至高道德标准，而是确保我们的问题能够可靠、高效和实在地得到解决。

当我们思考一开始专业人士是如何建立起值得信赖的名声时，很可能是因为他们解决了人们最关心的问题。换句话说，他们建立这种信赖，最终是为了向其他人展示他们的可靠性。在合理的范围内，如果我们看到其他人和系统有效地证明其可靠性，但并没有自称受到某些特殊道德品质的驱动，我们就该想想这种额外的要求是否过于累赘了。在技术互联网时代，情况似乎就是这样——像可汗学院和LegalZoom这样的企业运转可靠，客户满意度很高，根本无须向人们展示它们如何无私奉献或道德高尚。

准信任

未来什么将取代这种强烈的信任和传统的职业道德，我们可以使用这一章和前几章的例子加以说明。让我们想想现有的在线服务，从互动咨询系统到各种经验社区，当用户们进行咨询并依赖于这些系统的指导、观点或服务，并不意味着他们能够像信任乡村医生、家庭律师或本地教师一样去信任这些系统。不过，这里存在一种比较弱的信任关系，可以和受信责任更好地等同起来。当实践经验借助在线服务变得越来越方便易得，当这种渠道变成一种普及的服务交付方式，我们认为用户会找到办法来确保他们所接受的服务是可靠的。可能的实现方式包括：服务提供方是高度受尊敬的品牌；政府或有市场影响力的机构提供明确背书；或者来自于过去人们在网站的良好体验，以及满意用户的推荐。在任何情况下，这种信心都不会来源于两个人之间的接触与互动。

我们把这种未来对于在线服务的信心称为准信任（和法律条款中的用法无关）。对在线服务拥有准信任就是相信服务成果是可靠的，服务提供商是诚实的，我们没有任何歧视的意思。但是就像律师会说的，人们无法指望服务提供商会把用户的利益放到自己的利益之上。信心和诚实并非必须以无私作为出发点（当我们讨论诚实时，我们重点关心的是不存在不诚实，而不是超高的道德标准）。

在非传统、非主流的专业人士将来要接手的分解任务中，准信任会扮演非常重要的角色。比如，如果主体项目被分解成不同任务，并且交给第三方分包商甚至是专业人士助理，我们对这些机构和个人的信任程度会是什么样的？即使从未和他们见过面或聊过天，如果我们雇用他们从事基础的、基于流程的、行政性的工作，我们会期望他们信守诚信原则吗？估计我们会需要一种准信任关系——我们希望能够确信、相信它们（能力和经验）是可靠且诚实的。我们希望能够确信他们所交付的服务是符合标准的，但我们并不指望他们为我们“付出生命抵挡子弹”。

许多传统专业人士思考到了这里，会感到非常不安。作为回应，按照我们所说的全新的、不带偏见的思路，我们鼓励大家往回退一步。问问自己最根本的问题，即这种信任的目的是什么，信任是用以解决什么问题？当专业机构充当实践经验守门人时，我们认为信任的作用是重要的，但它不是首要的。如果专业人士不再守着门，我们也就不再需要传统意义上的信任。靠合同甚至法规来撑腰的准信任，这已经足够了。

6.2　市场的道德限制

谈到“信任”的反面时，我们的观点是为了解决根本性问题——让实践经验更广为可用——这些人的道德品性和行为动机的重要性要低于工作本身是否可靠。当然，这并不是说我们毫不关心过程是怎样的。我们不希望看到欺诈或犯罪行为，我们可以要求对方遵守法规，通过合同进行约束。但自始至终，我们的主要需求在于得到可靠、实在以及有效的成果。在满足主要需求的基础上，这些人的性格和动机是重要的。如今有一些激进的人和系统声称自己的行为动机并非无私奉献，但只要他们能够提供更好的服务，那动机就不再像从前那么重要了。

专业规范和市场规范

对道德限制持有反对意见的人，认为仅仅关注结果，这过于狭隘了。单纯以个人或系统能否提供可靠的实践经验来评价一个过程太过局限，人们认为需要跳到结果以外来评价道德品质和行为动机还有其他原因。现在，我们来聊聊其中一些可能的原因。

关于道德品质和行为动机有一种更正式的观点，把它们想象成专业机构对成员行为所制定的规范。专业规范包括整个行业内从业人员所共同遵从的一整套信仰、价值观、习俗。相对的，市场规范是专业机构以外的人士所达成的共识。作家和思想家已经从许多方面区分出这两套规范——就比如为客户福利考虑而不是仅仅考虑自身利益，提供私人化而不是没有人情味的服务，集体利益导向而不是个人利益导向。这些对比也体现在日常用语中——当我们用具有专业性来形容一个人或他的行为时，我们是受到了明确、值得表扬的行为所吸引。专业机构，和许多其他职业相比，有着自己的规范标准。

桑德尔的观点

政治哲学家迈克尔·桑德尔（Michael Sandel），在《金钱不能买什么：金钱与公正的正面交锋》（*What Money Can't Buy: The Moral Limits of Markets*）这本书里，清晰地表达了他对道德限制的反对。他的观点围绕着规范展开，但他所关注的要比专业规范更宽泛——他的观察对象是所有与市场规范对立的非市场规范。不过，基于专业规范属于非市场规范其中一种，他的观点就跟我们所研究的题目有关了。

桑德尔的观点，简单说来，就是市场规范正在逐步取代非市场规范——越来越多的货品在市场上按照市场价值进行买卖交易。许多人（包括桑德尔自己）对此都感到不安。他的项目就是为了梳理清楚为什么我们感到如此不安，并鼓励大家对市场规范的合理边界进行公开讨论。他的顾虑在于关于哪些东西可以在市场上进行交易的现行界限，并未经过充分探讨就不知不觉被采用了。随着专业工作得到解放，对此我们指的是越来越多的情况下，专业人士不再享有法律保护的排他性。桑德尔的论点解释了我们对于专业规范减少（市场规范相应增加）感到不放心的原因。

桑德尔是这么开头的：我们生活在一个“市场凯旋论的时代”，这是一个商品变得越来越普遍的社会。随即，是几个例子，在加利福尼亚州，每晚花82美金可以购买到牢房升级服务，可以花50万美金购买移民美国的资格；人们可以以7500美金的价格把自己卖给药物安全测试（甚至更高的价格，取决于测试可能引起的伤害和难受程度）；人们还可以按照每小时20美金的价格把自己的时间卖给说客，帮他们在国会山门前排队。桑德尔认为市场以及市场规范的范围越来越大都是有问题的。如果让市场规律来决定跑车、豪华游艇如何生产及分销可能没问题，但如果让市场规律来决定刑罚程度、谁能够拥有美国公民身份、谁能够影响政治决策，我们就没法泰然处之了。

但究竟是什么让我们感到不适？市场规范的势力范围变大有何不妥？桑德尔提出了两个意见。

第一种叫作腐败，即某些商品服务有着道德属性，而且是一种内在美德，使得它们与众不同。如果把它们放在商品市场环境里进行估值，这种道德属性会贬值。如果美国公民身份和政治决策都存在交易市场，那它们的价值就可能受损。我们可能认为它们不再那么特别：它们已经腐败了。

第二种叫作不平等。市场选择有时候做不到真正意义上的自由自愿。人们可能会由于贫穷，而被迫卖掉他们并不想卖的东西，或者无法购买他们想买的商品，或者有些人讨价还价的水平比其他人差些，他们最终谈成的条件也就不那么好。然而，市场理论往往基于这个原则——市场为自由选择提供了平等的基础。如果不平等广泛存在，市场会导致人们对自己的选择缺乏“有意义的满意”。桑德尔说，“如果社会上所有的东西都明码标价，对于普通人来说生活会变得更艰难”。

如果要对桑德尔这两种反对意见加以区分，可以想象一个人体器官市场。比如说在美国和英国，买卖肾脏是非法行为，但是对于肾脏的强烈需求远胜过市场供给，可供使用的肾远远无法满足器官移植需求。为了平衡供求关系，有些经济学家提出要建立一个肾交易市场。既然供给不足，更高的价格应当会激励更多的捐献者采取行动，有些人会发现价格已经超出自己能力范围，他们就会放弃，减少了需求。供求失衡就得到了解决。

不过许多人会对这个解决方案提出反对，桑德尔的两大反对意见为此做出了解释。一方面，把人类肉体简单想象成器官商店，这一想法会侵蚀、腐败它原本独特的道德元素。人体本当是神圣不可侵犯的，不能随意切割器官拿来换钱。这里用的是腐败反对。另一方面，那些真正参与卖肾的人在决策过程中可能并不享有“有意义的选择”。那些穷困的人可能更倾向于把他们的肾脏拿来换钱。关于是否要卖掉自己的肾这件事，每个人的决策基础并不相同。这就是不平等反对。

这两个论点的重要性在于它们并不是基于结果来分析的。道德限制反对并不是指市场规范替代非市场规范之后，产出的质量和数量会变差。相反，它的观点是除了结果之外，还有其他方面需要去衡量。对我们来说，在讨论专业工作时，这些反对意见都是应该考虑的。正如桑德尔认为市场规范正在逐步取代非市场规范（而且这可能是不对的），我们讨论过专业工作的解放也同样导致市场规范逐渐开始代替专业规范（非市场规范之一）。我们是否应当对这种现象进行抵制？

回应反对意见

桑德尔的论述总的来说是吸引人的，但是对于专业工作来说，我们有足够的理由来反驳他的观点。想一想关于不平等的论点。首先，根据本书中所给出的例子，我们可以相信解放专业工作所带来的成果，将使更多人，而不是更少人，负担得起专业经验（因为知识本身的特点）。这和关于不平等的论点是完全相反的。

关于不平等的论点还有第二个问题——当它批判市场和市场规范时，并没有区分商品服务的制造方和购买方。互相竞争的私人业主在市场上提供商品服务，和私人买家用自己的钱在市场上购买商品服务，两者是有区别的。关于不平等的论点把生产和购买混为一谈。真正的争论来自于后者——由于不平等，人们没有足够能力在市场中做出自由选择。根据本书的框架，如何为商品服务来付费是一个独立的问题——解放专业工作，使用市场上不同的人和系统来制造、传递实践经验。说到底，我们可以使用市场和市场规范，而不会引起关于不平等的论点中描述的问题。

为了把这个问题进一步表达清楚，我们来看看那些在英国国民保健制度（NHS）下，提供和享受医疗服务的人。NHS的指导原则是对患者免费——个人的支付能力不应当成为准入门槛，国家来为服务买单，然而，市场的确要参与提供医疗服务。在过去几十年里，NHS的医疗服务提供方增加了，从单一来源于公共部门，拓展到互相竞争的私人公司。服务得到了解放，市场系统和市场价值在NHS体系下的影响越来越大。但这种市场化并没有损害用户，和关于不平等的论点相反，尽管采用了市场规范，社会的不平等并没有限制他们在NHS系统里做出有意义的选择。这种解放恰恰使得人们在社会存在不平等现象时，还能够拥有真正的选择权。

我们再来聊聊腐败论点。我们对此表示不同意见，有两个基本原因——我们并不认同专业机构拥有特殊的道德品质，我们也不认为市场化会导致这种品质贬值。如果我们假设以上两种观点都是成立的——专业机构的确拥有相关品质，如果按照市场规范来提供服务，这些品质的价值就下降了。如果是这样的话，那么必须在保护这种道德品质所付出的代价，以及把实践经验变得更加容易获取所带来的价值之间，寻找一个平衡点。腐败论点对于后者的价值和前者的代价之间的平衡点表达得很清楚，但代价过于高昂，并不合理。相反，基于两大理由，我们相信降低专业工作的道德品质的相关代价是值得付出的。第一，这些专业工作，和其他职业不同，它们对社会的许多重要职能和服务负有责任。正是对于它们工作重要性的认可，促进了大交易的诞生。第二，目前获取实践经验的途径有限，价格高昂，这两点都早就令人无法接受了。

把这两个理由放在一起——服务本身的重要性和目前的短缺状态——决定了打破现状刻不容缓。我们并不是要否认道德品质的价值。我们所坚持的观点是，对于专业工作来说，还有其他价值需要考虑，就是让实践经验变得更加便于获取，而且应当作为首要考量条件。

6.3 技艺失传

在各种专业领域，人们使用很多不同的技巧和手艺——老师巧妙地吸引学生注意力，建筑师精巧绘制设计图纸，牧师感染激励教众，律师起草极为复杂的保证条款，外科医生用手术刀挽救生命。这些技巧和手艺都是有价值的，人们为能够掌握这些技巧而自豪。每当把这些技巧用到服务过程中，他们感觉到一种自我价值和尊严，他们享受这种因具备才华而拥有的地位和声望。对技艺失传的反对意见认为，实践经验一旦从定制服务向商品化流程转变——标准化、系统化、外化交付——我们就会失去这些传统技艺。

咖啡冲泡

哲学家朱立安·巴吉尼（Julian Baggini）研究过一种类似的担忧，传统咖啡冲泡技艺正在逐步失传。历史上，咖啡师的工作是相当花费人工的——打开口袋，咖啡豆柔软的、芬芳的味道扑鼻而来，磨豆机一圈圈地工作，压粉锤轻柔地接触，机器咕噜噜地沸腾，最后把咖啡慢慢倒到杯子里。按照巴吉尼的说法，成为好的咖啡师需要创造力和天赋，甚至还有些许艺术的成分。

但是，过去的几年里自动化胶囊咖啡的普及相当迅速——比方说，Nespresso和Lavazza两个品牌。咖啡冲泡的过程被简化成：把真空密封的咖啡胶囊放进机器里，手工操作仅限于简单按一下开关或者拉一下控制杆。这并不令人吃惊，巴吉尼认为咖啡冲泡这件事非常适合进行自动化。咖啡冲泡过程中所有的变量，从温度到水流，到咖啡颗粒的粗细程度，都可以通过实验和研究提前进行优化并固定下来。成果就是足以媲美盲测中顶尖水平且品质始终如一的咖啡。

最初这些系统都是作为节约时间的工具被引入到家庭和咖啡馆中的。不过现在有些世界一流餐厅也开始使用它们了。比如Nespresso咖啡机，有15家英国米其林餐厅以及一百多家法国米其林餐厅使用；意大利，可以算是咖啡发源地了，也有超过20家米其林餐厅使用。虽然咖啡可能会在盲测中胜出，但许多食客对此仍表示不满意，他们感觉餐厅在偷工减料。这些餐厅里的厨房学徒在被允许拿起削皮刀之前，都需要洗很多年蔬菜碗碟，所以客户对于咖啡只是由服务生按一个机器按钮就生产完毕的状况心生不满。

巴吉尼的观点不仅来自于不乐意的客户，许多咖啡师也对这份技艺的流失感到哀叹。这种观点并不单单适用于咖啡冲泡过程。对于许多技艺被计算机化的现象，这是一种深刻而普遍的观点。任何特定的流程，许多人关心的是过程所带来的结果（比如说，一杯让人深深着迷的可口咖啡），但是，我们也关心过程本身（究竟这杯咖啡来自于按一下按钮，还是包含一些更加定制化的活动）。换句话说，每当考虑某种过程时，有两种现象我们需要去评估——某个过程的成果，以及撇开成果单独考察过程中所用到的技能和手艺。每当有技艺面临被系统替代的命运，我们都会感觉，先不论其成果，我们失去了一些曾经珍视的东西。

这将对专业工作产生深远的影响。这些工作领域将从个性化定制向商品化转变，整个过程将通过标准化、系统化以及外化交付来实现。传统的专业工作会不断被分解成各种任务，随后各自找到最有效率的完成方式。有些任务会被计算机化，人类——基本上——会被机器淘汰出局。另外，就像逐渐消失的传统咖啡冲泡技艺，如果老师的课堂指导都被在线学习平台取代、建筑师手绘图纸被CAD软件取代、医生的诊断被IBM的Watson取代、随着专业技艺退出历史舞台，可能有些有价值的东西也随之消亡了。实际上，即便最终成果比原来更好——即使在线课程更加有效，蓝图比原来更精确，即使合同条款更严密，或者医疗诊断更精准——我们仍有可能为人类技艺的消失而感到惋惜。

看过程还是看成果?

对于这一反对意见，我们应该如何对待？一种回应是用两套价值来解释这种对立——过程本身拥有的内在价值与过程为改善最终成果所创造的价值。改善最终成果的最佳做法不是去改变，而是持续仰仗传统专业人士的手艺和技巧，任何变化都不仅会导致技艺的流失，也会对成果产生负面影响。但是，在保护技艺和改善成果之间不存在相互取代的关系，因此这种回应没什么说服力。本质上说，这种观点甚至是错误的。从第二章的案例中可以清楚看到，本书的总体论点在于，在技术互联网社会里，我们可以采用和传统专业技巧完全不同的创造与传播模式把实践经验变得更加易于获取。因此，在沿用老办法——也就是传统专业做法——和通过改变方法来改善成果之间，的确有着取舍关系。但是，采用不同工作方法必然会导致传统技艺的衰弱，这并不明确。随着时间的流逝，许多目前由专业机构执行的任务，其操作方式的确都会发生改变。在某些情况下，这些任务会被计算机化，专业人士会被去中介化，有些技艺也的确会消失。但新的任务会出现，新的技能需要有人去掌握——比如说，开发专家系统、运营经验社区、管理专业人士助理所使用的辅助系统。对如今的专业人士来说，这些新的技能可能比较陌生，而且它们的技术属性可能比原来的专业工作更强，但无论如何它们都是等待人们去掌握的技能。

假设我们所预计的转型确实会导致人类技艺消失，那我们就真的需要做出取舍，究竟是保留技艺放弃改善成果，还是牺牲过程争取改善成果？基于专业工作的特定情况，我们倾向于选择第二种。这和道德限制反对意见是一样的。专业机构负责提供最重要的社会职能和服务，然而专业机构所提供的实践经验，从可获取程度到可负担能力都让人无法接受。这两大原因加总起来——他们所提供的服务的重要性，以及供给不足的现状——比保护技艺来得更重要。我们本当重视这些人类的技艺，但是当世界上这么多人都还享受不到法律建议、像样的教育甚至基础医疗，这种对于技艺的偏好（通常出于怀旧）就显得不那么迫切了。我们还处在满足温饱需求阶段，无视成果而选择保护技艺在目前看来是一种无力负担的奢侈。专业机构，目前必须负担起完成目标的使命，而不是走向终结。

比较人类和机器

假以时日，这种反对意见会让我们越来越困扰。可以想象这么一天，机器不仅为我们准备咖啡，还能写下美妙的诗词，创作辉煌的交响乐，描绘出绝色风景，用动听的声音演唱，甚至可以优雅地翩翩起舞。

对于这些现象，我们可能会有两种反应。一方面，我们可能会认可机器创造的成就以及它们所具备的相对优点，惊叹其中用到的自然语言处理能力以及机器人设计。我们会做出类似比较——在机器与机器的性能之间做比较。另一方面，我们可能会拿机器的成就和人类的创造性表达去做比较。我们可能不得不承认，就最终成果而言，机器的表现是出色的，但是这就像拿苹果和梨在作比较一样，这种类比可能是错误的。

仅仅就速度而言，车辆要快得多，但我们仍然为世界级跑步健将欢呼。未来我们可能会和机器人赛跑，但是让人类运动员去田径场上和机器人竞争似乎没什么意义。实际上，我们仍然会为那些未经机器人改造，练就杰出表现的人类体魄而惊叹。同样的，文学创作和人文学科、音乐和表演艺术，我们仍然会对天然的、不使用任何数码辅助手段的人类创作怀有深深的敬意和仰慕。我们会把这些创作视为纯人类的行为、沟通以及情感表达。恰恰因为这些创作来自于血肉之躯的各种辛劳尝试，满载着人类的灵感与欢愉，因此我们才会珍视它们。我们不仅看重结果，同样珍视人类的想象力，以及创造过程中所付出的一切。这种情况下，过程也是十分重要的。

即使机器能够胜过人类，但在某些活动上，我们可能对非人类的付出不那么感兴趣，同样的情况也会出现在专业人士身上。即便机器的能力赶得上最出色的医生、律师、精算师或者会计师，但我们还是会选择人类的服务，因为我们热爱一流从业人员提供可靠服务的这一理念，单单人类大脑所闪耀的光辉就足以打动我们。能够亲眼看见顶尖专业人士提供服务这一过程，就提供了激动人心的享受和体验。因此，也许能够推论出，高性能的机器不会完全取代专业人士，因为我们希望和自己所钦佩的人类产生接触，并且借助他们的力量解决问题。

但是同样的，这种思路有两大问题。首先，如果机器的性能的确显著超越最厉害的人类专家，如果仅仅为了满足人类的连接需求，拒绝使用机器而去选择技不如它的人类，岂不是非常不合理？另外，即使机器和人类的表现没有明显差距，在系统能够满足要求的情况下，选择与人类共事也是一种铺张浪费，在专业领域不应当予以支持。还是同样的观点，专业工作太过重要，目前相关内容的普及度太低。使用顶尖人类专家就好比拥有了专业领域的劳斯莱斯，但实际情况是，只有少数特权阶层享受到了劳斯莱斯，其他人都还在用双脚前行。

6.4　人际互动

各种传统专业工作，在不同程度上，仍然采用专家和客户之间一对一、通常还是面对面的互动方式。一种基于人际互动的反对意见认为，我们一直在谈的转型将无情地终结这种面对面的行为方式。许多专业领域如今都可见这种可贵的、值得保留的人际接触，于是，这种反对意见认为，任何可能对其产生损害威胁的变化都应当加以提防。

我们可以立即对这一意见进行反驳，它带有偏见地假设新技术必然导致人际互动减少。但是很多时候，情况恰恰相反。对于有些专业领域来说，比方说新闻业，人际互动历来是受到限制的，新技术反而提高了人际互动，把它变成了行业整体的一部分。想想推特上那么多记者和他们的关注者之间的高频互动（即便不是面对面完成的）。同时，在人际互动向来重要的其他行业里，我们发现新技术取代了面对面交流，提高了专家们有限时间的效率。我们有一个和医生以及医疗行业有关的例子。人们可以通过在线平台WebMD和NHS Choices，根据自己的症状，查询可能的问题、找到明智的建议，帮助节约医生因为相关工作所需要耗费的时间。把某些任务计算机化，比如说，用远程监测设备取代简单的常规检查，同样能够节省医生的时间。在其他各种平台上，包括HealthTap、ZocDoc以及BetterDoctor，人们可以向医生在线提问、预约就诊，帮助内科医生们更加合理有效地安排自己的时间。远程专业服务意味着人际接触不再受物理空间或者病人的可移动性所限制——使用Skype或网真系统进行视频通信，提供了某种意义上实时的、面对面的互动。

有些情况下，新技术的确导致传统专业人士被去中介化，客户与传统医生、老师、会计师之间的面谈时间减少了，但这并不一定代表人际互动的终结。通常，专业人士助理会取代传统专业人士的角色：这些人接受的正规培训较少，但是新技术让他们有能力去执行那些曾经专属于专业人士的任务。事实上，这种去中介化的情形反而加强了人际互动。假设说，有一位技艺精湛的外科主刀医生，但他的时间不足以让他向病人提供深度互动。如果对这位外科医生的工作进行分解，我们可以引入一些专业人士助理，他们恰好善于提供具有安慰效果的人际互动，作为这方面比较欠缺的医生的补充。

不过，当我们全面地看待这个问题，有些情况下这一反对意见的担忧确实成立。随着日益完善的系统逐步取代人类，人际互动的机会的确会不断减少。但是这一后果是否值得去反对，就需要思考我们究竟为何如此看重人际互动。主要有两大理由：第一种理由认为，首先，许多人认为人际互动的价值在于它是交付实践经验的最佳途径——无论是医疗保健、法律咨询或精神指引等。在很大程度上，结果主义者认为，面对面互动一旦减少就意味着更糟糕的结果。第二种理由认为人际互动是有价值的，原因不在于它对结果能产生的推动作用，而是这些体验本身就拥有其价值。医生、老师、律师、牧师等，他们和其他人进行沟通的相关体验，无论对最终结果是否能够产生价值，都是应当保护的。

如果出于第一种理由（人际互动的减少会损害最终服务效果）对变化持有抵抗情绪，我们会立刻列举本书中所提过的相反论点和证据。在技术时代，实践经验的创造与分享都有了可以大幅提高便利度、降低费用又不牺牲质量的新方法。我们认为理论以及经验案例都已经具备足够的说服力。如果人们因为第二种理由（人际互动是有价值的，而且与结果无关）表示反对，我们会分两方面来应对。一方面，专业工作的主要目的并不是提供人际互动。专业工作是目前为需要借助实践经验解决问题的人类所提供的方案，但是负担得起的专业知识仍然是一种稀缺资源。如果为了保持人际互动，必须要维持现状，那么专业工作中的人际接触就是我们目前无法负担的奢侈品。

另一方面，还有一个更普通的原因。许多专业人士似乎都已经忘记了我们采用这种人际互动方式的真正初衷。这是传统一对一服务方式所具备的特点。因为这种做法已经持续了这么长时间，它戴上了不可或缺的光环，但我们不能忘记它的起源——它只是一种特定形式，当然也是十分重要的一种，属于社会分享实践经验的诸多方式之一。但是，假如我们找到了更好的经验分享方式，人际互动的需求下降，那我们就不应该再一味维护这种互动形式本身。

6.5　同理心

为了捍卫人际互动而提出反对意见的一种特殊情形是“同理心观点”。这一观点通常都很高深，值得单独拿出来详细探讨。我们在之前的章节里说过，许多专业人士坚持认为人际互动是他们日常工作的核心——疾病缠身的患者、遇上麻烦的客户、心烦意乱的学生、身处困境的生意人，都至少应该有人和他们进行面对面的接触。这不仅是为了帮助他们找到值得信任的顾问，同样重要的是，具有同理心的专家更容易去理解客户的情绪状态——甚至能感受并分享对方的痛苦和快乐。尽管有些技术专家对此并不认同，但很多人始终认为，机器永远不可能有感情。但换个角度想想，是否人们对同理心这一点担忧过度了。请注意我们并不认为一个人类对另一个人类所表达的同理心没有价值或者并不重要，这种现象是值得珍惜的。但事实上，我们只是想表达同理心在专业领域的角色和重要程度常常被过度夸大。

第一种令人遗憾的情况是，实际上，许多专家其实非常缺乏同理心。我们听过无数外科医生从来不去病房慰问病患的故事，还有无法和客户相处的律师、残忍冷漠的老师，等等。平均说来，在病人开始谈论自己的情况的18秒内，医生就会打断他们；而当律师得知这一数据时，他们的反应是“这些医生怎么等那么久才开口”。这的确有开玩笑的成分，但没人能够保证所有专业人士都能很好地扮演聆听者，同时具备真诚的同理心。因此，我们向机器提出此类要求时必须慎重，毕竟这一要求即使是人类本身，也无法确保完全做到。即使我们承认，专业领域的工作中常常需要人类的同理心，但并不代表课题专家就是提供情感共鸣的最佳人选。有时候他们甚至需要传达坏消息——疾病无法治愈、大笔税金到期、学生不幸留级、宠物无法救治、责任无法避免——向技术专家寻求安慰并不是多么显而易见的选择。我们反而可以去找专业人士助理，他们在这个专业领域有足够的见解，又有真正表示同情的能力。把运用专业知识和客户沟通分成两部分工作，帮助我们从传统的实践经验创造和传播模式向专业人士助理模式挪了一步。在这两种情形下，仍然都有人类的参与。

而且，我们不应该假定机器和系统今后不可能拥有任何形式的感情表达。同理心表现在两大方面——认知和表达。认知指的是一种心理过程，捕捉和理解其他人的情绪状态。像我们之前解释过的，已经有人着手在开发可以察觉和表达情绪的机器了。早期的成功经验已经表明，系统探测人类情绪的能力最终超越人类是完全可以预期的。另外，通过采用先进的语音合成技术（为了保证声音比较亲切），从存储了大量恰当回复及其触发机制的数据库（贴切用语集合）里调用数据，再参考用户的心理和情绪档案，可以预见到机器能够以一种比人类更具同理心的形式与用户进行互动。当然，这并不意味着机器真的能够置身于用户的立场去体会他的情绪，并且带着同理心去分享他的痛苦和快乐。要达到这种程度的同理心，需要在机器上实现同理心的情感成分，而且机器首先要在一定程度上拥有意识。目前，我们还没法保证这一可能性。

愤世嫉俗者可能会抓住这点紧咬不放，认为同理心的情感成分是专业工作不容推辞的核心任务，但这样的说法就太模糊了。我们多年来的调查发现，务实的专业服务接受方实际上并不在意同理心；其他人确实在意，但是在意程度仅限于他们的情绪得到对方认可；当然也有一小部分人认为充沛的同理心非常关键，特别是护理行业里。因此愤世嫉俗者对于系统或机器取代人类专家的反对意见无法构成致命打击。任何情况下，我们也同样可以对表现得具备同理心的人类专家的真实感受提出疑问。他们可能正在按照所接受过的培训，故意夸张表现自己的感受，或在装模作样，甚至是无意识地表演。实际上，我们永远无法确定其他人是不是真的对我们所经历的事情感同身受。通常表面看来他们很可能的确如此，但最终，我们无法了解被哲学家叫作“其他意识”的真实想法。无论如何，机器很有希望在模拟同理心上比不真诚的人类做得更好。除此以外，机器还有可能超越真诚的人类，有办法让用户的情绪变得更好。

同理心观点的另一个问题在于有证据表明有时人们更希望和机器打交道，而不是直接和同类接触，尤其是涉及敏感或尴尬问题的情况下。在20世纪90年代，这个想法深深困扰着约瑟夫·魏泽堡（Joseph Weizenbaum），导致他下决心写了一本描述人类和机器之间关系的书——《计算能力和人类推理》（*Computer Power and Human Reason*），这本20年前的书，至今仍是该领域的优秀作品。当时魏泽堡在麻省理工学院担任人工智能学科的教授，他半开玩笑地编写了一个程序，可以模拟和心理治疗师之间的互动。他邀请秘书来测试这个系统，让他颇为震惊的是，秘书直接要求他离开房间，这样她就感觉自己是在隐秘的状态下进行忏悔了。魏泽堡对这种反应十分担忧，他在书里大肆宣传日益完善的机器将带来的风险，以及对人类可能产生的影响。无论如何，我们了解到保密匿名状态的吸引力，以及机器能带来的隐私，在有些情况下，这种好处将胜过向同类分享问题的渴望。

对于认为在交付专业工作过程中，同理心必不可少的观点，我们还有最后一个反驳，来自于我们在其他领域的经验观察。大多数个人和公司都无法负担第一流的服务，负担得起的实践经验的普及程度远远低于实际的需求。政策制定者和消费者可能因此面临严酷的局面，要不选择通过在线服务获得某种程度的指导，要不就什么都没有。怀疑论者可能会质疑，在线服务形式缺乏同理心，或者只能提供模拟的同理心，但我们认为这种服务所产出的，比方说，精确的诊断、意见或计算结果——无论如何都比在黑夜中摸索前进要好得多。

6.6 好工作

如果专业工作的变化可以带来平价实践经验的普及，许多评论家和专业服务接受方都可能受到吸引。但“好工作”反对意见的持有者担心如果过度关注这一点，以及其他因专业工作的变化能给用户带去的好处，我们可能会忽视这些变化对专业人士的工作性质和品质带来的负面影响。换句话说，如果我们把注意力集中在从消费者的角度看技术发展，而不关注知识提供方的相关成本，我们面临着连宝宝和洗澡水一并倒掉的风险。

每当说起知识提供方的时候，我们脑海中所想的包括目前专业领域的从业人员，以及可能取代他们的新的提供方。目前全球范围内受到影响，可能被取而代之的专业人士人数可能达到几亿人，因此“好工作”这一反对意见变得越来越重要。2009年英国政府在一份报告中估计过，英国大约一半的工作人口在专业领域就业。如果不考虑技术变化对这些劳动人口可能造成的后果，只考虑对于其他人的好处，那就不正常了。

技术变化可能损害经济活动中的工作质量这样的担心并不新鲜。早期的经济学家和社会理论家都有过这样的担忧。比如说马克思，就因为他关于技术可能带来的悲剧的著作而闻名于世，甚至于政治经济学家和哲学家的亚当·斯密，宣扬不受干预的自由市场和创新活动的坚决拥护者，早于马克思80年前，谈到过技术的负面影响。18、19世纪的英国工业社会，由于缺乏法律保障，工人们受到系统性的剥削和压迫。如果要拿他们当时的处境和如今专业人士所面临的情况做比较，那是反应过度了，但我们还是能够基于亚当·斯密和马克思的观点进行间接学习。

1776年，亚当·斯密发表了《国富论》，试图研究各个国家变得贫穷和富有的原因。他的答案，简单说来，就是不同国家之间的劳动分工程度各不相同。这解释了为什么有些国家可以享受到普遍富裕，而有些国家就无法做到。劳动分工理论背后的逻辑在于——通过把工作分解成各项任务，然后把它们分配给不同的人去完成，这样可以带来的生产力要远远高于一个人同时应付一系列任务的情况。劳动分工所涉及的范围越广泛（所影响的工作领域更多），其分工越细致（每个领域的任务分解做得越全面），所能实现的生产力就越高。

亚当·斯密用了一个如今广为人知的制针业的案例来说明自己的理论。他写道，“一个工人一天里用尽全力，也许能做出几根针，但无论如何做不出20根针”。但如果我们把这项工作分解成一项项任务，分配给不同的工人，“第一个人锻造拔丝，第二个人把丝拉直，第三个人进行切割，第四个人把针头弄尖，第五个人把另一头打出穿线的洞，总共可以分解出18种明确的独立操作”，这样十个人一天之内能够生产出48000根针，换算下来就是每个人生产其中的十分之一，也就是4800根针。“劳动分工，可以通过减少每个人的工作难度，把这种单一的操作变成他的谋生技能，必然会大幅度提高工人对相关技巧的熟练掌握程度。”这种劳动分工在制针业以外，经济活动的各行各业，累加在一起所产生的效果就能够解释穷国和富国之间的区别所在了。技术变化是亚当·斯密理论的核心，它们驱动着劳动分工变得范围更广、分工更细。

对于按照亚当·斯密劳动分工理论所生产的商品的消费者来说，这种生产力的提升是有益处的——它削减了成本，同时还提高了质量。但是亚当·斯密承认这种变化会让商品生产者普遍感到伤感和绝望。日复一日千篇一律的工作，用他的话来说，会让“人类陷入最愚蠢、最无知的状态”。对于亚当·斯密来说，工人“以他们的智慧、社交、英勇品质为代价，换取了特定技能的熟练度”。尽管身为自由市场的支持者，他仍然承认对于消费者有益的事情不见得对生产商也是好事。

80年后，卡尔·马克思对这一观点做了延展。他认为劳动分工是压迫性、剥削性以及违反人性的。马克思认为，当人们工作时，他们并没有感受到自我或者感受到自己掌控着局面。只有当他们不再工作的时候，他们才感受到“舒适自在”。人们被限制在分配给他们的任务中，只执行特定的某些流程，为最终成果贡献一小部分，对所制造的商品缺乏感情，对企业也缺少应有的归属感，离群索居，自得其乐。

亚当·斯密和马克思的观点也同样适用于专业人士目前的状况。从他们的著作中可以看到，即便是现代资本主义的早期阶段，人们就开始担心对消费者有益的改变并不一定受制造商欢迎。19世纪的劳动分工和21世纪我们在专业领域所观察到的情况类似得让人不安。为了帮助大家理解，让我们再来想一想专业工作如何被分解成不同的细分任务，再分别分配给最高效的提供方。在目前的专业工作领域，有些生产力的提升手段和亚当·斯密在制针业案例中的描述非常类似。这样实践经验就能够以更亲民的价格提供给更多人（就像当年可以大幅提高针的产量一样）。这正是我们所期待的转型——把专业工作从躲不开绕不过的定制化流程，转变成各种标准商品。直到最近，专业工作尚未完成工业化。但留给它们的时日无多。

劳动分工将减少旧的工作岗位，同时创造新的岗位。这里的问题在于，这些新工作显然不像19世纪血汗工厂那样具有剥削性或者磨灭人性。但相比专业人士目前所扮演的社会角色，这些工作可能会无聊得多，也不再那么重要。大多数专业人士对工作的期望都不局限于一份稳定的收入，同样希望这份工作有趣、有意义。古典社会理论家马克斯·韦伯（Max Weber）在《新教伦理与资本主义精神》（*The Protestant Ethic and the Spirit of Capitalism*）中形容过“具有使命感”的工作，具备“神的旨意”的任务。尽管有些宗教性质的寓意，但专业工作具备某些崇高目的这样的想法在许多专业领域普遍存在。人们希望工作能够实现双重目标——提供谋生工具，同时为生命提供目标和意义。提出“好工作”反对意见的人正是担心第二重目标受到威胁。

这种反对意见的第一个弱点恰恰和计算机可能替代的对象相关，至少在近期，被替代的任务都是目前人类所从事的最缺乏意义的工作。它们通常都是常规任务——显然，和其他工作比起来，高度重复而且索然无味。我们可以推断出最不容易被计算机威胁到的工作，同时也是未来人类从事的大部分工作，都将是非常规性的。艾萨克·阿西莫夫（Isaac Asimov）简洁地指出，“在任何简单重复的工作上，机器人即使无法超越人类，也至少可以做到和人类同样水平，实际上，这样的工作对人类大脑来说有失身份”。

更普遍说来，“好工作”反对意见体现为两种担忧。首先，有些让专业人士感到满足和刺激的任务和活动将来不再属于他们的工作范畴。反对者为专业人士将来失去这样的好工作而感到遗憾。这种观点，在某种程度上，其实是在惋惜一些保留至今的手艺接下去可能会消失。但是这种观点同时是反对分解任务的想法——正如马克思对工厂的劳动分工的评价，如果我们让人们都去操作整体事务的某个细节，他们可能会觉得自己被孤立在整件事以外。成为大机器上的一颗螺丝钉，却无法看到整部机器的运转，这可一点都不有趣。第二种担忧，专业人士担心自己未来的新角色、新任务和现在的状况比起来，其乐趣、意义、声望都会有所下降。我们经常听专业人士这么说，现代化进程什么都很好，唯一的缺憾是留给我们的工作变得无趣了。

这两种担忧都犯了本末倒置的错误。专业人士可能不可避免将要丧失一些原来的工作乐趣，我们对此表示同情，但是仅仅为了这一点原因就拒绝现代化进程是很难让人接受的。我们不可能为了保住专业人士的工作乐趣，就选择接受这种种现象——人们生病得不到治疗、无法接受教育、缺乏宗教信仰、牙齿损坏无处求治、法律纠纷无法解决、新闻传播力度不足等。我们的专业机构就是为了解决这些问题或挑战而存在的。那如果我们找到了更好、更快、更便宜，以及更便利的方式来解决这些问题和挑战，同时无法避免要牺牲专业人士的工作激情和动力，如果到了那一天，我们该如何选择？此时我们再次面对为提供方保留好工作与为消费者创造更便宜的商品之间的矛盾。我们需要在两者之间找到平衡。保持传统工作方式的价值必须拿来和把实践经验变得更为普及更为便宜的前景进行权衡。

我们强烈建议优先考虑服务接受者的诉求，让专业人士重新思考在技术互联网时代里，他们将如何工作，他们将如何实现自身价值。我们对他们所要求的只是不计其数地受到新技术严重影响的各行各业都在做的事情。

6.7 成为专家

在整个研究过程中，在和专业人士的对话中，我们常常被问到，“年轻人在接下来的日子里该如何规划自己的学习”。根据我们的基本假设，许多常规性、重复性工作，通过专业人士助理、海外业务外包、在线服务等方式，将取代专业人士的角色。那我们岂不是在剥夺年轻专业人士正在摩拳擦掌准备展开事业的机会？如果这些基础性工作都由其他方式来提供，那年轻人要从何入手，才能踏上成为专家的事业道路呢？

维持专家的新生力量

这种“成为专家”的论调显然非常值得重视。如果我们都同意专业人士未来仍然有必要存在，如果对专业工作进行改革抑制，甚至彻底消除未来专家的新生力量，那样就产生负面效应了。这个挑战可谓十分严重，但我们认为，其并不致命。原因在于，大多数付费用户对这一问题并不关心。讲究实际的服务接受方认为这一难题可以靠培训来解决。如果的确存在现实可行的方案，能够以低得多的成本以及好得多的质量来完成专业工作的交付，那么在我们改造专业工作的同时，也应当重新设计专业人士的培养路径。我们要尽可能动用创造性思维，重新思考年轻专家们将要如何面对未来的职业前景。如果只是因为传统培养方式和现代化路径无法契合，就决定终止与实践经验的创造及传播方式相关的改革，那就显得不合理，也太缺乏想象力了。大多数专业工作的接受方，如果有条件选择的话，会选择提供低价服务和指导的机构，这些机构不得不重新设计后备专家的培养计划，而不愿改变人才培养模式的机构因为服务收费居高不下而将被市场淘汰。这里还有一个相关问题——在这个注重成本的时代，服务接受方始终在要求更低的价格、更多的服务，他们也同样不像以前那样愿意继续为刚入行的新人在项目中所花费的学习时间来付费了。简而言之，客户越来越不愿意为培养外部服务人员承担费用了。

在调研工作中，我们和许多领域充满抱负的年轻专家交谈过，也邀请他们来发表意见。通常他们的回应是，经过一段时间的所谓培训，他们能够掌握许多技能，并没有必要再进行几个月的反复操练："我们只需要几天的学习就足够了""我们不需要几年的时间"。对于专业机构，应该换个说法——让我们不要把"培训"和"剥削"混淆起来。商业现实告诉我们，这些年轻人只能从事常规工作这一现象，是由专业机构的金字塔盈利模式决定的，"借用"年轻专业人士其实是它的核心思想。在这种模式下，这些初学者得到的收入和公司从客户那里收取的费用有巨大的差额。以培训或者教育的名义来包装这种做法是十分虚伪的。

让我们还是回头来看看专业事务所的情况，如果客户拒绝为接受培训的年轻专业人士付费，那很可能会带来两种重大影响。第一，事务所可能会大幅缩减应届毕业生的招聘数量。尽管出于专业健康发展的考虑，事务所可能会觉得自己有义务去培养下一代的专家，但他们可能不会再按过去那种财务状况更宽裕的业务模式去培养同等数量的"人才"了。第二，以后年轻专业人士的收入将明显减少。如果他们的工作没法带来足够的服务收入，他们的市场价值和薪资期望也会相应下降。只有那些额外出色的人才能够幸免于难，针对他们的争夺战仍将持续许多年。

那么如何解决培训的难题呢？我们建议进行简化，改变原来那经年累月的、常规的、重复性的边干边学的方式。受到篇幅限制，我们只能描述一下替代性方案的概括，其中应当包含三大基本要素。

第一，重新建立学徒制。我们从广大专业人士群体得到的反馈是，一旦年轻人已经完成正式的资格测试，那掌握工作技能最有效的方法就是跟着经验丰富的专业人士边看边学。这意味着学徒和老师待在一个房间里，在开放空间里紧随身后，近距离观察外科手术，在课堂上坐着旁听，或者跟随记者外出报道。年轻专业人士应当有机会去学习、吸收、效仿经验丰富的前辈的日常工作习惯和方法。有了这些，再加上合适的辅助技术，新人们就能仔细观察成功专家如何解决问题、让顾客安心、进行沟通并提出预防措施。这种做法和现行的方案形成鲜明对比，以培训的名义直接把年轻人派遣到办公楼的地下室去，从事常规和重复性的工作，再向客户收取高昂的计时费用的做法已经快要行不通了。地下室里也无法学习到最佳实践方法。

第二，尽管听起来有些多余和缺乏效率，那些已经外包、交付给第三方去处理的大量工作，年轻专业人士应当从中挑些样本尝试自己操作。就算这些工作交给其他服务提供方（其他人或者机器），完成质量可能更高，成本也会更低，但新人对这类工作有些接触也是非常重要的学习经历。我们如此对待新入行的专业人士，就像是即便有了计算器，我们仍然坚持教学校里的孩子们学习用手用脑来进行算数计算一样。一方面，这样可以帮助他们学习工作技能。另一方面，这种经历可以帮助构建质量控制体系。无论如何，和目前相比，未来用户们不会愿意再为培养新人而支付高昂的费用。

我们建议中的最后一片拼图，也就是第三点，是在线学习。在本书其他地方我们已经提到过在线学习的飞速发展现状了，各种技术改进了教学体验，并极力拓展了在线教育的可能性。这些工具和方法也完全可以应用到其他领域。当然，目前的在线学习形式已经超越了诸如在线讲座、在线指导、虚拟督导等第一代技术。专业教育的阶段性进展将伴随第二代以及接下来的技术更替而发生，特别是在线模拟专业工作这样的浸润式教育。在真正接触人类客户之前，接受培训的新人们，将要经受极为复杂的虚拟学习环境的考验。

以上的分析有自身的局限性，因为它的关注点在于如何成为一名以传统方式提供专业服务的专家。换言之，它集中分析了实践经验创造传播模式中的第一种和第二种，即“传统”以及“专家网络”模式。它只是我们针对下一代专业人士的生存能力给出的建议，但是，我们也的确认为尽管这一类职业人群可能还会存续许多年，但是在其他模式成熟之际其从业人数将会逐步减少。

我们在把年轻新生力量培养成什么样？

这个问题问到了人才培养的核心。如果这本书的核心论点是正确的，甚至是普遍适用的，那么我们目前为那些充满抱负的年轻专业人士设计的培养训练计划就值得推敲了。如果专业工作中的工匠手艺已经开始淡出历史舞台，将来由各种专业人士助理、知识工程、经验社区、嵌入式知识、机器生成的经验取而代之，那么有一个重要问题必须得到解答——我们在把这些年轻的生力军培养成什么样？我们担心的是，目前这些精心设计、复杂精细的培训方法和机构都在以20世纪专业人士为模板去培养新人，并没有把技术互联网时代的各种特征，比如在线形式会主导服务领域、日益强大的机器将开始取代人类完成复杂工作等考虑在内。年轻专业人士所接受的那些技能培训，在不久的将来，外行人士、专业人士助理甚至机器都可能具备相应的能力，对此我们表示担心。还有一个相关的担忧——不仅仅是年轻人所接受的培训可能是不对的，更糟糕的是政策制定机构根本没有意识到这个问题。这些政策制定者大体上都属于老一代，他们通常对根本性的变革持怀疑态度，但又同时负责制定教育政策。

让我们来思考两个原则性问题。第一个是："我们培养下一代专家的方法是什么？"第二个是："我们在向未来的专业人士灌输些什么？"

对于第一个问题，我们在书里多处提到过，对于未来的教育形式的思考，在某种程度上是一个答案。前文中我们提到过许多技术，比如说SPOC（小规模限制性在线课程）以及个性化学习系统，应该被直接用到专业人士培养过程中去。教育领域的改革并不局限于高中、大学教学。我们观察到的变化是适用所有学习情景的，在线资源越来越充沛也让教育者拥有了更强大的工具，可以让新人们接触过去大量实际问题和解决方案，让他们直接深度浸润在相关领域的文化价值体系内。

第二个问题我们还没有完整的答案。目前我们还没法确定在我们所预测的未来世界里新工作和任务的全貌。因此我们也无法猜测企业家们将如何设计创新型的服务去适应未来的新环境。但无论如何，根据我们所提出的实践经验的六大创造传播模式，我们可以找到一些未来专业领域内的核心任务，而下一代专业人士应当具备相应的技能去执行这些任务。让我们开始下一章节，对这一问题展开讨论。

6.8　找不到未来的社会角色

这本书的中心思想就是，随着时间的推移，社会对于传统专业机构和专业人士的需求会下降。下一章，我们会站在更为长远的角度探讨专业人士这个群体最终是否会完全消失。对于这一章来说，如果我们假设传统专业人士的职位会减少，那对现在这一代志向高远的专业人士会产生哪些影响呢？提出这类问题的人通常都有着找不到未来社会角色的反对意见。他们所担忧的是未来专业人士将彻底失业，不再找得到对应的社会角色。

我们并不倾向于为传统专业及其相关领域的从业人士创造出全新的职位描述，我们认为专业工作的职位这种概念在不远的将来会拥有完全不同的内涵。当然，在这样一个满是剧烈以及持续变化的时代，“一份工作终老此生”的想法多少显得有些另类，甚至在某些人看来，已经成了空想。因此可以做一个总结，下一代人在一生中可能会从事几份不同的工作。但是，随着专业工作不断被分解，机器变得越来越强大能干，就业市场迅速做出响应，我们预期人类将不再以职业为基础，而是以任务为模块来接受培训。以这一概念作为基础，再加上我们之前描述的实践经验创造传播的六大模式，我们可以开始尝试性地描述，在后专业时代里人类的角色、应当承担的任务和活动。我们把它们总结为12种未来的“角色”。

手艺人

助手

专业人士助理

同理心提供方

研发人员

知识工程师

流程分析师

网站管理员

设计师

系统提供方

数据科学家

系统工程师

未来许多年里，我们仍然需要手艺人——富有才华、经验丰富的专家，他们能够完成那些找不到替代方案的任务，甚至高度智能的机器也无法取代他们。这些最杰出也最聪明的人，将持续以现有方式创造价值，专业人士助理或大量外行人联合起来也无法复制他们的水平。另外，尽管我们对种种反对意见提出了反驳——比如说，对技艺失传和好工作消失所抱有的顾虑——我们估计还是会有一些人，出于怀旧情绪，希望使用拥有传统手艺的专业人士，即便此时已经有了机器无须再保留相关手艺。这些手艺人，按照传统或专家网络模式来行事，但他们有时会需要聘用助手。

助手，是指那些在相关专业领域拥有足够的知识和技能，但又尚不足以让他们成为专家的人。在接下来几年里，尽管不像对专家的需求那么大，但我们仍然需要人类助手去辅助专家完成那些定制化的服务。的确有许多任务需要足够的经验和知识去完成，所以在出现合格的替代方案之前，传统专业人士和助手这样的角色仍然是需要的（比如说，医院里的登记人员、律师事务所的准合伙人、税务审计业务的中层管理人员）。但是这些职位的总体需求量正在减少，还有其他情形会需要助手这个角色。有些任务相对来说只是偶尔发生，因此不太需要把它们变得系统化；同时由于这些任务属于低频事件，也很难利用有限的在线资源来协作完成。尽管这些任务并不需要十分深刻的专业知识，它们仍将需要专业人士参与其中。如果助手把自己的工作成果公布出来（也许通过某些在线平台），这类任务将来会越来越少。如今需要经验老到的专家施展手艺来完成的许多工作，在未来都会被一类新的专业人员来执行——专业人士助理。借助标准化的流程和系统，这些通才能够完成如今只有高级专家才有能力完成的任务。这就是专业人士助理模式。很容易把专业人士助理这群人想象成正在完成职业身份转变的刚入行的年轻人。但这种观点严重低估了许多专业人士助理的技能和才华，错误地解读了下一代人的能力和影响力。

专业人士和助理们的关键技能之一，虽然常常被忽略，就是能够向帮助对象提供聆听以及同理心——比如说，向病人和客户传达坏消息时要注意措辞保持敏感，同时也应该和他们共同庆祝好运气。未来将会需要这样一类人，他们睿智、富有同理心、自律……我们将他们称为“同理心提供方（empathizers）”——他们让服务接受方感到安心，这种服务和解决方案本身正确与否同等重要。表达同理心这件事会成为部分专业服务分解任务中的一种。长期来看，就像在同理心反对理论那一章节所讨论过的，我们期望机器也能参与到表达同理心的过程中，但是我们也明白这有待时日才可能实现。

本书贯穿始终的观点是，将实践经验提供给社会的方式将会持续发生变化以及进化。就像消费电子和医药公司必须持续进行发明创新，实践经验的提供方也应当如此。除了维持特定领域的知识更新以外，专业人士和其他服务提供方都需要针对实践经验未来可能的交付方式，开发相关的新能力、技巧和技术。这就需要用到研发人员了。

许多现在仍然在通往传统专业人士的道路上接受培训的学生们，将来在适当的时候，都会承担起知识工程师的角色。这些新兴专业人士将会专注于开发某种形式的在线服务——我们称之为知识工程模式。他们需要掌握分析某种领域的专业知识的技能，这些知识来源于教科书，也来自于其他专家的经验，他们还需要具备把这些知识以某种方式在互联网系统中构建出来的技能，这样外行人士和专业人士助理就能够直接使用了。今天的专业工作专注于某位客户的特定情况，而知识工程模式致力于开发出更加普遍可用的知识组织模式，可以适用于各种情形，用于为客户提供解决方案、建议和指导意见。

在这本书里我们反复提到过把专业工作分解成具体的任务，再通过新的方式把任务分包出去。但是分析专业工作，把它们分成有意义并且可管理的子任务，并找到合适的方法去管理每个项目，这样一件事本身就需要专业见解和经验。这就是流程分析师的角色了。这些专才还会参与整合那些为专业人士助理提供辅助的程序和流程。这里需要实质性的知识和专门技巧——把专业知识和经验提炼成某种专业人士助理能够应用的形态（包括流程图、核查清单以及决策图等）。

尽管类似维基百科的网站，还有现行的一些协作网站都可以进行有限的编辑，但构成实践经验的相关资源和社区应当具备更加清晰的结构，以及更为系统化的审校。过去依赖专业人士经验的那些场景中，用户将来会改变习惯开始使用这些系统，因此对于系统中内容的监督和质量把控就必然非常重要了。这些任务需要网站管理员这个角色来执行，他们不仅拥有实践经验，还掌握技术手段。

将来，把实践经验通过在线平台提供给社会这件事本身也是一件核心任务，并且会成为一种重要的专业技能。我们对于在线服务的设计和内容的思考仍然停留在早期，将来人们必定会回顾我们今天所做的一切（比如说在线提供医药或商业建议），发现我们所采用的展示方法、结构以及内容都很幼稚。但是假以时日，在线服务一定会变得符合用户习惯、简单易用、适合各种知识程度的用户，并且不仅能够帮助用户轻松解决问题，还能提前预防问题发生。提供在线平台的专家——我们认为他们是设计师——将为我们构想、设计那些在线系统。

那些实际完成在线专业服务交付的人可能并不一定是这个课题方面的专家、知识工程师或者设计师。他们的真正角色是系统提供方，有时这些人所做的一切是出于慈善目的，但更普遍的是商人，他们会设计各种方法，也许通过订阅费用，也许通过更隐蔽的收费方式，从这项服务中获取利润。

还有一个新的专业群体，我们称为数据科学家——这些数据方面的专家掌握了用于获取分析大量信息的工具和技术，他们的目标是从数据中找出相关性、趋势、因果关系。和许多新角色一样，他们需要混合背景，不仅要了解并熟练掌握各种技术，也需要熟悉他们所服务的专业领域。

最后，我们还需要系统工程师，他们将付出精力去开发那些我们预言中的机器，将来能够直接创造实践经验的机器。按照今天的叫法，我们可以称它们为人工智能系统、大数据系统或者智能搜索系统。这些工程师是按照我们所描述的嵌入式知识或机器生成模式来负责搭建相应系统的人类（目前还是）。如果我们放眼未来，就像我们在书里多次强调过的，许多机器生成实践经验的相关技术可能根本还没有被构想出来。

当然，我们必须要回答这些被识别到的新角色和新任务究竟能够存活多久。也许有人会认为，如果下一代机器将要取代如今的专业机构和从业人士，那它们必然也会威胁到这些未来的专业角色，这的确有可能。在下一章里我们会探讨这个问题，如何去应对技术取代人类这样的状况。

6.9 三类错误

这一章里的每种反对意见，从各自的角度试图论证如果人类任由目前的专业工作逐渐消失，那将是非常不明智的，其中有些观点相对来说还十分站得住脚。但是，没有任何一项足以让我们放弃信仰，就像我们在下一章，也就是结论部分将要告诉大家的，对专业工作进行改造转型才是更顺应潮流的选择。纵观本章所提出的各种反对声音，我们可以把它们归纳为三类错误。

第一种错误，随着时间的流逝，方法和目的这两者之间的界限变得越来越模糊。我们在这本书里试图通过不同的角度，把专业工作本身和它们需要解决的问题以及复杂状况区分开来。专业工作存在的根本目的就是为了帮助普通人获取他们所缺少的知识和经验。它们帮助解决了人类只具备有限知识的矛盾。专业工作只是方法，终极目的是为了把实践经验提供给需要的人们，但是让我们想想人际互动这条反对意见。在印刷工业社会，分享实践经验最有效的方式的确是通过面对面的互动。但是随着时间的推进，人际互动这一做法本身成了专业工作的某种价值，这和提供实践经验的相关效用已经相去甚远了。在技术互联网时代，实践经验的创造传播都有了更为有效的途径，不再像从前那样需要面对面沟通了，如果仅仅为了尊重传统（和结果效用本身无关）就抵制重要的变化就是犯错误了。生活中还有无数其他机会可供人们进行面对面接触与互动——为什么我们如此明确的社交需求要通过和会计师、医生的当面交流才能得到满足。

第二种错误，在不可同时得到满足的价值诉求之间无法做出正确的抉择。本书主张的转型是为了让实践经验变得更加易于获得、费用变得低廉。我们有充足的理由把这作为优先价值诉求，但是这种转型要求我们不得不放弃许多传统做法——比如说，放弃那些专业工作中的手艺做法。当然，我们首先应该思考，是不是应该去探讨那些即将被抛弃的做法（比如说人际互动）的价值，还应该思考有些方面究竟是不是真的遭到了威胁（就像同理心，未来在同理心方面我们可能会做得更好）。但是现在让我们放下这些疑虑——暂且认为它们都是有价值的，我们所提出的转型也的确威胁到了它们。按照这一思路，我们必须在互相矛盾的价值诉求之间做出抉择——究竟应该选择更加便宜、更多人可以获得的专业知识，还是选择维持某些令人愉快的现状。为了决定转型以何种速度、在多大范围内展开，我们必须在这些价值诉求之间找到最佳平衡。在我们看来，转型应当被优先考虑。专业工作在人类社会里，肩负着非常关键的职能、提供着重要的服务。尽管如此，实践经验的服务人群以及相关服务的价格水平都低到十分可悲。我们再次强调这两大原因——他们所提供的服务的重要性，以及这种服务目前并不充足——必定比保护现状更为有价值。

第三种错误，期望机器的表现比人类更好。比如，当我们听说一个在线诊断系统可以达到80%的正确诊断率，我们立刻下意识地认为这20%

的误诊率不可容忍，而不会去和人类医生目前的正确诊断率加以比较再做判断。在本章的讨论中，我们多次发现这类反对意见。有些人认为取代专业机构的人和机器应当拥有相当高的道德水准，或者比现在的从业人员更多的同理心。正如伏尔泰曾经提醒过的，在专业工作的转型过程中，我们不应该让追求完美反而妨碍了实际可能达到的成果。通常，当我们评价新系统或新服务时，不应该去和传统服务做比较，而应该看看它们是不是做出了零的突破。

第七章

后专业时代

当我们2010年开始筹划写这本书时，主要的关注点在于讨论未来专业工作将何去何从。但是在我们研究和写作的过程中，我们意识到，由于两大原因，如果把注意力都集中在目前的专业工作上就显得过于狭隘了。首先，当我们思考专业工作存在的根本意义，当我们为专业人士所扮演的角色寻找相关理论，我们发现了一个更为基本也更加重要，需要得到解答的问题——人类社会究竟应该如何来分享实践经验？随着研究逐步深入，我们开始明白通过专业人士只是其中的选项之一。

在印刷工业社会，为了解决人类与生俱来的缺陷，也就是有限认知，专业机构作为一种标准解决方案，开始扎根。当人们在生活中遇到某种情况，需要用到一些特定知识，我们就自然而然会去找专业人士求助，但我们并不能就此认为至今这仍是唯一或者最佳的方案。我们应该保持开放的思想拥抱各种可能性，我们从印刷工业社会向技术互联网社会进化的过程中，会出现新的方法。我们应该对这些新方法进行考察。

这种思路也引导我们得出了不应当把研究对象局限在专业工作的第二个理由。当我们接触到前沿性工作时，我们发现技术和互联网不仅被用于改良以前的工作方法，它们也带来了更加根本的变化。它们创造了新的方式，让获取实践经验变得空前容易。因此，进入我们视野的不仅仅是在传统专业工作范畴内所找到的各种改进，更加吸引我们的是系统如何大幅提高了实践经验的普及程度，提高了人们解决问题的能力。

因此简单说来，我们在着手写这本书的初期就确信，如果只研究专业工作的未来，那就本末倒置了。那样就会把自己限制在过去和现在的制度中，忽略了新出现的分享实践经验的可能性和能力。

总之，我们决定这本书应当既从如今的专业工作出发，同时也研究将要取代它们的事物。

关于如今的专业工作，我们认为它们将会经历两组平行的变化。第一组主要来自于自动化。传统的工作方法在技术的帮助下，将被简化和优化。第二组变化则由创新活动来主导，日益完善的系统会改造专业人士的工作，并且催生出分享实践经验的新方法。长远看来，第二种未来将会胜出，现在的专业工作将被全面瓦解。像我们在前文中提过的，将来在某些特定场景下，还会需要传统专业人士，但这一需求是逐年下降的。另外，有些属于专业人士的全新社会角色会出现，尽管现在的专业人士会质疑这些角色是否能够得上专业属性；许多新角色到了一定阶段，也同样会被新系统和其他人取而代之。对于专业工作来说，这些打击无法避免，再过几十年，如今的专业人群在社会上的重要性将显著降低。

那么专业工作时代过后会怎样呢？长远看来，什么样的人和系统会取代专业工作？为了回答这些问题，又引出了一系列难题。在我们深入展开之前，必须为大家提个醒。只对接下来十年将要发生的事情感兴趣的读者应当直接跳到本书的结论部分。同样的，不注重理论、偏重实用研究的读者也应该考虑直接跳过本章剩下的内容。

现在我们邀请剩下的读者加入我们接下来的旅程，但我们并不会去医院拜访医生，不会去法庭找律师，也不会去教室里见老师。相反，我们会一起去面对三类航母级的大问题。

第一类问题是，未来机器的智能之处在哪里，它们的局限性又在哪里，这些机器会不会像人类一样思考并且拥有意识？未来，专业工作的那些传统任务中还有多少需要人类来执行？这些问题引导出了第二类问题——技术性失业，机器是否将无情地让大部分人类面临失业？最后一类问题，我们要应对一种质疑意见，它认为“解放实践经验、把所有信息公布到互联网上的想法非常好”，但这样的想法既不切实际也不可行。

7.1 日益能干却并不思考的机器

本书的核心主题在于，我们的机器和系统都在变得越来越能干，假以时日，在许多任务上它们必将超越人类的水平。我们再次强调，在对技术进行吸收和利用的竞赛中并没有终点。我们看到势不可挡的进步潮流，由市场力量和人类智慧驱动着，每项新发明都从基础技术的指数级增长中不断汲取着能量和能力。

许多观察者会对系统的智能程度，以及未来机器是否会和人类一样拥有意识提出疑问，这很容易理解。从20世纪中期，人工智能专家就开始思考这些神秘的问题了，这个基本的谜题也已经困扰了哲学家们千百年。读者朋友们请不要惊讶，在这本书里我们并没有完成破解，也没有找到答案。但是在这一章里，我们的确从不同的角度谈到这个问题，与此同时我们回到了一个常见的误区——AI谬误——它使我们观察专业工作的未来的视线变得模糊。

之前我们写到过一系列已经面世的技巧和技术，它们已经能够出色地完成许多任务。也许最为引人注目的是IBM的Waston，当这个计算机系统2011年出现在智力竞赛电视节目Jeopardy上，并打败了两位有史以来最厉害的人类选手，它因此而一举成名。关于这次壮举有许多报道，但哲学家约翰·塞尔（John Searle）在《华尔街日报》上的评论的标题是最机智、最深刻的："Waston并不知道自己在Jeopardy上获胜了。"我们还能继续发挥下去，Waston虽然获得了巨大胜利，但它并没有大笑或者大哭的冲动，也没想到要去喝一杯庆祝一下，或者和亲密朋友分享喜悦、聊聊感受，或者对那些刚刚被它打败的对手表示怜悯。不管是事前还是事后，Waston也都没有梦到过这场胜利。当然，IBM有能力预先设计一些欢呼、笑声、情感表达以及回忆功能，但是这些输出并不会让系统拥有意识和感觉。Watson是一个伟大的系统，但它的设计者和使用者都不会认为它会像人类一样具备想法和感情。

Waston无法思考这件事情有关系吗？在尝试回答这个问题的过程中，我们挖掘出开发人工智能的一系列动机。我们从20世纪80年代早期开始观察人工智能领域，当时我们发现有许多研究派别。其中有心理学家和一些人工智能科学家希望通过研究AI来加深对人类大脑的认识；也有计算机科学家认为创造人工智能系统的最佳途径是采用神经学家和心理学家所描述的人类思维和大脑运作模式；还有哲学家把几百年前关于意识的理论加入到讨论中。最后，专家系统工作人员——通常情况下——会参考人类"如果……那么……"的决策思考流程，把这些复杂的决策过程变成非专家可以通过导航完成的任务。我们属于最后这一派，并且参与开发了法律、审计、税务甚至医疗领域的专家系统。但是，我们对其他三类研究派别的工作非常感兴趣，倒不是因为对我们的工作产生过多少帮助，而是因为这些派别的相关著作十分引人入胜。我们是世界上第一套商业级别的法律专家系统的联合开发者，但我们从未把大脑运作的复杂模式作为开发基础，也并不认为我们的系统能够对心理学或哲学做出贡献，而且也不相信这个系统拥有意识或能够思考。但是我们确信这个系统是有用的，它的表现可以超越任何人类律师。我们的系统就像Watson一样无法思考，也远不如Watson那么有影响力，但我们的系统依旧表现非常出色。

用当时一些人工智能科学家和哲学家的话来说，这些系统的标签，也许带点鄙视，只能是“弱人工智能”，而够不上“强人工智能”。总体说来，“弱人工智能”所指的是能够在行为上表现得类似人类的智能系统，但其实它们并没有意识；而“强人工智能”则指的是那些真正具备思维能力和认知状态的系统。后面这种观点常常把人类大脑和数字电脑等同起来。

如今，“强人工智能”的风靡程度胜过以往任何时候，尽管有许多极为重要的问题还没有得到答复，而我们也无力回答。如何才能了解机器所拥有的意识是否和人类一样？为了回答这个问题，我们又从何知晓所有人类所拥有的意识都是一样的？或者再换个问题，我们如何确信某人（除了“我”以外）是拥有意识的（这是“其他心灵”的问题）？人类并没有被这些哲学问题吓退，围绕构建大脑和创造意识的相关书本和项目层出不穷。20世纪80年代期间，我们曾经用人工智能之父马文·明斯基（Marvin Minsky）说的话来开玩笑，他曾经说过，“下一代的计算机会变得极其智能，它们如果不把人类变成宠物，我们就该感到十分幸运了”。如今，认为计算机将变得比人类更智能的观点不再被人们嘲笑，也不局限于科幻小说了——牛津大学人类未来研究院的院长尼克·波斯特洛姆（Nick Bostrom），在他写的《超级智能》（*Superintelligence*）一书中详细探讨了这种前景。关于“强人工智能”的信心的不断增长，至少某种程度上，来自于Waston的成功。有些讽刺意味的是，Waston本身归属于“弱人工智能”类别，也正是因为它无法进行有意义的思考，才导致有些人工智能科学家、心理学家、哲学家对它不那么感兴趣。但是对于实用主义者（比如我们）而不是纯粹主义者，Watson究竟属于“弱”还是“强”人工智能并不那么重要。无论它会不会思考，实用主义者对高性能的系统，都很感兴趣——Watson不需要掌握思考技能就能够脱颖而出。计算机也不需要会思考、拥有意识才能通过图灵测试。这个测试严苛地要求一台机器能够骗过用户，让他们相信自己在和人类互动。一个弱人工智能系统原则上也能够通过图灵测试，因为在这项测试中对智能与否的判断仅仅取决于行为表现。表面上，机器和一个有知觉的人类做出的反应可能难以区分，但这并没法帮我们推断计算机是有意识或者会思考的。

事实上，“弱人工智能”其实并不那么弱。这种弱是根据人工智能无法复制人类大脑及其意识推断出来的结论。但即便有些弱系统无法思考，操作方式也和人类不同，它们正在变得越来越强大，甚至超越了人类的水平。

许多年前我们在另一个人工智能领域（至少早年人们这么认为），语音识别领域发现过这种情况。开发能够识别人类语音信息的系统这一挑战最终是借助蛮力计算和统计学才实现的。一个能够区分“抱负”和“报复”的高级语音识别系统，并没有像人类那样依靠前后语境来理解区分，而是依靠统计分析大量文件数据去辨别。比方说，哪些词更可能和“抱负”连在一起使用。这样一来我们的确能够创造出非凡的、高性能的机器，它们无法思考，也并非复制人类智能模式而来。早在1985年，这一点就已经被诺贝尔奖得主理查德·费曼天才地预见到：

有些人看着运作中的大脑所产生的活动，发现大脑在许多方面超越了今天的电脑，但电脑同样也在许多方面胜过人类大脑。这不断激励着人们去设计更能干的机器。通常的状况是工程师按照他所想象的大脑工作原理去设计相应运作机理的机器。这部新机器很可能运作非常良好。但我必须提醒，这其实和大脑的实际工作原理没有任何关系，其实为了使计算机变得更强大，根本没必要去搞明白这事。就像在制造飞行器的过程中，没必要去了解鸟类如何拍打翅膀以及羽毛的工作原理。为了制造能够快速前进的有轮汽车系统，并不用去学习跑得飞快的猎豹如何利用腿与腿之间的杠杆系统。因此为了制造出能够多方位胜过大自然的装置，并不需要去细致地模仿每一种自然现象。

国际象棋大师加里·卡斯帕罗夫（Garry Kasparov）提出过类似的观点，而且对他而言，个人感受更为深刻。1997年，卡斯帕罗夫是当时的世界国际象棋冠军，但他被IBM开发的国际象棋系统“深蓝”全面打败。某种程度上，他所经历的是一次不同的比赛，用卡斯帕罗夫的话来说是：

人工智能世界，尽管对比赛结果、对世界的关注程度很满意，但深蓝本身，却和人工智能前辈们几十年前所想象的，能够成为国际象棋冠军的那个梦想机器相去甚远。这台计算机无法像人类一样思考或下棋，它没有创造力和直觉，相反他们看到这台机器只是每秒钟系统性地评估两亿种可能的下法，最终通过蛮力计算获得了胜利。

这里所传达的信息应该很清楚了——我们可以开发出高性能、不思考的机器，即使它们有着自己的工作方式、和人类做法相当不一样，这不影响它们超越最为杰出的人类专家。对于专业人士来说，这里的信息也是相当明显了。我们不需要先去理解再去复制人类专家的工作方式，我们也并不需要能够思考的机器才能取代许多人类专家的工作。1988年我们已经开发出法律专家系统，证明过这件事了。但是我们发现，学者、从业人士、记者常常认识不到这一点，他们都犯下了AI谬误。

7.2　对人类的需求

许多年以后，高性能、不思考的机器用着它们那非人类的方法，比顶级人类专家更为出色地执行着各种任务。这样一来，对于那些目前由人类专家来执行的任务，长远来看的话，在多大程度上还需要人类呢？在一个机器变得越来越能干、越来越常见的世界里，人类专家会变成什么角色？如果在技术互联网时代，这些无处不在、不思考、高性能的机器能够完全满足我们的需求，那人类将何去何从呢？

这里其实隐含了两个问题。第一个问题在于未来的系统是否能够以超过顶级人类专家的水准，执行所有的任务。第二个问题是针对一部分特定任务的，即便能够交给自动化机器去执行，其完成质量也会高于人类专家，我们是否仍然会选择把这些任务交给人类去完成？

人类专家和机器各自拥有的能力

为了解答以上第一个问题，让我们来想一想专业人士在日常工作中所展现出来的四种能力。首先是认知能力——思考、理解、分析、推理、解决问题、再反思；第二种是情感能力——拥有感觉和情绪，内省的或对外的；第三种是动手能力——物理和心理运动能力；第四种是道德判断力——能够区分正确与错误（好与不好、正义与非正义等），可以进行对错的推理，以及更为重要的一点，能够为所做的选择、决策、提供的指导以及自身的行为承担责任（已经判断过对错的行为）。心理学家和哲学家无疑会提出不同的分类，甚至希望对它们再进行细分，指出其中的重复交叉概念。我们的确采用了简化的方法，但我们相信它已经说明了问题的关键。

当我们用描述人类行为的词句来表达对机器的怀疑论时，会显得特别具有说服力。比方说，当我们主张说："机器永远没法具备思考能力或感情,拥有手艺人般的感官，或者决定哪件事才是正确的。"这样的思路听起来比较令人信服。确实，难以想象一台机器可以像法官那样清晰思考，像心理分析学家那样表达同理心，像牙科医生那样精巧地取出一颗智齿，或者对避税行为形成自己的道德判断。但是这里有个问题，我们在表达观点时所选的词语引导出结论本身。当我们使用"思考""感受""感触"或者"道德"来研究机器时，因为这些词汇本身是用来形容人类行为能力的，因此很可能在彻底展开探讨之前就把机器排除在外了。如果我们相信或坚持认为思考、感受、感触和道德是人类独有的体验，那任何人类以外的主体都无法复制它们。但是，哲学家会说，这个理论只在定义上成立。这是一个循环论证。如果我们把任务定义成人类特有属性的，那机器无法执行它们也就不足为奇了。这样分析问题最终将一无所获。

其实这里潜藏的问题还是我们的老朋友——AI谬误。我们应该避免总是从人类观点出发去看待宇宙万物。考量未来的机器是否具备超越人类的潜力时，关键问题并不是实现方式，而是最终结果是否优秀。换句话说，机器是否能够取代人类专家的评判标准并不是它们是否具备和人类同样的能力。我们需要关心的是系统能够提供超过人类的服务水准。因此当IBM的Waston在智力问答类电视节目上打败了最厉害的人类时，真正有意义的是Waston获得的分数更高，它是否和血肉之躯的对手一样具备认知状态是无关紧要的。

我们可以再精确一点，这里的根本问题是机器和系统是否能够执行任务，这些任务要求人类具备认知、感情、动手能力以及道德判断力，但机器和系统究竟具备什么能力去执行任务却并不相关。

对于认知类的任务，一种可行的方案是：机器负责解决相对简单明了的推理和问题，任务更为复杂时人类专家再加入。大多数专业人士都表示能够接受这个宽泛的说法：日常性工作可以交给机器，人类专家负责处理需要创造力、创新思维以及战略思考的棘手任务。但是这里有两个问题，问题之一，专业人士总是有意或无意地，倾向于夸大真正需要用到深厚专业知识的场景的发生频率。通常任务中所需要的创造力、创新思维以及战略思考部分，也只是任务的构成要素之一——就所花费的时间而言，暂且不考虑所创造的价值。专业人士如果对此表示怀疑，可以花上一天好好分析一下自己所经手的所有活动和任务，然后再问问自己其中哪些可以交给专业度相对较低的同伴去做。每天的工作场景中，真正需要专家的情况是如此之少，真相令人不安。问题之二，有些任务尽管目前很复杂（比如法律、税务和医药问题），但是它们能够被简化成日常性工作。这特别适用于那些在一系列紧密相关的法律法规框架中形成的任务——情况通常如此——此时系统通常能够比人类专家更好地完成任务。以上分析告诉我们，留给人类专家的任务应当需要用到某种认知能力而无法被日常化，也就是无论通过何种协议、算法、决策图标、核查清单或其他方式，都不能被简化成日常任务形式。这就是为人类专家所保留的领域吗？这就是人们可以创造独特价值的地方吗？为了回答这个问题，我们可能需要找出机器和许多专业人士的区别。

我们的假设是系统会变得越来越强大，那些如今无法简化成日常性工作的任务，未来也会被它们收入囊中。不思考、高性能的机器的工作方式和人类并不一样，越来越强大的机器（它们可能基于人工智能、大数据或者尚未发明出来的技术）推导结论和提供指导的方式在人类看来是属于富有创造性或者原创性的。系统会通过建立联系、识别规律和相关性去寻找解决方案，这种方式在我们看来是机智巧妙的，而且远远超越了我们的认知能力所能达到的水平。

因此如果把所有的专业工作作为整体观察对象，我们认为真正需要创新的只是其中一小部分任务，随着将来机器变得越来越能干，这一小部分为人类专家保留的领地还将不断缩减。

那人类专家的情感认知能力呢，也同样受到威胁吗？我们相信一开始有些场景是如此重要、敏感、情绪化，以至于只有人类同胞才能够提供恰当的帮助。对于将深度情感交流、与客户进行人际互动作为工作核心的专业人士来说，这种观点是让人安心的，但这种观点假设了这种人际互动无法被替代。

在前文中聊到可能执行同理心任务的系统时，我们更为全面地讨论过这个话题。我们承认同理心是一种值得珍惜的情感，但我们同时也想表达：许多人类专家其实是缺乏同理心的，因此人们不应该对系统提出比对人类更苛刻的要求；最终系统可能比人类做到更精确的情绪测量，并且提供人类所需的回应；在模拟同理心行为时，机器可能比虚情假意的人类显得更真诚，在激发用户积极情绪上，机器可能比真情实意的人类更有技巧；如果是一些比较尴尬或敏感的情景，有些人可能更愿意和系统互动来保持匿名性和隐私；另外，无论如何，比起十分昂贵、让人负担不起的传统服务，不具备同理心要素的在线服务价格优惠，有时甚至是免费的，比起完全得不到帮助的情况来说，显然高下立现。因此，认为实践经验只能通过具备感知和情绪的人类进行传播的观点是值得推敲的。

我们的论证逻辑应当十分清晰了。机器（不思考、高性能的系统）已经能够执行许多任务，而不久之前我们认为这些任务都是超出它们能力范围的，那么随着机器的能力持续得到提升，它们所能执行的任务数量也将增加，任务执行的效果和速度都会得到改进。这就是我们看到的大方向。关于第三种能力——动手能力，机器人领域正在取得稳步进展，将不断减少我们认为只有人类才能完成的各种精细操作。

最后我们来聊聊道德判断力，这一点会比较难，因为我们所要求的不单单是分辨对错的能力，还需要参照更高层次、更广泛的原则，还包括为自己所做的道德判断承担责任。未来的系统（比如说按照传统的、基于规则的专家系统）里完全可以阐明道德规则，让系统进行判断选择，辨别一致性和矛盾之处，指出判断中所用到的各种假设和前提，并且根据一系列前提判断得到合理的结论。这些系统会是一种特殊的道德哲学家，能够对伦理问题进行清晰梳理以及系统性推理。

但是很难接受这样的想法，把责任交付给机器人，或者把某些重要的道德判断交给机器，比如是否要关闭生命保障系统、是否要杀掉一只家养宠物、在离婚判决中把抚养权判给谁、是否应当优待大学申请人中的少数群体，等等。我们这么说并不是为了在事情出差错或者发展顺利时能够找到相关负责人（进行批评或表扬）。我们甚至希望在做出与每个人相关的决策和判断时，能够有所思考，甚至有所挣扎。在有些场景中，放弃人类的责任再转交给机器，无论这台机器多么高性能，总让人感觉不合适，甚至觉得那是个错误。

道德约束

那么，专业工作在机器和人类之间该如何进行分配——是不是有些任务只能够交给人类去执行？

接下去的讨论已经进入了生命的道德规范领域，和事实领域完全不同：我们关心的是应当怎么做，而不是事实是什么。在专业工作的场景中，需要在对与错之间寻找平衡，并对重大事件给出建议，我们认为此时必须得有人类的干预和参与。

在现代战争场景中，人们已经开始面对这个困境。对于专业士兵（军队职业）来说，人们一直在辩论计算机、机器人武器究竟应该自动化到何种程度。直觉告诉我们，任何导弹都必须由人类下达指令才能对人进行攻击，并且必须对相关决定承担责任。因此我们会认为，这就是机器的界限。但是如果战事正酣，敌方火力凶猛，有可能根本没时间等待人类决策，这就是为什么战场上的士兵在某些情况下无须向上级汇报，即拥有决定生死的自主权。这种权利下放并不是开放式的——它是受到培训和协议的限制的。同样的，自动化武器可以预先安装核查机制，根据系统设定的规则做一些原则性的、伦理方面的判断。拥有大规模数据分析能力的复杂系统甚至有可能比人类掌握更多信息，做出更好的即时判断。

我们举了军事方面的例子是想强调这件事绝不简单。尽管表面上我们认为所有的道德判断必须交给人类而不应当交给机器，但如果拿普通道德标准去衡量最终结果（比如说最小化平民伤亡），有可能发现人类的决策更糟糕，也有可能无法完成实际操作，再加上即便我们想对机器的某些用途加以限制，那怎样才是最好的方式？

这里没有简单的答案。我们也不认为有人可以找到放之四海而皆准的普适性原则。在讨论中，专业人士通常主张使用科幻小说作家阿西莫夫所提出的“机器人三定律”。尽管阿西莫夫是个天才，这三大定律也无比优雅，但仍然不具备足够的细节。比如，第一定律：“机器人不得伤害人类个体，或者目睹人类个体将遭受危险而袖手旁观”，这一定律无法帮助我们精确理解“伤害”和“危险”，或者在作为和不作为都会产生后果的情况下，解决道德层面的取舍。（为这种取舍举个例子，医生是否应当从一个缓慢死亡的病人身上摘下器官——这可能导致他的加速死亡——去拯救另外一个严重病危需要器官移植才能获救的病人？）在专业工作的相关讨论中，针对外行人士不需要专家的干涉和监督就可以获取实践经验的未来，我们需要超越一般情况，具体到各种特定情景中去探讨道德层面的现实限制。

20世纪80年代早期，我们曾经在英国看到过相似的辩论，主题是体外受精和试管婴儿这些新兴技术所产生的道德影响。当时还发动了一次全国性的意见征询，最终由哲学家玛丽·沃诺克（Mary Warnock）写成了一份具有影响力的报告。这个话题在媒体、公众、学术界以及科学界都引起了广泛的关注。这次征询加深了公众对这一核心问题的理解，即便主要的问题没有得到解决，但公众也相当深入地了解了这些技术的道德影响。我们建议，在系统变得更为能干之前，对于实践经验传播模式的相关道德限制，需要发动一场类似规模的辩论，甚至专业人士或者专业人士助理都不需要介入这场辩论。

毋庸置疑，我们认为如何在人类和机器之间划分界限这个课题如此重要，不能只留给专业人士去判断。而且如果他们介入讨论的话，显而易见会造成利益冲突。专业人士具备关键而深刻的理解和经验，应当参与到这场辩论中来，但是就像我们在介绍中所说的，如果我们把在何种程度上，技术能够以及应该取代专业人士的决定权交到他们手里的话，就好比让兔子去看管胡萝卜一样。

总体来说，很难回避这样的结论，在某种程度上，机器已经能够执行那些人类需要运用认知能力、情感能力、动手能力以及道德判断力才能完成的任务了。当机器变得越来越能干，我们对于“留给专业人士的，还剩下什么工作”的回答，将是十分艰难但又不容回避的——“越来越少”。

但是，我们同样认为，对有些工作来说，就算人类的水平比不上机器，我们也更希望由人类来执行。有可能是因为我们更看重其他伙伴的努力过程和想象力，而不那么重视结果本身。在选择购买雕塑作品时，我们可能更希望它是手工制作的，即便机器人可以做得更好而且更便宜。但是总体来说，我们认为这种对老式做法的偏好（通常是出于怀旧），其代价过于昂贵，如果和机器相比服务质量差很多的话尤其不合理。

7.3 技术性失业

1930年，凯恩斯在思考“我们子孙后代的经济前景”时引入了“技术性失业”这个概念，基本原理十分简单——新技术会导致人们失业。我们现在想要研究的问题是——长期来看专业工作领域是否存在技术性失业问题。答案很简单，“是的”。我们找不到任何经济原理，在机器变得越来越强大的过程中，可以保证专业人士的就业。但是，失业问题的波及范围是具有不确定性的。接下来，我们将解释为什么存在这种不确定性，我们还将为分析专业工作相关的技术性失业提供一个新的系统框架。我们需要小心使用就业这个词汇。除了分析技术对专业人士的“就业挤出效应”以外，我们还会分析工作的相应报酬水平。即便拥有全职工作，但收入无法维持生计，这也将成为问题。所以我们所关注的将是“合理收入的就业”。

热狗的故事

为了解释技术性失业问题，借用一个简化的故事比较有帮助，这是诺贝尔经济学奖得主保罗·克鲁格曼（Paul Krugman）用过的热狗的故事。我们一起来想象一家雇人来制作热狗的公司，这家公司只有三个任务——制作香肠、烘烤面包、把香肠和面包放到一起制成热狗。每个雇员都只专注于其中一件工序——每个雇员在这家公司将只能拥有一个职位，香肠制作人员、烤面包师或者热狗组装人员。起先，假设公司里没有机器，也就是说公司必须为这三种职能雇用不同的人。然后，假设有一种制备香肠的自动化设备被发明了出来，它的生产力要高于一名雇员，而成本又要低廉许多。对于以营利为目的的公司来说，不再使用工人，而是购买安装这台设备来制作香肠，从商业角度来看是合理选择。结果就造成了香肠制作人员失业。

接下来有两种可能性（其实还有更多可能性）。第一种情形，从前的香肠制作人员为了赢回曾经的工作，愿意接受薪水削减，和机器竞争上岗。或者，他们通过学习新技能尝试转行，与烤面包师、热狗组装人员竞争岗位。在这种情形下，烤面包师和热狗组装人员的收入就可能被压低。这两种情形同样可能带来技术性失业。从前的香肠制作人员降薪之后可能仍旧无法和机器的成本竞争，或者他们无法学会新技能来完成转行。如果希望转行的香肠制作人员愿意接受非常低的薪资条件，烤面包师和热狗组装人员也同样会因此而失业。但是，失业并不是唯一的可能性。有一种选择可以让所有人都保住工作——香肠制作人员习得新技能之后，加入烤面包师和热狗组装人员，所有人都接受较低的收入水平。

除此以外，还有一种可能的后果，但是在人们研究技术性失业时常常被忽略。如果使用机器可以降低香肠制作成本的话，那么生产每个热狗的总成本也会下降。如果公司因此决定降低热狗售价，而热狗的市场需求对于价格是敏感的，那么热狗销量会上升，公司需要提高产量去满足市场的胃口。这种变化是至关重要的。它意味着，在使用机器之后，总的工作量反而上升了——为了生产更多的热狗，公司需要制作更多的香肠，烘烤更多的面包，最后还需要组装更多的热狗。因此，尽管香肠制作人员的工作会消失（那些输给机器的工人），对烤面包师和热狗组装人员的需求却更大了，因为机器带来了热狗总产量的提升。如果被创造出来的新的就业需求和失业人员的数量相匹配，并且原来的香肠制作人员能够学会新工作所需要的技能，那我们就不需要为这家公司的工人们担心了。新创造出来的职位可以吸收这些工作被摧毁的人员。

我们承认热狗故事只能算得上对食品工业的一个极度简化表达，但是它的确证明了一个问题：技术是把双刃剑，它既具备消灭人类工作的毁灭性，也能创造新的需求、新的工作。

接下来的故事情节很重要，之前我们都假设每份工作都由一种任务构成。但实际上，每个人所从事的工作都基本是一系列任务的组合。一份工作本质上往往有许多任务构成，而不是某一件特定任务。这点和本书的主题之一相呼应，专业工作的实质内容往往可以被分解成一系列任务。技术性失业的许多讨论都忽视了这一点，它们都假设工作只是由单一任务构成的。事实上，系统并不能完完全全取代人类的角色。它们其实只是从人类手里接过了一些特定的任务。工作并不是一夜之间消失的，它们都是慢慢退出舞台的。一份工作只有在所有相关任务都消失，也没有新的任务再补充进来的情况下，才算完全被消灭了。

让我们再次回到热狗的故事，假设热狗公司的所有工作岗位都需要执行这三种不同的任务，我们仍然应该安装机器来提高其中一项任务（香肠制作）的工作效率，但是这时对工人产生的影响就不同了。他们可以不再制作香肠（交给机器），而把精力转移到烘烤面包和组装热狗上（毕竟机器还不能干这个）。最终，这些新机器改变了人们的工作内容，但是这会引发一种新的担忧。剩下的任务全都进行重新组合之后，留给人类的工作总体来看会不会仍然比原来少呢？一方面，人们所负责的任务数量变少了（从三种变成了两种）；另一方面，制作每根香肠以及每个热狗的成本都相应降低了。如果这次公司还是决定把这部分节省通过降低售价的形式让利给市场，需求受到刺激之后相应增加，那么公司仍然需要扩大生产才能满足需求。那么严格意义上，这就意味着三种任务的需求量都增加了。尽管结果仍然是由机器来准备香肠，但烘烤面包和组装热狗这两项任务的需求增长了，因此总的来看对人工的需求仍然是增加的。

当然，如果能够烘烤面包甚至组装热狗的新机器也被开发出来，那么故事情节就完全不同了，但是核心问题仍然是——对于由许多任务组成的人类工作来说，新技术究竟具备更大的创造力还是更大的破坏力。

三大核心问题

热狗故事帮助我们更系统地学习了技术性失业的概念，让我们意识到必须对三个不同的问题加以区分。

问题一：需要被完成的新任务总量是多少？

在热狗故事里，引入一台更高效的机器意味着热狗的单位生产成本下降。如果公司愿意相应降低售价，而热狗的市场需求对于价格是敏感的，那么热狗的产量也需要相应提高。如果不只是一家公司，而是整个经济体都用上了更为高效的机器，那么经济的总产出就增加了——有了这些新机器，个人和公司都能够利用同等资源完成更多产出。在更宽泛的经济范畴内，更多的任务需要被执行、被完成。

问题二：这些任务的本质是什么？

在热狗故事里只有三种任务类型，但在整个经济范畴内，任务的种类远远要多得多。按照这个逻辑，新机器出现导致经济总量增加，那么在已有任务的基础之上新增加的任务也需要被分配、被执行。所有这些任务，已有的也好、新出现的也好，都各自属于某种类型。

问题三：谁更具备执行这些任务的优势?

某些任务由人类来执行更为有效，而有些则是机器更占上风。人类和机器之间的优势边界，始终处于变化之中。那些对于未来就业情况持有悲观态度的人担心，许多曾经只能由人类来完成的任务都将由新技术来接管。他们所担忧的是留给人类的工作就很少了。这类悲观人群通常被称为“新卢德派”（Neo-Luddites）。但是，他们的代表只关注问题三——对于某种类型的任务来说，人类和机器各有什么样的优势。他们没有考虑到新技术是否会提高经济总产出，是否会增加需要执行的任务总量（问题一），以及这些新任务是否属于人类更加具备优势的类别（问题二）。悲观派有理由认为过去人们承担的某些类型的任务将不再需要他们了，但是他们犯下的错误在于默认这些任务将由机器来完成，而且这些新增任务都属于机器比较具备优势的类别。所以换句话说就是，会有新的任务等着人类去接手。

现在让我们来了解一下乐观派。他们认为悲观派代表的出发点来自于“固定劳动总量谬误”，他们认为支付合理报酬的工作总量是固定的，这么多工作将在人类或机器之间进行分配和分包。基于问题一的答案，乐观派足以认为悲观派是错误的。如果一项新技术更加具备生产力，那么它将有助于增加总产出，这时就会出现更多工作，人类也就有更多工作可做。劳动总量并不固定，支付合理报酬的工作量其实是与时俱增的。但是，乐观派也只观察了问题一，即生产力的提升是否会增加总产出，并且创造更多任务，他们忽略了问题二和问题三。他们似乎并没有意识到，除非新创造出来的任务属于比起机器人类更具备优势的类型（问题二），否则作为人类，也没什么值得庆祝的。新机器直接就把新任务接管了。乐观派认为工作总量会增加是没错的，但他们不能不去思考，究竟人类还是机器更具有承接这些新任务的优势。

不过，无论是乐观派还是悲观派，我们都建议他们把三个问题结合起来思考，这样才能对越来越强大的机器将对支付合理报酬的工作产生什么影响进行正确的思考。这三大问题共同构成了技术性失业的争论焦点。如果新技术创造了大量新的增量任务，而人类具备更多优势去执行其中一些类别，那么关于技术性失业的焦虑就属于杞人忧天了。另一方面，如果新技术并不创造任何增量任务，或者所有新增任务都属于机器更具备优势的类别，那么技术性失业的确或多或少难以避免了。

7.4 技术对专业工作的影响

长远来看，这些分析对专业工作意味着什么呢？毫无疑问，大多数专业人士都希望对于大多数医生、律师、老师等人，未来继续会有支付合理报酬的工作岗位。这样的期望是否现实呢？

专业工作中的技术性失业

现在让我们带着刚才的三大问题来分析专业领域，如果我们预期专业人士比机器更具备竞争优势的任务种类会缩减，那么为了避免技术性失业的情况发生，就必须在人类能够保持优势的任务种类内部保持足够的增长。事实上，这些任务需要一个不断加速的增长率——因为专业人士具备优势的任务将越来越少，每当一种任务被移交给机器，受到影响的专业人士数量就会越来越多，剩下的、人类具备优势的、可供用于分配的任务种类就越来越稀少，每种任务需要负担的就业任务就越重。换种方式来说，数量减少之后的那些任务（也就是那些人类专家仍然具备优势的类别）需要为更多专业人士创造就业岗位。简而言之，随着时间流逝、机器变得更能干，为专业人士创造充足的支付合理报酬的就业机会将变得越来越困难。

现在让我们再具体分析一下这三个问题，让单薄的理论丰满起来。

首先，未来的专业任务可能达到什么数量？总的来说，我们预计任务的总数会显著增加。一方面是由于经济持续增长，收入会增加，对实践经验的需求也会相应增长；另一方面是因为对于专业工作存在大量潜在需求——目前有许多并未得到满足的实践经验需求。按照专业工作目前的组织形式，无法为所有能够从中受益的用户提供服务。我们所建议的新的知识生产和传播模式更有可能把实践经验变得更加易于获得，也就是说这些新模式更有希望让那些潜在需求得到满足。这两部分原因都会带来可观的新增工作量，专业任务也会相应显著增加。

其次，这些任务都属于哪些类型？对于专业人士所从事的传统任务，许多从业人士都会不假思索地认为他们日常处理的工作要比经济活动中其他非专业人士的工作更复杂、更具挑战性。我们在这本书里试图向大家证明这种直觉通常是错误的，并且对专业机构以及它们的工作进行解密。我们的主要观点是一旦专业工作被分解成更为基本的任务，我们就会发现其中大部分和其他非专业岗位的任务也没有太大差别，但是有些任务也的确需要更为复杂的认知能力、动手能力和情感认知力才能完成。此外，需要用到道德判断力的任务可能更具备专业工作的代表性，但是我们也要十分注意，不要过度夸大这类专业活动的重要性。如果说所有的专业工作都需要满足严苛的道德要求那就不够诚实了。我们预测这些新工作也能够进行任务分解，和传统工作的分解结果一样，其中一部分比较简单明了，另一部分可能会比较复杂。

最后，究竟谁更具备优势来执行这些专业任务，是人类还是机器呢？在更为广阔的经济体中，本书对技术的相关分析表明，对于多数类型的任务，机器相比人类将占据越来越多的优势。这是因为许多看似非日常性的任务都可以被日常化，甚至很多的确无法被日常化的任务都能够由机器来执行。但是，有个重要的例外，人们可能希望保留进行重要道德判断、道德抉择的任务，因此这些任务不太可能移交给机器去执行。

这三个答案放在一起，对于未来专业工作领域，支付合理报酬的就业机会意味着什么呢？我们预计过些时间——可能是十几年，也可能需要几十年，但绝不是一夜之间——专业工作领域的确将发生技术性失业。换句话说，人类占据优势的那些专业任务类型将会面临增长率不足的问题，因此无法保证多数专业人士能够得到全面就业。我们无法为这三个问题提供确切答案，因此，我们不能预测那时的失业问题的规模。但是当我们把本书中的研究所得都考虑进来，有三大理由让我们确信失业确实是大势所趋。理由一，机器变得能干的趋势将持续下去，它们会逐步缩小自己在人类具备优势的那些项目上的差距；理由二，专业人士无法依赖新需求或者潜在需求为他们创造就业，因为机器往往能够更好、更高效地去执行这些新任务；理由三，尽管根据我们的设想，有些任务需要进行道德判断、承担道德责任，而这些任务都必须由人类来完成，但我们并不认为这些任务的数量能够大到维持目前的专业人士就业规模。最能干、最聪明的专业人士才能坚持到最后——他们能够执行那些不能也不应该由机器执行的任务，以及那些我们主动选择留在人类手中的任务。但所有这些加在一起，都不足以把赚钱轻松的专业人士维持在目前的人数水平上。

我们预测，专业工作在未来几年里将逐渐消失，但所有这些转型都是逐步发生的，并不是一蹴而就的。

与此同时，还有另一件事值得一提。当我们评价一部机器在执行某种任务时具备优势，我们并不仅仅在表扬它具有更高的生产力，它能够利用更少的投入实现更多产出。我们同时也在评价使用机器或人类的相对成本——使用成本有多昂贵。比方说，即便一台医疗诊断设备比人类的生产力高出十倍，如果相应的使用成本要高出一百倍，那医生就不该使用它。用经济学语言来看问题，我们必须同时考虑量（生产力水平）和价（成本）。今天，许多技术的生产力都特别高，但它们也都十分昂贵，也就是说，启用它们的时机还没到来。

为什么说我们可能错了？

关于长期的技术性失业问题，我们的结论对多数专业人士来说都是难以下咽的。当然，也有可能我们是错的。肯定有许多批评家会瞄准我们开炮。下面，让我们来总结一下，对其中最常见的批判做出回应。

实用主义者通常会挑战我们认为专业工作都可以简单进行任务分解的观点。麻省理工学院的经济学家大卫·奥特（David Autor）从学术角度为这种观点提供了支持，他认为“目前职业岗位中许多任务都捆绑在一起，无法轻易地解除绑定……在解绑过程中，质量难以避免会出现实质性下降”。但是，这并不是专业工作先锋人士的体验，也并不符合“流程分析师”的工作体验。另外有些人认为未来最有效的方式应该是人类和机器共同协作。人类，作为机器的协作方，总是能够提供额外的价值。埃里克·布莱恩约弗森和安德鲁·麦卡菲在《第二次机器革命》里有一个核心观点，这也是卡斯帕罗夫这位前国际象棋冠军的想法，他们认为一个强大的人类棋手加上一台普通电脑可以击败一台强大的超级电脑。这种立场和IBM在Waston项目上的做法是一致的。他们谈过一种“人类和计算机之间新的伙伴关系”。2015年，我们认可这种观点的立场。但是，随着机器变得越来越强大，我们的确无法相信专业人士能够无限期在这种合伙关系里维系自己的地位。专业人士和机器之间的合伙关系和那些目前纯粹由人类处理的任务一样，都面临着完全被机器取代的风险。随着时间不断推进，未来这些日益能干的高性能、不思考的机器越来越不需要人类的协助。

我们早先提过的另一个观点，也就是专业领域未来一定会出现新的人类工作机会，尽管我们目前并不知道那些工作的真面目。这个观点还说了，新技术通常会取代工人，但是为了满足需求的增长，新的工作岗位也会涌现出来。比方说1900年，美国劳动人口的41%从事农业领域的工作。如今这一数据跌到了2%以下。在1900年，应该没有人能够预测到“100年后，医疗健康、金融、信息技术、消费电子、酒店业、休闲娱乐业的工作岗位都比农业要多得多”。同样的，20年前，没人预料得到如今成千上万的人的职业是“搜索引擎优化师”（帮助网站供应商保证它们能够出现在谷歌搜索结果的前列）。

这一章想提醒专业人士不能过于依赖而应该小心审视这种思路。在未来，新需求的确会不断涌现，而且都会相应催生新的服务，有些还可能会开辟全新的行业，但我们必须搞清楚为什么这些新服务、新行业可能为专业人士带来新的工作岗位。过去的因果关系实质上并不是因为出现了新的服务需求，而是因为人类比机器具备更多的优势来提供所需要的服务。未来也会是同样的情况——人们会对新服务产生需求，但我们不能默认专业人士一定会打败机器，成为这些新任务的最佳执行方案。

尽管我们说了那么多，仍然还是会有一些任务为专业人士保留下来。这是预测专业人士将面临技术性失业的人听到的普遍回应。通常还能得到另一种观点的支持，专业人士的工作包含着对计算机化免疫的任务，因为它们是无法常规化的，所以总是需要人类来执行操作。但这又是一种无根据的假设，认为非常规任务永远不能由机器来执行。我们在这本书里向这种观点提出挑战，认为这通常来自于AI谬误——在这一观点中，它假设复制人类专家的思考过程是唯一可行的系统开发思路，因为我们基本不可能复制出人类大脑，因此这些任务将永远被人类所保留。

但是正如我们反复强调过的，机器能够执行非常高难度的任务，而且通常它们的表现胜过人类。我们认为，日益强大的机器将逐步承担起越来越多的非常规任务，因此认为总是会有任务留给人类，且只能由人类来执行的直觉是毫无根据的。

对于技术性失业，我们最后还想说一句，尽管我们的分析是重点针对专业工作的，但这里的结论可以应用到大多数（如果不是所有类型）的工作上。事实上，我们认为专业工作能够保持目前形态的时间长度和大多数其他职业是一样的。因此这个根本性的问题是普遍适用于整个社会的。趁着还不算太晚，我们需要重新审视全职工作的概念、工作的目的、工作和休闲之间如何寻求平衡。

7.5 可行性问题

也许本书面临的最尖锐的质疑来自于实用性，我们把这种挑战叫作可行性问题。

它的理论是这样描述的：解放实践经验是一种值得思考的理想，但是我们所说的想法在现实中无法实现。我们的确希望一流的实践经验能够为尽可能多的人服务——最新的医疗发现、最清晰的法律意见、完美的教育体验、最深刻的新闻报道，但同时我们必须脚踏实地。这种观点包含两层意思。首先，我们需要为创造实践经验的人类提供足够的激励；其次，我们必须保证他们拥有合适的财务能力。如果做不到这两点，实践经验的创造就会枯竭，人们也无法从互联网上受益。

激励观点十分切中要害。比方说，如果律师知道自己并不会因为提供法律意见而得到报酬，那他是否还会有足够的动力去学习如何起草精彩的法律意见文书？如果软件开发商明知道病人使用它的系统不必付费，他是否还会有动力去搭建一个在线病症评估系统或者健康诊断系统？假设，即便没有任何财务回报，律师和开发商仍然愿意付出劳动——那么他们必定受到来自非财务方面的激励。在这种情况下，这些人要怎么来维持自己的生计呢？如果他们的努力在今天和未来都将无法带来财务回报，谁来支付他们的薪水，资助他们接受培训、进行研究呢？

从这个角度来说，解放实践经验是存在障碍的——无论是专业机构、专业人士，还是那些将要取代它们的系统。它使所有人都缺乏创造实践经验的动力，再进一步，即便他们希望持续为此努力，他们也不具备相应的财务能力。可行性这一问题让我们开始思考，相比于解放实践经验，我们是不是更应该反过来对实践经验提供保护呢？我们必须为那些愿意付出时间和金钱去创造实践经验的人所创造的成果提供某种程度的排他性，对能够取用实践经验的人加以控制，保留为这些创造和传播工作收费的可能性或者从其他渠道获取收入。

当然，这正是当年大交易所达到的效果。专业机构拥有相关实践经验的排他权，因此得以享受由此而来的胜利果实。这些收益有可能是经营利润，也可能是其他形式的赞助和资助。这种机制保证了人们和机构的付出有所回报，未来回报的确定性让它们拥有良性激励来进行持续投资（培训与调研等），也保证了相关领域的实践经验能够得到及时更新、与时俱进。没有大交易机制，有人可能会认为，整座实践经验的大厦会轰然坍塌。

可行性问题迫使我们做出权衡。一方面，我们殷切希望实现实践经验的广泛传播。另一方面，我们也希望为未来创造实践经验的人们提供足够的激励，保证他们的财务状况。如果立刻解放现存的实践经验，我们可能会损害未来实践经验的创造活动。

“公共资源”的其他问题

还有其他潜在问题。我们的理论认为还有一些实践经验应当变成“公共资源”。很容易理解，这就意味着实践经验的所有权和控制权不再属于少数几个大机构了（比如说，专业机构、公司、政府），而变成了由所有参与者共享。公共资源这种方式可能会引发公众提出三个关于可行性的担忧。

第一种是最基本的——究竟为什么会有个人和机构心甘情愿放弃他们对于价值连城的实践经验的所有权和控制权，情愿把它们变成公共资源分享给大家呢，按照之前提到过的理由，难道他们不希望保留排他性权利吗，这样不就等于放弃了自己盈利的机会吗？

第二种疑虑是担心一旦变成公共资源，实践经验可能被滥用。生态学者格伦特·哈丁（Garrett Hardin），把这种现象称为“公地悲剧”。1968年哈丁在《科学》（*Science*）杂志上发表了一篇被广泛引用的文章，他让读者想象一群牧羊人，他们共用一片牧场，由每个牧羊人来决定要放牧多少头羊。如果牧羊人只考虑自利原则，后果将是一个悲剧——每个牧羊人都希望享受到多放牧一头羊带来的所有好处（羊会变得更肥、更健康），但只承担这种做法的部分损失（更加贫瘠、不再茂盛的牧场，所有损失将由所有牧羊人共同承担，而不是其中任何一个）。因为并不考虑行为的后果，每个牧羊人都会在牧场上放牧尽可能多的羊，牧场很快就会无法使用，哈丁因此认为“集体决策的终点是毁灭”。同样的，我们也能预料到一旦实践经验成了公共资源，大量只顾着自己利益的用户就会过度使用。

第三种情况是担心实践经验成为公共资源后，其相关的创造活动就会变得不足。当一个机构拥有、控制实践经验时，其维护成本和更新迭代责任也就清楚地落在了他们身上。这是大交易的辩护理由之一，但是当公共资源的所有权和控制权都更加分散，应当由谁来承担这些成本？直觉上可以认为这些费用应当由所有拥有者共同承担。但这本身就提出了一个问题：当人们发现不参与承担费用也并不会使得他们被剥夺公共资源权利时，难道他们不会选择“搭便车”或者“背驮式运输”（Piggy-back）的方式来利用别人的贡献？毕竟不付钱，也不影响他们使用实践经验并从中受益。但是，越多的人拒绝参与承担费用，实践经验的产出也就越少。人们越是依赖于别人的贡献和付出，整个社区的贡献就变得越少，能够合理涵盖相关成本的概率也就越低。

针对可行性问题做出回应

我们认为前面几个段落的确找到了主要的挑战，如何使得实践经验的分享变得实在可行。如果我们聚焦到其中的核心问题，就会发现离开了大交易体系所提供的排他权利之后，由于缺乏激励人们创造分享专业知识的获利回报机制，也就无法为他们提供足够的财务支持。

对可行性挑战的常见回应之一——只关注创造分享“信息商品”的边际成本。杰雷米·里夫金（Jeremy Rifkin）在他写的《零边际成本社会》（*The Zero Marginal Cost Society*）一书里探讨过这个观点。在我们的语境中，信息商品就是指“实践经验”。创造分享实践经验的边际成本的确相当低——让一位新用户看到在线课程、复制一篇文章通过电子邮件发送给朋友、为用户进行一次在线诊断检查身体状况、使用在线法律文本汇编软件，等等，这些活动的成本都几乎为零。这是由实践经验的经济特性所造成的。

在我们的语境中，我们无法不加辨别就接受这种观点，只关注边际成本是不完整且具有误导性的——因为边际成本并不是实践经验创造传播过程中的唯一成本。我们还应当关注在产生边际成本之前必须花费的初始固定成本。这些固定成本可能非常之高。首先，必须有人去指导创作在线教育的视频、起草被分享的文章或者开发编写在线诊断系统和法律文本汇编软件。也许有一天，机器也能执行其中的某些任务（几十年来，人们一直在利用软件编写新的软件，只是目前仍然在初级阶段）。但是即便到了那一天，总得有人去支付第一台机器的相关开发制造费用。当然，一旦这些任务都被完成了，一旦视频制作完成、文章书写完毕、程序编写成型，那么最终的服务产品就能够以极低的费用进行再生产和传播，但是在我们可以享受到这些低廉的边际成本以前，必须有人来承担初始固定成本。如果我们把这些初始成本考虑在内，有可能真的有必要为投资人保留一部分产品的排他性权利。他们应当能够就所提供的服务收费，或者以其他形式创造收入来回收他们所投入的成本，随后得以持续性地创造和传播实践经验。

对于可行性问题，另一种常见的答复是并不是每个人都追求财务回报。解放专业知识造成利润下降并不要紧，这种观点认为，因为人们并不总是以财务获利为行事动机。他们常常有着其他的、非财务性质的动机——比方说他们单纯地希望提供更好的法律指导和治疗建议，这本身就是有意义的好事。尤查·本科勒（Yochai Benkler）在他写的《企鹅与怪兽》（*The Penguin and the Leviathan*）中进行了详细讨论。他对此极为乐观：

> 公共资源终于可以发挥它们的功用了。在如今的知识经济时代，最为有价值的资源——信息和知识——本身就是公共商品，开发这类商品的最佳（也是最大化商品价值）的方式就是上百万人通过网络，把他们的相关知识集合到一起，共同创造新的产品、想法和解决方案。一旦人们意识到了这种可能性，网络不仅能够作为自己创造个人内容的平台，还能够创造这样一个平台，大家都会不计报酬地贡献自己的才能、知识和资源再集中发挥作用，最终所能创造的成果将十分惊人。

这种情况可以部分解决“搭便车”问题。如果人们能够表现得像本科勒所描述得那样无私，那么他们就不太会只想着占彼此的便宜。维基百科就是一个很好的例子，它吸引了大量捐助，用户也做出了许多贡献，但维基百科并没有为了排他性权益而采用收费使用的商业模式。

把本科勒的观点应用到实践经验领域，最有力的证据包括人们选择公开自己接受专业人士帮助所获得的经验，或者把自己解决问题过程中所得到的知识分享到网络上。问题在于，如果我们想一想专业人士——就像当初要求百科全书的出版商为维基百科提供内容的情景，专业人士如果被要求外化交付他们的实践经验，他们怎么积极得起来？

我们同样要指出，许多专业人士也不完全把利润作为自己的追求。他们并不总是依靠销售实践经验来回收自己的成本，比方说许多人的目标是如何在固定的费用水平下，更为有效地提供服务，而且费用的收取对象并不是用户而是其他付费方——比方说，从政府或者慈善机构收取。比方说英国国民健康保险制度（NHS）或者国家教育系统，服务接受方可以享受免费的服务，每次服务并不会带来直接收入。这些服务的关注点是，至少应当是，如何最大限度利用边际成本下降的特性来扩大实践经验的影响力。

那些纯粹由财务动机驱动的专业人士又怎么样呢？一种可能性是大量的“潜在需求”可能会激励大型事务所，以极低的价格把他们所拥有的实践经验提供给极大的客户群。这将是一种低价服务而不是免费服务。收入将来自于大量印刷工业时代无力负担传统服务的个人和机构。但是，即便这种潜在需求真的存在，公共资源的根本挑战仍未得到解决——这些事务所为什么要放弃实践经验的所有权和控制权？他们可能愿意以很低的价格来外化交付他们的知识，但是并不会把他们的专业知识变成免费的公共资源。

最后还有一种理由可能会让谋求利润的专业人士决定放弃实践经验的各种权利，让它们变成公共资源。回想一下我们所提到的专业服务的演化模型。我们建议专业工作从手工艺模式进化到标准化、系统化形式，并且以某种形式完成外化交付，图表5.1由左至右阐述了价值下降的趋势——服务的成本下降、竞争变得更为激烈。在演化过程中的某个阶段，也许追求利润的专业人士会意识到某些实践经验无法继续创造利润，但在他们所服务的社区里仍然具有巨大的使用价值。在这种情况下，他们可能会选择公开这些经验，把它们变成无偿的或者公益性质的公共资源。

那么公共资源的悲剧又如何解决呢？如果仔细分析，可以发现哈丁对于“公地悲剧”的经典理论并不能直接运用到实践经验的情形中。他关注的是实体商品，他的故事是关于一片由于过度放牧而枯竭的牧场，他所关注的商品是具有消费竞争性的——越多牧羊人使用过后，留给剩下的牧羊人的土地就越发贫瘠。但我们的分析已经确认，实践经验和实体商品是完全不同的。实践经验不仅具备非竞争性——它并不会因为被使用而损耗——它反而具有累积效应，经过反复使用价值反而会越来越高。哈丁害怕公共资源会导致过度使用，因而造成“悲剧”，但就实践经验而言，过度使用的情况是无须顾虑的。知识不会因为使用而贬值，反而在不断使用中累积增值。知识成为公共资源并不会变成一出“公地悲剧”，反而可能成为卡罗尔·罗斯（Carol Rose）所描述的“公地喜剧”。公共资源形式让我们能够更好地利用实践经验那些特殊的经济特性。

回顾排他性

我们可能对未来过于乐观。潜在市场需求可能并不如我们所期望得那么大，实践经验成为公共资源这件事也有可能不如我们预计得那么顺利。但无论出现哪种情况，我们都承认需要某种程度的排他性——既需要为创造实践经验提供足够的激励，也需要让这些活动产生必要的经济收益。但是，这些需求并不一定必须通过大交易体系来实现，就像目前人类专家拥有许多经济活动的垄断权。相反，我们建议引入最低限度的排他性，为实践经验提供方创造足够的激励和回报即可。

换句话说，我们认为需要某种程度的排他性，但并不是大交易体系下默认自动的形式。在结论部分我们会说明，在条件允许的情况下解放实践经验仍然是更好的选择，我们鼓励采用书中提到的六种替代方式来创造传播实践经验。欢迎那些被排除在大交易体系外的替代性提供方介入。如果必须引入新形式的排他性，不能依赖过时的大交易体系，而必须保证实现一些前提，比如确保实践经验高度可信。我们认为实践经验的提供方应当基于其所创造的无人可取代的价值继续存在并繁荣发展下去，而不是借助法律法规把竞争者挡在门外。

无论如何，最小限度排他性是一种暂时的安排。它的存在并不是为了赋予人们实践经验的永久权利。可以想象的是，借助这种排他性让服务提供方有机会收回他们所投入的成本。否则，任何形式的排他性都可能生根发芽，最终催生出专业工作领域的新守门人角色。

最后，这种排他性只是针对专业机构以及潜在新提供方所执行的部分特定任务而言。本着分解任务的精神，我们在分析是否需要排他性权利时，不应该把现在的工作看成整体，而应当以各项分解任务为研究对象。

总的来说，我们认为把部分实践经验变成公共资源的确可以实现，而且并不需要赋予未来的提供方明确的、广泛的排他性权利。但是在这一结论背后，在上一章里我们也已经明确表达过许多次，我们支持对知识进行“解放”。

结 论
我们应该期待怎样的未来

用长远的眼光来看，日益强大的机器必将改造专业人士的工作，为人类社会创造分享实践经验的新方法，这是本书的核心主题。我们没法给出时间表，因为变化的速度不受我们控制。但是我们相信这些变化将会逐步显现，而不是突然之间完成转型。根据这本书的观点，这种变化将以多种形式出现：专业工作的工业化和数字化；专业人士工作的日常化和商品化；专业人士去中介化、去神秘化。无论哪种说法，我们预计最终传统专业工作将被分拆，导致大多数（不是所有的）专业人士被不那么专业的人群以及高性能的系统所取代。我们预计会有新角色出现，但是不确定这些新角色能维持多久，因为机器早晚也可能取代他们。

在后专业社会，人们可以从网上获得实践经验。我们强烈建议取消目前和未来的守门人角色，让人们在可行的范围内获取尽可能多的集体智慧。当我们从各个角度谈论技术以及它对专业工作的影响时，我们也意识到自己的观点里似乎认为未来已经差不多成型而且无法避免——我们是强硬的宿命论者。比如说我们清楚地认为机器会变得越来越强大，各类装置会逐渐普及起来，人类将通过互联网产生更多连接；我们认为信息技术领域会产生指数级的增长。也许最终事情的发展并不如我们所料，但发生的可能性的确相当高。但是这并不意味着人类无法控制未来的发展方向，如何把技术运用到专业工作中去，很大程度上取决于我们人类自己。然而，能够塑造未来并不是故事的全部，我们相信，从道德角度出发，人类应当去塑造未来。

这本书写过两大道德问题。第一个道德问题是，在一些从道德层面让人无法接受的场合，究竟是否可以使用技术？我们是否应当在专业工作的技术进步过程中施加道德方面的限制？我们认为机器的确不适合决定一些事情，比如说不应该把何时关闭生命保障系统的决策权交给机器，无论这台机器的性能有多么高。我们也呼吁发起公开辩论，去探讨绕开专业人士或者专业人士助理们去创造传播实践经验可能带来的道德问题。

第二个道德问题是——技术互联网时代，实践经验的所有权和控制权应该归谁所有？尽管这个问题属于政治哲学范畴，但它同时也给实际操作带来了重重障碍。专业工作的未来很大程度上取决于我们的偏好。在印刷工业时代，专业机构通常拥有并控制了实践经验，这种状态受到大交易体系的保护。但是想象一下未来的情形，大量实践经验都被公布到网络上，专业机构，或任何人都似乎不再适合担任守门人的角色。在寻找关于未来的所有权和控制权的答案的过程中，我们探讨了一系列观点。其中一种极端观点认为我们应当彻底解放实践经验，我们也看到另一个极端，认为应当保持封闭。

那些极力呼吁解放的人认为实践经验应当成为公共财产，人人都可以从公共途径以低廉的价格甚至免费获得，控制使用权的守门人角色被取缔。他们的观点起源于目前专业机构的弊端，尤其是大多数人无法负担高昂成本、无法接近这些知识的现状。他们的观点同时还来自于知识的经济特性（非竞争性、非排他性、累积性、可数字化），也就代表着一旦采用日益强大的机器之后，实践经验的重复使用以及传播成本几乎可以忽略。他们的观点是，如果取消专业机构的中介角色，把实践经验广泛传播，我们就能够改善很多人的生活——提供更好的医疗、高质量的教育、实现更多正义等。与此同时，解放派担心从专业机构手里强硬夺取所有权可能不足以长期保证"解放"的胜利果实。他们认为我们应当警惕新的守门人再出现。实践经验的所有权、控制权相关的新的垄断形式可能还会出现，比方说收取高昂的充值费用。

那些主张封闭的人则持有完全不同的观点。他们坚持认为实践经验需要由服务提供方保护起来并且保留所有权，而不应当成为一种共享的资源。有些人借用知识产权的相关法律来建立并保持这种封闭状态。许多现任专业人士都持有这种立场。他们认为许多实践经验都是他们的财产、劳动成果和才华结晶，而且只有他们才知道如何去管理利用这些知识。其他一些人的观点则是基于可行性的问题。他们认为收费的在线服务形式可以作为传统专业工作的有效延续。他们也承认有些实践经验的确需要完成外化交付，但是可以想象，他们希望把这一工作也变成一种收入来源。同时，他们认为自己有能力独自承担管理那些在网络上公布的内容的职责。在此可以看出，这里的其他一些人的身份往往是在线内容和服务提供方。从传统专业服务形式往在线实践经验创造传播模式转型让这些人看到了巨大的商机。一些政府机构支持这些服务供应方，一起提倡采用封闭模式。这些公共机构持有这种观点的通常并非出于收入动机，而是它们强烈认同实践经验的重要价值，认为外行人没有能力管理。政府的职责之一，在这种情况下，就是监督控制市场上的专业知识的质量。

那我们究竟应该期待什么样的未来？在解放派和封闭派之间是否存在任何无法调和的不同意见？在这类相左的道德和政治立场之间做出选择，其主要困难之一在于如何防止个人偏好产生过大的影响力。此时，许多人可能都想表达自己的观点——最明显的是专业人士——他们无法保持中立客观。大部分专业人士对新事物持有反对意见是自然的，也是可以理解的，因为他们自身的状况难免受影响，财富也可能会缩水。

为了帮助我们解决这个困境，我们从政治哲学家约翰·罗尔斯（John Rawls）写得十分具有影响力的《正义论》（*A Theory of Justice*）一书里借来一种技术。为了阐述他关于如何构建一个公正的社会的观点，罗尔斯让读者想象一种虚拟的情景，没有人知道自己自身所处的社会环境以及个人情况，人们对自己的天赋和能力也一无所知——比方说他们是不是聪明、好看或强壮，他们对自己的社会地位或所处的阶层也毫不知情。事实上，他们不了解任何关于自己的特定情况——他们不知道自己的年龄、性别、种族、甚至辈分。当我们假想自己身处这种虚拟的无知状态，我们就进入了罗尔斯所说的揭开“无知之幕”之后的世界。只有当我们揭开了这层幕布，我们才可能做到完全公平公正。

我们邀请各位读者，尤其是专业人士，走到“无知之幕”后面去思考进入技术互联网时代之后，我们应该如何分享实践经验。我们并没有要求大家去思考专业工作的未来。一旦那样的话，想象力就立刻受限制了——把问题设计成“专业工作应当如何演化”就意味着他们必定扮演着某种核心角色。相反，在这本书里，我们认为尽管不会思考但日益强大的机器能够取代大部分的人类专家。我们的问题是，揭开“无知之幕”之后，我们是否应当把这些系统和机器的控制权放开交给许多人，还是应当把控制权保留在少数人手里，我们究竟希望看到实践经验以低廉还是高昂的价格进行传播，应该解放还是封闭实践经验？

当然，这是个比较长期的问题，我们也可以换种方式来提问。在专业工作未来的发展过程中，可能会出现两条分岔路。一条路引导实践经验成为一种在线共享资源，免费提供给社会，并且由大家集体来维护；另一条路上，知识和经验可能也会变成在线资源，但是提供方保留所有权和控制权，服务接受方通常需要为获取资源付费，这些实践经验是封闭的、可交易的，很可能掌握在新的守门人手里。沿着第一条路，知识和经验会变成公共资源，在可实现的范围内，不以商业收益为目的来管理分享集体的知识和经验，第二条路就不可避免地把实践经验变成了在网络市场上交易的商品。站在“无知之幕”背后的读者们会做出怎样的选择呢？

当然，我们把情况过度简化了，选项可能并不是这么黑白分明的。任何混合组合都是可能出现的。但是在两者之间做出选择是为了表明原则，因为这两个选项的确十分不同，当我们规划如何构建技术互联网时代的时候，应当已经在原则层面做出了清晰的选择。

我们的感觉是，从“无知之幕”后面看世界，大部分人会倾向于选择解放之路而非封闭之路。总的来说，生活在一个能够以低廉的价格甚至免费享用到大多数医疗救助、精神辅导、法律建议、新闻报道、商业协助、税务帮助、建筑知识的社会似乎更美好。这也正是我们所坚信的——接下去的十年、二十年里，我们将有机会对世界进行改造。

我们为想象中的全世界人类的未来而感到万分激动——无论贫富——都能够享用到取用不尽的生存宝藏，各种帮助、指导、学习对象以及深刻见解都能够帮助他们活得更健康、更幸福。但是这种转变并不会自然发生。它是一个必须依靠大家共同奋斗才能达到的目标。我们必须记住，“不作为”和“作为”一样，都是一种选择。如果我们选择什么都不做，我们决定继续沿用传统的体系，因为恐惧而放弃技术可能带来的变革，也就是冒险打破现状，那么我们的后代可以就这一决定向我们追究责任。用安东尼·肯尼（Anthony Kenny）的话来说，技术“把因作为和因不作为而犯罪的能力同时并不可回避地交到了我们手里”。本书中所探讨的不作为罪行的影响非常深远，不容忽视。我们如今坐拥迅速传播、高效分享专业知识的各种手段，也同样应当拥有相应的意愿和决心。

激发个人成长

多年以来，千千万万有经验的读者，都会定期查看熊猫君家的最新书目，挑选满足自己成长需求的新书。

读客图书以“激发个人成长”为使命，在以下三个方面为您精选优质图书：

1、精神成长

熊猫君家精彩绝伦的小说文库和人文类图书，帮助你成为永远充满梦想、勇气和爱的人！

2、知识结构成长

熊猫君家的历史类、社科类图书，帮助你了解从宇宙诞生、文明演变直至今日世界之形成的方方面面。

3、工作技能成长

熊猫君家的经管类、家教类图书，指引你更好地工作、更有效率地生活，减少人生中的烦恼。

每一本读客图书都轻松好读，精彩绝伦，充满无穷阅读乐趣！

图书在版编目（CIP）数据

人工智能会抢哪些工作 / (英) 理查德·萨斯坎德, (英) 丹尼尔·萨斯坎德著 ; 李莉译. -- 杭州 : 浙江大学出版社, 2018.4

ISBN 978-7-308-18094-8

Ⅰ. ①人… Ⅱ. ①理… ②丹… ③李… Ⅲ. ①人工智能—基本知识 Ⅳ. ①TP18

中国版本图书馆CIP数据核字(2018)第061247号

人工智能会抢哪些工作

[英] 理查德·萨斯坎德　丹尼尔·萨斯坎德　著
李　莉　译

策划编辑　赵　越　黄迪音
责任编辑　金更达　武晓华
责任校对　梁　兵
封面设计　谢明华　陈艳丽
出版发行　浙江大学出版社
（杭州市天目山路 148 号　邮政编码 310007）
（网址：http://www.zjupress.com）
排　　版　上海读客文化股份有限公司
印　　刷　三河市吉祥印务有限公司
开　　本　710mm × 1000mm　1/16
印　　张　23.5
字　　数　280 千
版 印 次　2018 年 4 月第 1 版　2018 年 4 月第 1 次印刷
书　　号　ISBN 978-7-308-18094-8
定　　价　68.00 元